böhlau

Rita Casale / Gabriele Molzberger (Hg.)

Zur Geschichte und Aktualität des Studium Generale

Past and Present of Liberal Education

Böhlau Verlag Wien Köln

Die Publikation wurde von der Deutschen Forschungsgemeinschaft finanziell unterstützt (Forschungsprojekt Studium generale in der BRD nach 1945 PN 351258276).

Bibliografische Information der Deutschen Bibliothek:
Die Deutsche Nationalbibliothek verzeichnet diese Publikation in der Deutschen Nationalbibliografie; detaillierte bibliografische Daten sind im Internet über https://dnb.de abrufbar.

Korrektorat: Christoph Landgraf, St. Leon-Rot
Umschlaggestaltung: Guido Klütsch, Köln
Satz: le-tex publishing services, Leipzig
Druck: Hubert & Co, Göttingen

Vandenhoeck & Ruprecht Verlage | www.vandenhoeck-ruprecht-verlage.com
ISBN 978-3-412-52582-8

Inhalt

Studium generale: Verschiebungen. Verwissenschaftlichung der Gesellschaft und Vergesellschaftung der Universität

Rita Casale, Gabriele Molzberger

Geschichte und Aktualität des studium generale

Die in diesem Band enthaltenen Beiträge erschließen am Beispiel des *studium generale* die Transformation der Universität als Ort der Wissensproduktion und Bildungseinrichtung. Die Beiträge befassen sich mit dem Wandel der Idee und Funktion des *studium generale* von der mittelalterlichen Entstehung bis in die Gegenwart.[1] Es handelt sich nicht um überarbeitete Fassungen von auf einer Tagung gehaltenen Vorträgen. Die Autorinnen und Autoren sind angefragt worden, einen Beitrag zur Geschichte und Aktualität des *studium generale* zu schreiben. Seine Geschichte ist hinsichtlich seiner Aktualität untersucht worden bzw. die *mögliche Aktualität* eines allgemeinbildenden Studiums ist mit Blick auf die *Geschichte des studium generale* analysiert worden. In diesem Ineinandergreifen von Geschichte und Aktualität liegt einer der zentralen Aspekte der gegenwärtigen Bedeutung eines *studium generale*: das Beharren auf die Geschichtlichkeit der Gegenwart.

Im besonderen Fall des *studium generale* und allgemein für die Wissenschafts- und Universitätsgeschichte lässt sich eine solche Geschichte nicht strikt national untersuchen. Die unterschiedlichen kulturellen Traditionen bilden Modelle, die in anderen Kontexten rezipiert und zugleich übersetzt werden, d. h. an den jeweiligen *genius loci* angepasst werden. Oder sie fungieren als Kontrast, der zur Konturierung einer spezifischen Deutung des *studium generale* als Alternative zur Spezialisierung, als Erziehung, als allgemeinbildend, als geistesaristokratische Sozialisierung dient. Vor allem, aber nicht ausschließlich, im zweiten Teil des Bandes, ist die Internationalität bzw. die transnationale Verflechtung der epistemischen und kulturellen Matrix des *tertium comparationis* aller Beiträge, der Untersuchung des *studium generale*, zum Gegenstand der Analyse gemacht worden. Bezogen auf die Renaissance des *studium generale* nach dem Zweiten Weltkrieg sind lediglich Reformdebatten der BRD behandelt worden. Die Untersuchung polytechnischer Formate des *studium generale* ist leider ausgeblieben. Sie bleibt ein Desiderat. Sie würde nicht nur einen anderen Blick auf die einschlägigen Diskussionen im Westdeutschland werfen, sondern sehr wahrscheinlich auch einen anderen Zugang auf jene gegenwärtige Renaissance des *studium generale* in China ermöglichen, die in dem Beitrag von Chen Hongjie und Shen Wenqin in diesem Band dargelegt wird.

1 Für einen Überblick über den Forschungsstand zur Untersuchung des *studium generale* verweisen wir auf Casale/Molzberger 2018.

Im ersten Teil des Bandes wird die Idee des *studium generale* in drei unterschiedlichen historischen Zeiträumen geschichtlich erörtert. Im Spätmittelter wird sie aus einer Propädeutik aristotelischer Prägung gewonnen. In der Neuzeit entspricht sie einem architektonischen Wissensverständnis und wird aus einer transzendentalen Gesellschaftstheorie akademisch institutionalisiert. In der Spätmoderne bzw. in der reflexiven Moderne wird an die Idee eines *studium generale* als Simulakrum eines fiktiven Allgemeinen erinnert.

Die explizite Bedeutung, die in diesem Band der Analyse der Idee des *studium generale* zugesprochen wird, steht zum einen in Zusammenhang mit einem der zentralen Ergebnisse unserer Untersuchung zur „Geschichte des Studium Generale in der BRD nach 1945",[2] dem zufolge das *studium generale* als *pars pro toto* zur Idee der Universität zu betrachten ist. Zum anderen nimmt die Untersuchung der Analyse zur Idee des *studium generale* Bezug auf das Monitum, das seit den 1960er Jahren prominent formuliert wird: Das Scheitern der Reformen bzw. ihr fehlender innovativer Charakter stehe in engem Zusammenhang mit dem blinden Pragmatismus der Akteure und Akteurinnen der Bildungsreformen, mit der Diskrepanz von Konzeption und Implementierung.[3]

Im zweiten Teil richtet sich der Blick nicht nur auf die Idee des *studium generale*, sondern auch auf seine Formen. Hiermit rücken auch die unterschiedlichen internationalen Traditionen *des studium generale* als *general education* und *liberal education* in ihrer humanistischen, idealistischen und pragmatistischen Prägung in den Vordergrund.[4]

Der dritte Teil widmet sich im Foucaultschen Sinne der Geschichte der Aktualität des *studium generale*. Mit der Überschrift *Verwissenschaftlichung der Gesellschaft und Vergesellschaftung der Universität* wird auf eine epistemische Verschiebung des idealistischen Wissenschaftsverständnisses hingewiesen, das der neuhumanistischen Idee der Universität zugrunde lag. Diese Verschiebung, die unter Berücksichtigung von bestimmten Aspekten (Einheit der Wissenschaften, Einheit von Forschung und Lehre) den Charakter einer Zäsur hat, hat sich nicht unmittelbar nach Ende des Zweiten Weltkriegs, sondern erst in den 1960er Jahren vollzogen.

---

2 Das unter der wissenschaftlichen Leitung von Rita Casale und Gabriele Molzberger und zusammen mit Catrin Dingler und Elena Tertel durchgeführte Forschungsprojekt „Studium generale in der BRD nach 1945" wurde von der Deutschen Forschungsgemeinschaft unter der Projektnummer 351258276 für den Zeitraum 2018–2021 finanziert. Für die Unterstützung bei der redaktionellen Arbeit dieses Bandes bedanken wir uns bei Sophie Pähler.

3 Siehe hier exemplarisch Alt 2021, Schelsky 1963.

4 In dem Band sind exemplarische Formen behandelt worden. Eine spezifische Analyse der Verwandlung des *studium generale* in Wissenschaftsdidaktik bzw. in Hochschuldidaktik wäre erforderlich gewesen. Für einen Überblick zu einschlägigen Studien zur Wissenschaftsdidaktik und Hochschuldidaktik siehe Casale/Molzberger 2018, S. 122; zu aktuellen Entwicklungen verweisen wir auf Reinmann/Rhein 2022.

Zur Entstehung einer neuen Konstellation im Universitätsbereich haben unterschiedliche gesellschafts- und bildungspolitische Faktoren beigetragen: das sogenannte Wirtschaftswunder, die gesellschaftliche Öffnung der Universität, das Ende der Ära der Humboldtianer im Wissenschaftsrat,[5] die wachsende Politisierung der Studierenden. Wissensgeschichtlich lässt sich diese Verschiebung mit einer stärkeren Anwendungsorientierung der Naturwissenschaften, mit einer wachsenden Bedeutung der Sozialwissenschaften und nicht zuletzt mit einer Kulturalisierung der Geisteswissenschaften[6] in Verbindung bringen.

Institutionengeschichtlich kommt es u. a. infolge von Privatisierung, marktorientierten und wettbewerbsförmigen Prinzipien im Bildungswesen, die hier mit den Schlagworten *accountability* und *Outputorientierung* nur umrissen werden, zu einer Verschiebung der Bildungsräume, einer Differenzierung und Expansion des Hochschulbereichs. Die in Deutschland etablierte Formel von der Gleichwertigkeit beruflicher und allgemeiner Bildung sucht die damit einhergehenden Verwerfungen in der Gültigkeit und Anerkanntheit von Bildungsabschlüssen, die in den 1970er Jahren bereichsübergreifend als standardisierte Wissensformen nach dem Prinzip der Beruflichkeit gesellschaftlich etabliert worden waren, semantisch zu befrieden. Bedeutsam ist, dass das generalistische Moment von Fachlichkeit resp. moderner Beruflichkeit resp. moderner Professionen durch generische Kompetenzen für beliebige Arbeitsmarktzwecke ersetzt wird. Mit der Feststellung „Governance-regime in der Krise“[7] scheint sich eine neue Phase in der Bildungs- und Wissenschaftssteuerung anzukündigen, die ihre vorherigen Prämissen hinterfragt, deren Prinzipien aber noch auszuhandeln sind.

---

5 Bartz 2007.

6 Diesbezüglich sind die Ergebnisse aus unserer Untersuchung „Studium generale in der BRD nach 1945“ zur Veränderung des Formats des *studium-generale* an der traditionsreichen Universität Freiburg i. B. von besonderem Interesse. In der Untersuchung wurde eine Typologisierung des Studienangebotes zum *studium generale* im Zeitraum von 1945 bis 2015 vorgenommen. Die Programmankündigungen in den Vorlesungsverzeichnissen sind inhaltsanalytisch entlang eines Kriterienrasters (Themen, Formate, Lernziele/Outcomes, Lehrkonzept und methodische Ausrichtung, curriculare Einbettung, Adressaten) ausgewertet worden. Bis Ende der 1950er/Anfang der 1960er Jahre wird an der Universität Freiburg in Zusammenhang mit den unterschiedlichen Formaten des *studium generale* das studentische Gemeinschaftsleben und das Verhältnis von Lehrenden und Lernenden hervorgehoben. Ab Mitte der 1960er Jahre bleibt diese Tradition erhalten, verschiebt sich aber vor allem zu einem ausdifferenzierten Kursangebot. Trotz des Anwachsens von Serviceangeboten sowie außeruniversitärer, nicht-wissenschaftlicher Programmreihen und -formate in den 1980er, 1990er und 2000er Jahren wird das *studium generale* in Freiburg stellvertretend für eine (wenn auch nicht bildungsphilosophisch explizierte) Idee der Universität verstanden, die in der Institution ihr Bezugssystem hat. Und zugleich adressiert es Universitätsmitgliedern und Öffentlichkeit fast ausschließlich über musische, künstlerische und sportliche Kursangebote.

7 Wissenschaftsrat 2023.

Festzuhalten bleibt, dass gegenwärtige Formate des *studium generale* im Kontext komplexer ideen-, wissens- und sozialgeschichtlicher Verschiebungen stehen. Sie teilen nicht mehr die humanistischen Prämissen der Renaissance des *studium generale* der 1950er Jahre, noch folgen sie mehr der Idee von Bildung im Medium von Wissenschaft und Beruf.

In dem ersten Beitrag des Bandes befasst sich MAXIMILIAN SCHUH mit der Auffassung des *studium generale* im Spätmittelalter. Am Beispiel der wissenschaftspropädeutisch orientierten Artistenfakultät der Universität Ingolstadt fragt Schuh, ob das dargebotene wissenschaftliche Grundprogramm als allgemeinbildendes Studium zu verstehen ist. Zunächst aber macht der Beitrag darauf aufmerksam, dass *studium generale* nicht schon immer eine institutionelle Bedeutung hatte, sondern zunächst die Gemeinschaft der Lernenden und später Lehrenden und Lernenden bezeichnete. Der Begriff war vor allem juristisch geprägt. Eine Immatrikulation am *studium generale* veränderte für die Hörenden ihren Rechtsstatus und war vor allem kostspielig. In der Stundenplanübersicht der Universität Ingolstadt aus dem Jahr 1478 erkennt Schuh inhaltliche Verschiebungen, die sich vom Hochmittelalter bis zur Neuzeit mit der paradigmatischen Durchsetzung der aristotelischen Philosophie Schritt für Schritt vollzogen haben. Dies lege Deutungen nahe, welches Wissen für die spätmittelalterliche Arbeitswelt außerhalb der Universität besonderen Wert hatte. Schuh zieht den Schluss, dass man gerade deshalb das *studium generale* als allgemeinbildend verstehen könne, weil der artistische Unterricht Grundlagen der Wissenschaft und des Wissens in praxisrelevanten Fächern wie etwa der Rhetorik umfasste.

Zu Beginn seines Beitrags hebt MICHAEL STÄDTLER die neuzeitliche Bedeutung des *studium generale* im Unterschied zu seiner mittelalterlichen Funktion hervor. In einem engeren Sinn setzt sich Städtlers Beitrag mit dem Übergang von einem aristotelischen zu einem kantianischen Verständnis von allgemein bildenden Studien auseinander. War das *studium generale* im Spätmittelalter und in der Frühneuzeit an die propädeutische Funktion der *artes liberales* gebunden, veränderte sich sein epistemischer Status mit der Verselbständigung der Artistenfakultäten im Laufe des 18. Jahrhunderts zur philosophischen Fakultät. Mit dem Preußischen Universitätsgesetz wurde die propädeutische Allgemeinbildung an die Sekundarschule verlagert und die Bedeutung von Allgemeinbildung idealistisch mit Immanuel Kants Verständnis der Wissenschaft als Kunst der Systeme bzw. als ein organisch gegliedertes Ganzes in Zusammenhang gebracht. Die Möglichkeit menschlicher Bildung wird hiermit an die systematische Form des Wissens gekoppelt. In Johann Gottlieb Fichtes bildungstheoretischen Schriften wird eine solche systematische Architektur des Wissens mit einer transzendentalen Gesellschaftstheorie und einer geschichtsphilosophischen Auffassung der Menschheit als Gattung verbunden. Die Frage nach einem allgemeinen Begriff wissenschaftlicher Bildung verändert sich zu einer nach einem allgemeinen wissenschaftlichen Curriculum, das einer auf Kooperation angewiesenen arbeitsteiligen Gesellschaft entspricht. Bezogen auf die gegenwärtige Entwicklung einer bürgerlichen Gesellschaft, deren Kern Konkurrenz statt Kooperation bzw. partikularistische statt allgemeinen Interessen seien, stellt Städtler die Chancen allgemeiner wissenschaftlicher Bildung in Frage.

Nicht auf eine solche transzendentale Wissensarchitektur wird rekurriert, wenn nach dem Zweiten Weltkrieg das *studium generale* für eine Renaissance der Idee der Universität herangezogen wird. In seinem Beitrag zeigt Anselm Haverkamp, inwiefern in der Nachkriegszeit die Restitution der neuzeitlichen Idee der Universität im Modus einer interdisziplinären Erinnerung geschieht. Mit Ernst Robert Curtius wird von Haverkamp das *studium generale* nach 1945 als historische Selbstvergewisserung der *universitas* erschlossen, als ein „prekäres Supplement" des Allgemeinen in der Stunde, „die auf keine Null zu bringen war". Die Institutionalisierung dieses Supplements in Reformuniversitäten der 1960er Jahre, wie etwa in Konstanz, habe das *studium generale* überflüssig gemacht. Seine Möglichkeit hänge heute von Formen (von einer Lehre) ab, die den offenen, unbedingten Charakter des Supplements aufrechterhalten, die den fortwährenden prekären Stand des Wissens verdeutlichen. Dafür geeignet seien Orte (wie das Collège de France oder das Massachusetts Institute of Technology), die selbst ein dezentriertes Verhältnis zu Universität haben, die ihr Supplement darstellen und sie an ihre unbedingte Idee erinnern.

Im zweiten Teil, der sich mit international verschiedenen Ideen und Formen des *studium generale* befasst, wird am Beispiel der Geschichte der italienischen Elitehochschule Scuola Normale superiore eine humanistische Version der *liberal education* rekonstruiert, die im Unterschied zu den angelsächsischen Varianten nicht so sehr die Erziehung zur Freiheit der zukünftigen Lehrpersonen zum Ziel hat, sondern ihre moralische Bildung und das soziale Engagement exzellenter Wissenschaftlerinnen und Wissenschaftler. In ihrem Beitrag zeichnen Paola Carlucci und Mauro Moretti den Zusammenhang von institutioneller Entwicklung der Scuola Normale Superiore in Pisa und die Transformation des Verständnisses von allgemeinbildenden Studien nach. Die Scuola Normale wurde unter napoleonischen Vorzeichen 1810 mit dem Ziel gegründet, Lehrer auszubilden und beschränkte sich auf eine kleine Anzahl von Studierenden, die ausschließlich nach meritokratischen Kriterien ausgewählt wurden. In diesem Stadium zielte die liberale Erziehung auf die Charakterbildung der zukünftigen Lehrpersonen ab und betraf all jene disziplinären Elemente, die über den Lehrplan hinausgehen. Im Gegensatz zum englischen Modell drehte sich die Charaktererziehung nicht um das Konzept der Freiheit, sondern konzentriere sich auf die moralische Bildung und auf eine Reihe wissenschaftlicher Aktivitäten, die in dem Periodikum *Annali* ihren Ausdruck fanden. Die *liberal education*, die im Modell der Scuola Normale ausprobiert wurde, bestand vor allem in der Entwicklung eines kollegialen Geistes. Mit der Gentile-Reform von 1931 änderte sich das institutionelle Profil der Scuola Normale: nicht mehr die pädagogische Ausbildung der Lehrpersonen stand im Mittelpunkt, sondern deren wissenschaftliche Bildung. In dieser historischen Phase orientierte sich das Profil der liberalen Erziehung am zukünftigen bürgerlichen Engagement der Studierenden der Scuola Normale. Seit der Gründung des Instituts Scuola Superiore Sant'Anna (1987) und der Europäisierung ihres Gesamtprofils versteht sich die Scuola Normale als Exzellenz-Universität. Die Form, welche die *liberal education* in dieser letzten Phase erhält, und die Idee der Universität, die einer Bildung zur Exzellenz zugrunde liegt, lassen sich nicht mehr nur mit Blick auf die Geschichte einer spezifischen europäischen Elite-Universität untersuchen. Sie gehören zu einem neuen Kapitel von Universitätsgeschichte und ihrer institutionellen Binnendifferenzierung der Hochschulen.

In den folgenden zwei Beiträgen werden am Beispiel internationaler Einwirkungen auf die deutsche Universitätsgeschichte der Nachkriegszeit der Kontext und die Akteure einer Anpassung des amerikanischen und des britischen Konzepts der *general education* an ein *studium generale* historisch rekonstruiert. Zugleich standen diese Adaptionen einerseits in der Tradition der neuhumanistischen Idee der Universität und knüpften andererseits an die Pädagogisierung der Universität der Weimarer Republik wieder an.

Zu den internationalen Einflüssen auf das *studium generale* in der Bundesrepublik Deutschland zählen die Bemühungen um eine Amerikanisierung der Universität nach 1945, denen Stefan Paulus nachgeht. *General education* hieß die Losung, mit der unter dem Eindruck der Trümmer des Nationalsozialismus der beklagenswerte Zustand der Deutschen Universität kuriert werden sollte. Paulus zeichnet nach, dass in einer Reihe von Dokumenten amerikanische und anglo-amerikanische Vorstellungen zur Hochschulreform ihren Niederschlag fanden. Die Perspektive war auf zukünftige Besetzung verantwortlicher Positionen in der deutschen Gesellschaft gerichtet und zugleich auf die institutionellen Voraussetzungen. Nicht nur als Entgegensetzung zum deutschen Spezialistentum, sondern auch als Gemeinschaftserziehung wurden *general education* oder das *studium generale* gesehen. Heidelberg und Tübingen waren die Standorte der Umsetzung dieses Gedankens und gesellschaftspolitischen Anspruchs, der bis im weiteren Verlauf des ersten Nachkriegsjahrzehntes weiter ausgearbeitet wurde. Paulus' Analysen zufolge ist von einem amerikanischen und britischen Einfluss auszugehen, aber auch von einem Spannungsverhältnis zwischen restaurativen und reformorientierten Kräften.

David Phillips wirft vom Vereinigten Königreich aus einen kritischen Blick auf die deutsche Universitätsgeschichte respektive ihre Reformierbarkeit. Er beginnt seine historische Rekonstruktion mit dem Report einer britischen Universitätsdelegation zu ihrem Besuch der britischen Besatzungszone im Jahr 1947. Freiheit der Wissenschaft und Einheit von Forschung und Lehre waren aus ihrer Sicht die beiden Merkmale, die die deutsche Universität in ihrer Blütezeit zu vereinen vermochte. Doch Wissenschaft und Wissen als Selbstzweck, so hatte es die Geschichte für sie bewiesen, boten keinen Schutz vor Militarismus und Naziideologie. Dies war der Ausgangspunkt der Siegermächte, von dem aus sie auch die Idee eines *studium generale* verfolgten. Die Planungen zum Wiederaufbau hatten bereits vor der Kapitulation begonnen. Drei Elemente bildeten die Säulen der Bildungspolitik, mit denen junge britische Offiziere den alten Hochschulrektoren gegenübertraten: Denazifizierung, Re-education und Demokratisierung. Die Besiegten sollten selbst Verantwortung für ihre Zukunft übernehmen und die Briten wachten darüber mit Pragmatismus. Der eingangs erwähnte AUT-Report der Association of University Teachers attestierte den deutschen Universitäten ihre Unfähigkeit, sich selbst zu reformieren. Doch Rezeption und Wirkungsgeschichte, so zeichnet es Phillips Beitrag nach, waren vielschichtig. Nicht minder bedeutsam war das sogenannte *Blaue Gutachten*, welches im Auftrag des Britischen Militärgouverneurs vom Studienausschuss für Hochschulreform 1948 in Druck ging. Mehr als 100 Empfehlungen, darunter die Einführung eines *studium generale*, erarbeiteten die ernannten Repräsentanten. Aus dem Archiv der Hochschulrektorenkonferenz zum *Blauen Gutachten* lässt Phillips Material und Protagonisten dieses wichtigen Dokuments zur Hochschulgeschichte sprechen, dessen „impact" bis in die Gegenwart reicht.

Im letzten Beitrag des zweiten Teils widmet sich die Analyse der aktuellen Institutionalisierung des *studium generale* in China. Mit Argumenten, die auch in den Empfehlungen des *Blauen Gutachten* (1948) zu finden sind, werde gegenwärtig ein Modell der *liberal education* in den chinesischen Hochschulen propagiert, das als Antidot zur hochspezialisierten Ausbildung zu fungieren und zugleich zu einer in humanistischer Hinsicht liberalen Charakterbildung zu erziehen hat. Im ihrem Beitrag zeigen Hongjie Chen und Wenqin Shen, inwieweit die gegenwärtige Idee der Allgemeinbildung sich aus dem traditionellen Humanismus des Konfuzianismus, aus dem sozialistischen Vorrang der beruflichen Qualifizierung nach dem chinesischen Modell und aus der englischen und amerikanischen Tradition der Charakterbildung speist. Ihrer Form nach orientiert sich eine solche Renaissance an dem anglo-amerikanischen Modell. Die aktuelle Institutionalisierung der Allgemeinbildung, die sowohl die Elitehochsuchen als auch die technischen Universitäten betrifft, wird als eine Bildungsreform charakterisiert, die das Profil des gesamten chinesischen Hochschulwesens verändert hat. Sie sei als eine Reform einer sehr spezialisierten Ausbildung professioneller Talente zu verstehen, die 1949 das chinesische Hochschulwesen nach dem Modell der Sowjetunion eingeführt hatte. Seit den 1980er Jahren wird am Beispiel der Reform der Pekinger Universität der *cultural quality education* eine Abkehr vom strengen und geplanten Modell einer beruflichen Qualifizierung festgestellt. Kern der Pekinger Reform bilde eine Stärkung allgemeinbildender Fächer und eine Verkürzung der Hauptfächer. Einer solchen Reform folgte zum Beginn des 21. Jahrhunderts eine Allgemeinbildungsbewegung, die 2001 zu einem ersten institutionalisierten Allgemeinbildungsprogramm („Yuanpei“) geführt hat. Das Yuanpei-Programm sieht die Einführung der Allgemeinbildung in den ersten zwei Jahren des Universitätsstudiums, eine breit angelegte Berufsausbildung in den letzten zwei Jahren und ein System freier Wahlfächer vor.

Im ersten Beitrag des letzten Teils setzt sich BARBARA WOLBRING für die Kontinuität der neuhumanistischen Bildungstradition ein. Der von Nationalsozialismus verursachten Krise der fortschrittlichen Dimension von Bildung folgte nach 1945 ein Fortwandel der Idee der Universität und des damit verbundenen Bildungskonzepts. Trotz des politischen Versagens der Repräsentanten einer solchen Tradition wurde die Bildungsidee nicht grundsätzlich in Frage gestellt. Der Beitrag der Universität zur Demokratisierung der Gesellschaft sei eher unter dem Zeichen einer Erneuerung der Bildungsidee im Dienst der Demokratie geschehen. Das *studium generale* als Chiffre für ein fachübergreifendes Bildungskonzept habe in den 1950er Jahren an das bürgerliche Bildungsideal mit dem Ziel einer demokratischen Transformation der gesellschaftlichen Eliten angeknüpft. Die Universität sei aber eine Institution der Mittelklasse, des Bildungsbürgertums, in veränderter Form geblieben.

In RITA CASALES Beitrag wird die im vorherigen Beitrag vertretene Bildungskontinuität wissensgeschichtlich in Frage gestellt. Am exemplarischen Fall einer Denkschrift zur Hochschule in der Demokratie, die 1961 vom Sozialistischen Deutschen Studentenbund (SDS) verfasst wurde, wird die Verschiebung einer Idee der Universität erörtert, deren Reform schon unmittelbar nach 1945 angestrebt wurde. Die Verschiebung betreffe die Universität und die damit verbundene Form eines *studium generale* sowohl in sozialisatorischer als auch in erkenntnis- und gesellschaftstheoretischer Hinsicht. In der Denkschrift von 1961 wird einerseits den Vorschlägen zur Universitätsreform des *Blauen Gutachtens* eine Pädagogisierung der Universität mittels Zuweisung eines Erziehungsauftrags zugeschrieben und der elitäre Charakter eines *studium generale* kritisiert, der auf habituelle Distinktion ziele. Zum anderen wird als Alternative zum *studium generale* ein Format vorgeschlagen, das vor allem im Fach Geschichtswissenschaft der Freien Universität in Berlin Anfang der 1960er Jahre eingeführt wurde. Das in der Denkschrift weiter entwickelte Format eines *studium exemplare* gehe von der von Helmut Schelsky formulierten These einer Verwissenschaftlichung der Gesellschaft und Vergesellschaftung der Wissenschaft, von Theodor Adornos und Max Horkheimers Zeitdiagnose einer verwalteten Welt aus und schlage unter Berücksichtigung der Bedeutung der wissenschaftlichen Spezialisierung eine Form von Interdisziplinarität vor, die im Konkreten das Besondere und das Allgemeine vermittele.

Die letzten Beiträge widmen sich der gesellschaftlichen Öffnung der Universität und den damit verbundenen Verschiebungen der institutionalisierten Bildung von Erwachsenen.

Zu den bekanntesten Erwachsenenbildnern des 20. Jahrhunderts zählt Fritz Borinski. Martha Friedenthal-Haases Studie über ihn zeigt seine Ideen und Leistungen auf, die inspiriert waren von der britischen universitären Erwachsenenbildung und folgerichtig von extra- und intramuraler Bildung, die beinahe schon synonym für die Öffnung der Universität zur Gesellschaft überhaupt stehen. Dies sei der Zusammenhang, der nicht mehr ignoriert werden könne, lässt Friedenthal-Haase Borinski zu Wort kommen. Die biografischen Stationen, das Werk und Wirken dieses Erwachsenenbildners lässt sie mit Borinskis Leipziger Erfahrungen beginnen. In Leipzig ist in seinem Lehrer Hermann Heller personifiziert, was nachfolgend als Zusammenwirken der Idee der Wissenschaft und Idee der Volksbildung beschrieben wird und von weiteren bedeutenden Pädagoginnen und Pädagogen geteilt wurde. Doch zunächst bestimmten Flucht vor dem Nationalsozialismus und Exil in Großbritannien das weitere Leben und die Arbeit Borinskis. Friedenthal-Haases Studie zeigt, wie sich das *Blaue Gutachten*, die Universität Göttingen, die von ihm geleitete Heimvolkshochschule Göhrde miteinander verwoben und ein dichtes Beziehungsnetz zwischen Erwachsenenbildung und Universität in Niedersachsen entstand. Ein Stück frühe Disziplingeschichte der Erwachsenenbildung wird lebendig im Mitvollzug dieser Biografie, die durch die starken (Ver)Bindungen in die Gesellschaft geprägt war und zugleich 1956/57 durch einen Ruf an die Freie Universität nach Berlin auf einen Lehrstuhl für Pädagogik akademische Anerkennung fand. Aus dieser Zeit stammt das erwähnte, prägende Zitat vom nicht mehr zu ignorierenden Zusammenhang zwischen Universität und Erwachsenenbildung. Friedenthal-Haases Rekonstruktionen machen den Kontext der Bemühungen um ein *studium generale* in der Nachkriegszeit sichtbar. Wie auch im Beitrag von Phillips zeigt sich der Einfluss des Vereinigten Königreichs, welches nicht zuletzt durch die Einberufung des Hochschulausschuß für Studienreform und dessen *Blaues Gutachten* die Geschiche des *studium generale* durch die Überzeugung, Gesellschaft lasse sich durch den Einbezug von Erwachsenenbildung in die Universität demokratisieren, prägte.

Um die disziplinäre Perspektive der Erwachsenenbildung geht es auch im letzten Beitrag von Gabriele Molzberger. Hier wird die Möglichkeit eines *studium generale* in die Tradition wissenschaftlicher Aufklärung eingebettet. Dementsprechend wird ins Zentrum der Analyse die Frage gesetzt, inwiefern ein *studium generale* dem Anspruch einer wissenschaftlichen Bildung für alle gefolgt sei. Diese Aussicht wird zugleich in ihren historischen Entwicklungen dargelegt und angesichts einer im 21. Jahrhundert veränderten Wissensproduktion und Wissensvermittlung reflektiert. Gegenstand der historischen Rekonstruktion und der systematischen Erschließung des Sachverhältnisses bilden das Verhältnis von beruflicher und allgemeiner Bildung seit der Aufklärung, die Vermittlung von Sachlogik, Verwertungslogik und Sinnfrage im akademischen Wissenschaftsverständnis der Weimarer Republik, die Berufsorientierung akademischer Bildung seit der zweiten Hälfte des

Wissenschaftsrat (2023): Wettbewerb in der Krise? Neue Impulse für die Governance des Wissenschaftssystems. Bericht der Vorsitzenden zu aktuellen Tendenzen im Wissenschaftssystem; Köln. URL: https://doi.org/10.57674/bn9n-et07 [01.03.2023]

Studium generale: Geschichte und Aktualität einer Idee

Maximilian Schuh

Studium generale im Mittelalter

Perspektiven der Universitätsgeschichtsschreibung zur Vormoderne

Die vormoderne Universität war keine mit der heutigen Hochschule vergleichbare Institution tertiärer Bildung, sondern ein korporativ verfasster Personenverband von Lernenden bzw. von Lehrenden und Lernenden, der von unterschiedlichen Seiten rechtlich und wirtschaftlich privilegiert wurde.[1] Im Gegensatz zu anderen Bildungseinrichtungen des Mittelalters war die Universität in der Ausgestaltung ihrer Organisation und der unterrichteten Lehrinhalte grundsätzlich autonom, auch wenn diese Freiheit von verschiedenen Seiten eingeschränkt wurde. Für die Zeitgenossen waren die universitären Personenverbände zunächst nur schwer erkenn- und fassbar. Zentrale universitäre Gebäude etwa fehlten ebenso wie Kontinuität in den Leitungsämtern.[2] Über die Städte des mittelalterlichen Europas verteilt, lehrten und lernten daher an den Universitäten in unterschiedlichen Zusammensetzungen verschiedene Personengruppen gemeinsam, die zum Teil nur schwer von anderen Stadtbewohnern unterschieden werden konnten.

Vor diesem Hintergrund wird im Folgenden das Verhältnis von *studium generale* und der mittelalterlichen Universität diskutiert. Das Interesse gilt dabei zunächst dem Begriff an sich. Denn seit dem Beginn des 13. Jahrhunderts wurde *studium generale* als juristischer *terminus technicus* für die neu entstandene Institution verwendet.[3] Die Bedeutung dieser Bezeichnung und die Abgrenzung zu anderen Einrichtungen des Lehrens und Lernens stehen zunächst im Mittelpunkt des Interesses. Im Anschluss daran konzentriert sich der Blick auf die Universitäten des Heiligen Römischen Reiches. Ausgehend von den Bedingungen des vormodernen Hochschulbesuchs wird diskutiert, inwiefern die Teileinrichtung der Artistenfakultät ihren Besuchern ein *studium generale* als wissenschaftliches Grundprogramm anbot.[4] Das Modell der Pariser Universitätsorganisation, dem die hohen Schulen im Heiligen Römischen Reich nördlich der Alpen folgten, sah die Einteilung des Wissenskanons in die vier Fakultäten Theologie, Recht, Medizin und *septem artes*

---

1 Verger 1993.

2 Kintzinger/Rexroth/Schütte 2018, S. 19–22; Füssel/Schuh 2014.

3 Verger 1993, S. 49 f.

4 Saner 2014, S. 2 f.

liberales (sieben freie Künste) vor.[5] Ob das angebotene Lehr- und Qualifizierungsprogramm an der wissenschaftspropädeutisch orientierten Artistenfakultät als allgemeinbildendes Studium zu verstehen ist, wird anhand eines Beispiels aus dem Spätmittelalter beleuchtet. Dafür wird die 1472 gegründete bayerische Universität Ingolstadt in den Blick genommen, die eine durchaus repräsentative Feld-, Wald- und Wiesenuniversität des römisch-deutschen Reiches darstellte.

1. *Studium generale* als juristischer Fachbegriff im Mittelalter

Um *studium generale* als Terminus nachvollziehen zu können, muss man sich mehrere Entwicklungen vergegenwärtigen. Der Begriff *studium* bezeichnete in einem engeren Sinn zunächst das Lernen bzw. Studieren. Seit dem 12. Jahrhundert erweiterte sich der Bezeichnungsumfang von dieser engeren Bedeutung auf die Institutionen des Lernens.[6] Domschulen, Klosterschulen und auch alle möglichen Formen von Stadtschulen, an denen weiterführender Unterricht angeboten wurde und die zuvor als *scholae* bezeichnet wurden, begann man nun unter der Bezeichnung *studium* zu fassen. Gemeinsam war diesen Einrichtungen, dass sie einer lokalen Obrigkeit unterworfen waren. Im Einzelfall waren das der Bischof der Diözese oder der Abt des Klosters, der Vorsteher der Ordensprovinz oder der städtische Rat. Diese übten Kontrolle sowie Rechts- und Disziplinargewalt über die Besucher aus. Das hatte eine Beschränkung der Autonomie, aber auch eine Beschränkung der Reichweite der Ausstrahlung der Schulen zur Folge. Absolventen der Domschule waren zunächst einmal nur für den Dienst in ihrer Diözese qualifiziert, die der Klosterschule für ihr Kloster und so weiter. Andernorts wurde die Befähigung der Absolventen nicht unbedingt anerkannt, auch wenn manche der Schulen Unterricht auf höchstem intellektuellem Niveau anboten.[7]

Vor diesem Hintergrund formte sich die erste Universität im 12. Jahrhundert in Bologna aus dem Zusammenschluss von Rechtsschulen, die von Lernenden organisiert wurden. Die Studenten dieser Rechtsschulen stellten Träger dieser Entwicklung dar, da sie zeitlich befristet Professoren anstellten, um von ihnen im kirchlichen und weltlichen (antiken) Recht unterwiesen zu werden. Sie bildeten eine *universitas scholarium* – eine Gemeinschaft der Lernenden. Kaiser Friedrich Barbarossa unterstützte sie durch Gesetze, die den Angehörigen dieser Schule besondere Rechte zusprachen und sie vor dem Zugriff lokaler Gerichtsgewalt schützte.[8] In direkter

5 Rexroth 2002.

6 Nardi 2019.

7 Rexroth 2013.

8 Verger 1993, S. 58–60.

zeitlicher Nähe schlossen sich in Paris von einzelnen Magistern geleitete Schulen mit ihren Lernenden zu einer *universitas magistrorum et scholarium* – einer Gemeinschaft der Lehrenden und Lernenden – zusammen, die sich vom französischen König sowie von Bischof und der Stadtobrigkeit sukzessiv Autonomie und Sonderrechte erstritt. Hier standen die Lehrenden als Träger des Prozesses im Vordergrund. Als Institutionen endgültig fassbar werden beide Universitäten ab 1200.[9] Den Kern dieser als Schwureinung zu verstehenden Personenverbände bildete der von jedem Mitglied bei Aufnahme zu leistende promissorische Gehorsamseid, der die Anerkennung der selbstgegebenen Regeln und der hierarchischen Ordnung verbindlich machte.[10]

Die mittelalterlichen Universalgewalten der lateinischen Christenheit, Papsttum und Kaisertum, setzten die anfänglich zögerliche Förderung dieser neuen Bildungseinrichtungen während des 13. Jahrhunderts im gesteigerten Maße fort. Zentrale Vorrechte waren die Erteilung der universellen Lehrerlaubnis *(licentia ubique docendi)*, die mit der Graduierung an der Universität verbunden wurde. Die an den Universitäten erworbenen Titel konnten in der gesamten Christenheit Geltung beanspruchen, sie wurden über die Grenzen von Diözesen und Reichen hinweg anerkannt. Auch bei der inneren Organisation und der Gestaltung der Lehrinhalte genossen die Hohen Schulen Autonomie. Von lokalen Gerichtsbarkeiten und Steuern waren die Universitätsmitglieder befreit. Sie bildeten einen eigenen Rechtskreis und der Rektor sprach im Universitätsgericht Recht über sie. Das hatte auch die Befreiung von örtlichen Steuern und Zöllen zur Folge. Ein entscheidender Vorteil wurde die von päpstlicher Seite verliehene Möglichkeit, während des Studiums die Einkünfte aus kirchlichen Ämtern mit Seelsorgeverpflichtung weiterbeziehen zu können, ohne am Ort des Amtes anwesend zu sein. Somit wurde die Kirche zu einer wichtigen Studienfinanzierungseinrichtung. [11]

Mit der sukzessiven Ansammlung solcher Privilegien wurde die Abgrenzung der neuen Universitäten zu anderen *studia* immer deutlicher. Der neue Status wurde daher mit der Bezeichnung *studium generale* verbunden, mit der die Universitäten jetzt von anderen *studia* unterschieden wurden. Die „normale" Schule galt nun als *studium particulare*. Das Adjektiv *generalis, -e* ist als „allgemein" bzw. „übergreifend" zu übersetzen. Als kirchenrechtliches Vorbild für diese Begriffsbildung diente das *concilium generale*, die allgemeine Gültigkeit beanspruchende Kirchenversammlung, die über Grenzen von Diözesen und Territorien hinweg Vertreter für alle Mitglieder der Christenheit umfassen und entsprechend für alle gültige Regeln verabschieden sollte.[12] Trotz dieses begriffsgeschichtlichen Hintergrunds

9 Verger 1993, S. 60–62.

10 Paquet 1983.

11 Kintzinger/Rexroth/Schütte 2018, S. 22 f.; Zutshi 2011, S. 159.

12 Nardi 2019, S. 89–92.

war es aber die Kanzlei Kaisers Friedrich II., die 1225 mit Bezugnahme auf das von ihm ins Leben gerufene *studium* in Neapel erstmals das Adjektiv *generale* im Zusammenhang mit dem *studium* einer Universität verwendete.[13] Diese juristische Terminologie und Konzeption setzte sich durch und allmählich wurden beinahe alle Universitäten zu *studia generalia.* Bologna und Paris erhielten diesen rechtlichen Status Ende des 13. Jahrhunderts von Papst Nikolaus IV. zuerkannt, den sie de facto aber schon lange Zeit genossen hatten.[14] Für Oxford und Cambridge hingegen bleibt eine solche formale Zuerkennung unklar.[15] Aus der zeitgenössischen Überlieferung wird vor allem diese juristische Dimension des Begriffs deutlich. Der aus philosophiehistorischer und ideengeschichtlicher Perspektive zum Teil hervorgehobene Aspekt der Gesamtheit des Wissens, das am *studium generale* repräsentiert gewesen sei,[16] ist hier hingegen kaum nachvollziehbar.

Einen terminologischen Sonderfall bilden die seit der zweiten Hälfte des 13. Jahrhunderts nachweisbaren *studia generalia* der Bettelorden. Damit wurden jedoch keine Universitäten bezeichnet, sondern ordensinterne Schulen der Dominikaner und Franziskaner. An diese übergeordneten Schulen, die unter anderem im Umfeld der Universitäten in Paris und Oxford bestanden, wurden Ordensmitglieder in einem Unterricht auf Universitätsniveau auf Leitungspositionen vorbereitet. Daher wurde auch hier die Bezeichnung *studium generale* verwendet, wenngleich sie das aus rechtlicher Perspektive nicht waren.[17]

2. Artistenfakultät und *studium generale* im Spätmittelalter: Das Beispiel Ingolstadt

Die Universitäten als neue Bildungseinrichtungen verbreiteten sich im 13. Jahrhundert zunächst in den Teilen Süd- und Westeuropas, die in der Antike Teil des römischen Reiches gewesen waren, wie Italien, Frankreich, England und die iberische Halbinsel.[18] Ab der Mitte des 14. Jahrhunderts wurden dann auch im römisch-deutschen Reich nördlich der Alpen die ersten Universitäten eingerichtet. Denn das Große Abendländische Schisma des 14. Jahrhunderts führte mit den konkurrierenden Ansprüchen verschiedener Päpste zu unterschiedlichen Obedienzen in den Territorien Europas. Da päpstliche Privilegien für Universitäten und die kirchlichen Einkünfte ihrer Mitglieder davon unmittelbar betroffen wurden, schwächte sich die

13 Nardi 2019, S. 92 f.
14 Verger 1993, S. 50.
15 Zutshi 2011, S. 159.
16 Vgl. etwa Roesner 2011.
17 Senocak 2012.
18 Verger 1993, S. 62–65.

überregionale Anziehungskraft der alten Universitäten in Italien und Frankreich ab.[19] Kleinräumigere Interessen standen bei Hochschulgründungen und -wahl nun im Vordergrund. Im Reich gründeten die führenden Adelsgeschlechter der Luxemburger, Habsburger und Wittelsbacher mit Prag (1348), Wien (1365/84) und Heidelberg (1386) Hohe Schulen in ihren Territorien. Auch die Städte Köln (1388) und Erfurt (1379/92) passten ihre langen Traditionen höherer Bildung der neuen Organisationsform an, um in der sich verändernden Bildungslandschaft wettbewerbsfähig zu bleiben. Diese Welle reichte mit den Gründungen in Leipzig (1409), Rostock (1419) Würzburg (1402/10) und Löwen (1425/26) bis in das 15. Jahrhundert hinein. Seit den 1450er Jahren ist eine zweite Gründungswelle zu beobachten, die 1456 mit Greifswald einsetzte und 1506 mit Frankfurt an der Oder ihren Abschluss fand. In diesem Zusammenhang wurde 1472 von Herzog Ludwig IX. von Bayern-Landshut auch in Ingolstadt eine hohe Schule eingerichtet. Zu Beginn des 16. Jahrhunderts verfügten so alle reichsfürstlichen Territorien und einige bedeutende Städte über eine Universität.[20]

Mit dieser Entwicklung ging eine enorme Expansion des Hochschulbesuchs einher. Für die Universitäten des römisch-deutschen Reiches sind mit wenigen Ausnahmen Matrikeln überliefert, in die – theoretisch wenigstens – alle Mitglieder des akademischen Personenverbands namentlich eingetragen wurden.[21] Diese Überlieferungen erlauben statistische Erkenntnisse zum Hochschulbesuch. Immatrikulierten sich zu Beginn des 15. Jahrhunderts jährlich etwa 600 Studierende (wenn man Prag berücksichtigt um die 1.000), lag diese Zahl an seinem Ende bei über 3.000 – und das während sich die Gesamtbevölkerungszahl nur langsam von den tiefen Einschnitten der seit 1348 immer wieder aufflammenden Pestepidemien erholte. Auch wenn kurz vor 1500 die Immatrikulationszahlen stagnierten, wuchsen sie bis 1520 auf ca. 3.500 Einschreibungen im Jahr, um dann allerdings dramatisch auf ca. 1.000 abzustürzen und sich und für beinahe ein Jahrzehnt auf einem erst langsam wieder steigenden Niveau zu stabilisieren.[22]

Diese Masse von Hochschulbesuchern konnte und sollte nicht in das ursprünglich der Selbstergänzung dienende kooptative System der universitären Promotionen integriert werden. An der Epochenschwelle zur Neuzeit strebte nur ein Bruchteil der Universitätsbesucher einen universitären Abschluss an.[23] Die Mehrzahl beließ es bei dem Versuch, durch den Besuch einiger universitärer Lehrveranstaltungen Wissen und Fähigkeiten zu erwerben, die die Chancen auf eine Beschäftigung

19 Rexroth 2013, S. 28–30.

20 Hammerstein 2003, S. 6 f.; Schuh 2015.

21 Schuh 2018.

22 Grundlegend Schwinges 1986; zuletzt auf erweiteter Zahlenbasis Gramsch 2015, S. 63–64 und 66–68.

23 Seifert 1996, S. 219–222.

als Kleriker, Lehrer oder Schreiber erhöhten. Zudem hoffte man, durch den Aufenthalt an der Hohen Schule sein soziales Prestige zu erhöhen und durch an der Universität gemachte Bekanntschaften Karriere fördernde Netzwerke aufbauen zu können.[24] Diese Hochschulbesucher als Studienabbrecher zu verstehen,[25] ist verfehlt. Sie nutzten die Bildungsangebote der spätmittelalterlichen Universität nach ihren eigenen Interessen und Bedürfnissen und nicht in einer modernen Vorstellungen entsprechenden Konzentration auf den Erwerb eines Studienabschlusses als zertifizierten Qualifikationsnachweis. Aufgrund dieser Gegebenheiten stellte die Artistenfakultät das personelle Zentrum der Universität im spätmittelalterlichen Reich dar. Hier studierte ein Großteil der Eingeschriebenen – zum Teil weit über 80 Prozent – für einige Zeit.[26] Denn es gab an der Universität wie auch an der Fakultät kaum formale Eingangsvoraussetzungen und nur eine rudimentäre Beherrschung des Lateinischen war für die Immatrikulation notwendig. Studieninteressierten stellten sich kaum Hindernisse in den Weg, so lange sie über ausreichend Geld für die an der Universität fälligen Gebühren und ihren Lebensunterhalt verfügten.[27] Das Wachstum der Universitäten im Reich war in erster Linie ein Wachstum der Artistenfakultäten, weshalb die Fokussierung auf diese universitäre Teileinrichtung notwendig ist.

Auch in Ingolstadt stellte die Artistenfakultät den besucherstärksten universitären Teilverband dar. Ihre Studenten waren etwa zwischen 14 bis 20 Jahre alt und sie unterschied wenig von Schülern an anderen Bildungseinrichtungen. Die Immatrikulation an dem *studium generale* hob sie aber im Rechtsstatus von der übrigen Bevölkerung ab. So genossen sie Steuer- und Zollfreiheit und waren Teil des autonomen Rechtskreises der Universität. Unterrichtet wurden die Hochschulbesucher von Magistern, die ein mindestens vierjähriges Studium absolviert sowie zwei relativ kostspielige Promotionen abgelegt hatten. Sie studierten in der Regel an einer der höheren Fakultäten Medizin, Theologie oder Recht weiter.[28] In Ingolstadt wurden nur sechs Magister, die so genannten Kollegiaten, fest besoldet. Die übrigen Lehrenden der Fakultät mussten ihren Lebensunterhalt aus den Gebühren für Vorlesungen, Übungen und Prüfungen finanzieren oder waren durch die Leitung von Bursen, in denen den Studierenden Kost, Logis und akademische Veranstaltungen angeboten wurden, unternehmerisch tätig.[29]

Wie gestalteten sich vor dem Hintergrund dieser Rahmenbedingungen nun die konkreten Inhalte, die an der Artistenfakultät unterrichtet wurden? Der in

---

24 Hesse 2002; Tewes 1999.

25 Seifert 1996, S. 215.

26 Schwinges 1993a.

27 Schwinges 1993b, S. 161–166; Schuh 2018.

28 Schuh 2013, S. 41–43.

29 Schöner 1998, S. 507 f.

der Spätantike ausgeformte Kanon der *septem artes liberales* umfasste im Trivium die sprachlich orientierten Fächer Grammatik, Dialektik und Rhetorik. Im Quadrivium waren die rechnenden Fächer Musik, Arithmetik, Geometrie und Astronomie vertreten.[30] Galten diese sieben freien Künste im Früh- und Hochmittelalter durchaus als alle Wissensbereiche repräsentierend, änderte sich das mit der Rezeption der aristotelischen Philosophie, die in Europa ab dem 12. Jahrhundert durch Übersetzungen der entsprechenden Werke aus dem Arabischen ermöglicht wurde.[31]

Gerade an der Universität Paris, die ja einen Zusammenschluss von Schulen verschiedener Traditionen darstellte, bildeten die *artes* zunächst eine wichtige gemeinsame Grundlage des Arbeitens, auch wenn die Beschäftigung mit der aristotelischen Philosophie immer dominierender wurde. Die Universitäten und Artistenfakultäten Nordeuropas folgten in ihrer organisatorischen Ausgestaltung und inhaltlichen Orientierung dem Pariser Vorbild. In der Folge wurden weite Teile der *artes* an den Rand gedrängt. Der Grammatik, der Logik sowie der aristotelischen Natur- und Moralphilosophie sprach man größere Bedeutung in der Vorbereitung auf das Studium an den höheren Fakultäten zu.[32] Sönke Lorenz beschrieb diese Veränderungen 1985 in einem wegweisenden Beitrag als Abwendung von den spätantiken *artes liberales* und Hinwendung zu den aristotelischen Philosophien.[33] Neben der Grammatik bildeten die logischen und physikalischen Werke des Aristoteles zentrale Teile des artistischen Lehrplans, andere Fächer der sieben freien Künste waren demgegenüber in den Hintergrund getreten und ergänzten das Spektrum zum Teil nur noch nominell.[34] Dennoch sicherten sich einige Disziplinen des Triviums und des Quadriviums aufgrund ihres konkreten Nutzens der vermittelten Kenntnisse ein Überleben im artistischen Lehrplan.

Dazu zählte etwa die Rhetorik, die die grundlegenden Einsichten der Grammatik erweiterte. Hier verschob sich jedoch das Interesse von der gekonnten mündlichen Präsentation hin zum eleganten schriftlichen Ausdruck. Auch Arithmetik, Geometrie und Astronomie sowie die Musik konnten aufgrund der praktischen Anwendbarkeit der hier vermittelten mathematischen Kenntnisse wenigstens in Randbereichen des artistischen Curriculums weiterexistieren.[35] Insofern bot das Studium an der Artistenfakultät durchaus eine übergreifende Qualifikationsmöglichkeit, da hier die Auseinandersetzung mit der aristotelischen Philosophie mit den Teilen der *artes*, die im aristotelischen Organon nicht vertreten waren, verbunden

30 Lindgren 1992; Wegner 2006.

31 Seifert 1996, S. 208.

32 Schuh 2013, S. 38 f.

33 Lorenz 1985, S. 216–218.

34 Seifert 1996, S. 208.

35 Schuh 2013, S. 40.

wurde. Da das Studium an dieser Fakultät von der Mehrheit der spätmittelalterlichen Universitätsbesucher verfolgt wurde, ist von einer grundlegenden Bedeutung und Breitenwirkung der hier behandelten Inhalte auszugehen.

Die Stundenplanübersicht von 1478 aus den Akten der Artistenfakultät der Universität Ingolstadt (Abb. 1) zeigt, wie sich der Lehrplan in einem konkreten Fall gestaltete. Die tabellarische Präsentation als Abschrift soll das Nachvollziehen der folgenden Ausführungen unterstützen (Tab. 1). In dieser Übersicht stehen die Namen der behandelten Lehrbücher stellvertretend für das jeweils unterrichtete Fach.

Die Dominanz der Logik, der Grammatik und der aristotelischen Naturphilosophie charakterisiert auch die normative Festlegung des Unterrichts in Ingolstadt. Das zeigt bereits der Blick auf die Veranstaltungen für die Scholaren, das sind die Studenten vor dem Bakkalaureat. Die drei Hauptvorlesungen in dem Studiengang waren die „kleinen Logikschriften“ *(Parva logicalia)*, eine mittelalterliche Einführung in die Logik, die „alte Kunst“ *(Ars vetus)*, die seit dem 11. Jahrhundert kanonischen Logikschriften des Aristoteles und die aristotelische Physik ([libri] *Phisicorum*).[36] Diese Hauptveranstaltungen fanden in der ersten Vorlesungsstunde am Vormittag statt, die aufgrund der Lichtverhältnisse im Sommer um acht Uhr, im Winter hingegen um neun Uhr angesetzt wurde. Die Hauptvorlesungen waren das gesamte Semester lang zu besuchen und mit bis zu einem Gulden Gebühr die auf den ersten Blick teuersten Veranstaltungen im artistischen Curriculum. Zwei dieser drei Veranstaltungen beschäftigten sich direkt mit Werken aus dem aristotelischen Corpus, auch wenn hier die mittelalterliche Kommentarliteratur den ursprünglichen Text in den Hintergrund treten ließ. Um das Vorlesungsprogramm vor der Bakkalaureatsprüfung zu absolvieren, musste man wenigstens drei Semester studieren, um die entsprechenden Vorlesungen hören zu können.

Demgegenüber waren in der Vorlesungsstunde um elf Uhr nur ein Werk zu hören, nämlich die spätantike lateinische Grammatik *(Institutiones grammaticae)* des Priscian von Cäsarea, die aus zwei Teilen bestand.[37] Die umfangreichen *Institutiones* belegen grammatische Regeln mit einer Vielzahl von Beispielen und Zitaten

---

36 Dekanatsbuch der Artistenfakultät, München, Universitätsarchiv, O-I-2, fol. 3r, abgedruckt bei Karl von Prantl, Geschichte der Ludwig-Maximilians-Universität in Ingolstadt, Landshut, München. Zur Festfeier ihres vierhundertjährigen Bestehens im Auftrage des akademischen Senats verfaßt, 2 Bde., München 1872 (ND Aalen 1968), Bd. 2, S. 89: *Pro ordinariis lectionibus hore statute: Estate hora octava, hyeme nona: Pro scolaribus: 1 fl. Parva logicalia per mutationem. 3 ß. Vetus ars per mutationem. 1 fl. Phisicorum per mutationem. 1 fl.*

Zu den Fächern und Lehrbüchern vgl. Seifert 1996, S. 210.

37 Dekanatsbuch der Artistenfakultät, München, Universitätsarchiv, O-I-2, fol. 3r, abgedruckt bei Prantl, Geschichte, Bd. 2, S. 89: *Hora undecima, quae die ieiunii commutata est in terciam. Pro scolaribus: 14* [hebd.] *Maius volumen Prisciani 40 den.* [=] *5 gr. 10* [hebd.] *Minus volumen Priscian. 3 gr.* [=] *xxiiii den.*

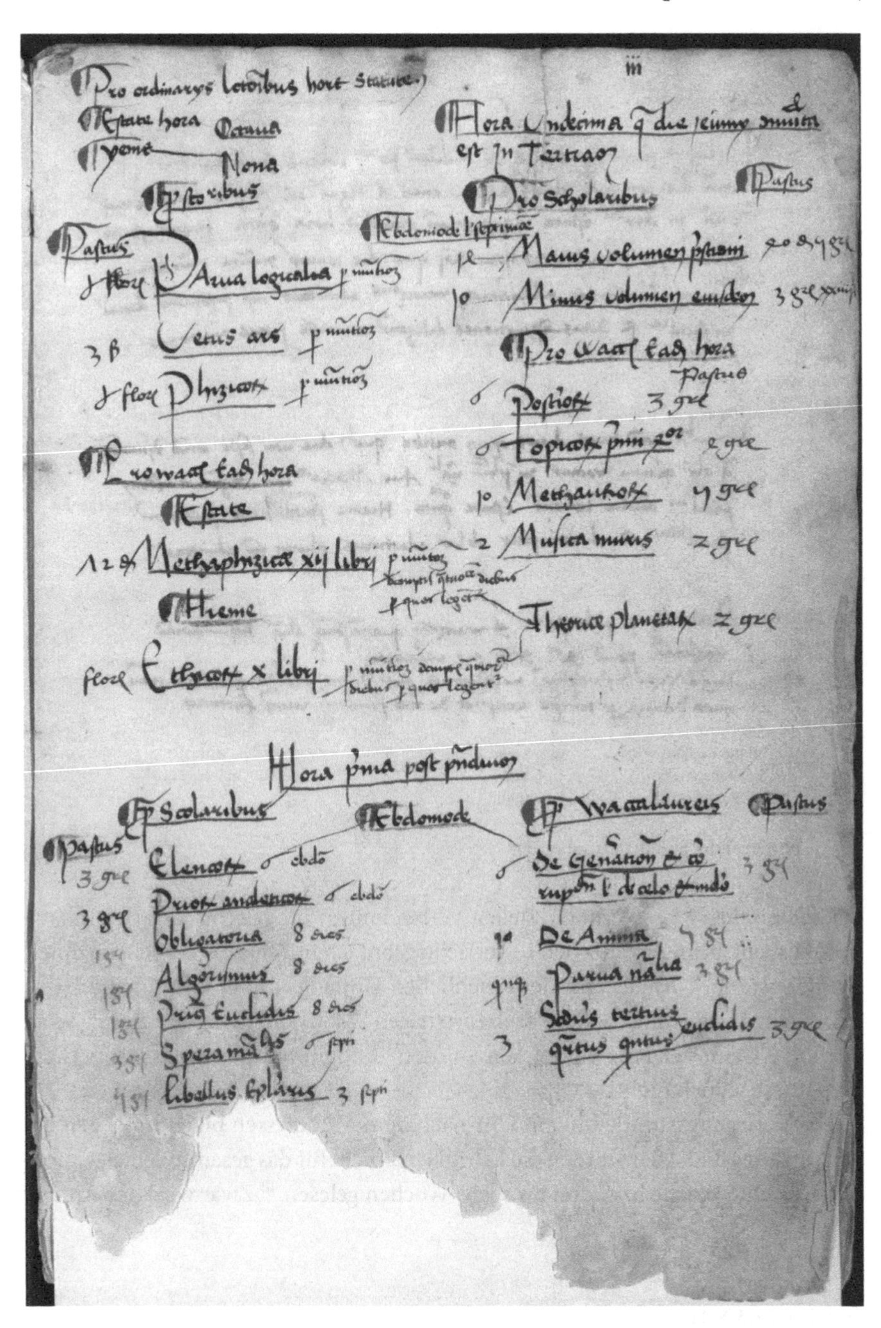

Pro ordinariis lectoribus hore statute

Estate hora Octaua

Yeme Nona

Pro scolaribus

Pastus

Parua logicalia

Vetus ars

Phisicorum

Pro waccalaureis eadem hora

Estate

Methaphisica xii libri

Hyeme

Ethicorum x libri

Hora vndecima que dicitur ieiunii est in Tertia

Pro Scholaribus

Pastus

Ebdomoda lectio prima

Maius volumen Prisciani

Minus volumen eiusdem

Pro waccalaureis eadem hora

Pastus

Posteriorum

Topicorum

Methaurorum

Musica muris

Theorica planetarum

Hora prima post prandium

Pro Scolaribus

Ebdomoda

Pro waccalaureis

Pastus

Elenchorum

Priorum

Obligatoria

Algorismus

Principia Euclidis

Spera materialis

Libellus sex principiorum

De generatione et corruptione

De anima

Parua naturalia

Secundus tercius quartus quintus Euclidis

Abb. 1 Stundenplanübersicht aus den Akten der Artistenfakultät der Universität Ingolstadt (1478). München, Universitätsarchiv, O-I-2, fol. 3r, Dekanatsbuch der Artistenfakultät, München, Universitätsarchiv, O-I-2, fol. 3r, abgedruckt bei Karl von Prantl, Geschichte der Ludwig-Maximilians-Universität in Ingolstadt, Landshut, München. Zur Festfeier ihres vierhundertjährigen Bestehens im Auftrage des akademischen Senats verfaßt, 2 Bde., München 1872 (ND Aalen 1968), Bd. 2, S. 89 f.

Pro ordinariis lectionibus hore statute

	Estate hora octava **Yeme nona**			**Hora undecima,** **quae die ieiunii commutata est in terciam**	
	Pro scolaribus			Pro scolaribus	
Pastus					
			Ebdomade / septimanae		Pastus
1 fl.	Parva logicalia	per mutationem	14	Maius volumen Prisciani	40 den. 5 gr.
3 ß	Vetus ars	per mutationem	10	Minus volumen Prisciani	3 gr. xxiiii
1 fl.	Phisicorum	per mutationem			
	Pro waccalariis eadem hora			Pro waccalariis eadem hora	
					Pastus
	Estate		6	Posteriorum	3 gr.
12 den	Methaphisicae xii libri	per mutationem	6	Topicorum primi quatuor	4 gr.
			10	Methaurorum	5 gr.
	Hieme		2	Musica Muris	2 gr.
flor.	Ethicorum x libri	per mutationem	[hieme/	Theorice planetarum	2 gr.
			estate] demptis quatuor diebus, per quos legentur		

Hora prima post prandium

	Pro scolaribus			Pro waccalaureis	
Pastus			Ebdomade		Pastus
3 gr.	Elencorum	6 ebdom.	6	De generatione et corruptione/	
3 gr.	Priorum analecticorum	6 ebdom.		De celo et mundo	3 gr.
1 gr.	Obligatoria	8 dies	10	De anima	5 gr.
1 gr.	Algorismus	8 dies	quinque	Parva naturalia	3 gr.
1 gr.	Primus Euclidis	8 dies	3	secundus, tertius,	3 gr.
3 gr.	Spera materialis	6 septi.		quartus, quintus Euclidis	
5 gr.	Libellus epistolaris	3 septi.			

Tab. 1 Abschrift der Stundenplanübersicht.

aus lateinischen Klassikern und stellen Verbindungen zur griechischen Grammatik her, da sie ursprünglich für den Unterrichtsgebrauch in Konstantinopel konzipiert worden waren.[38] Angesichts des erheblichen Umfangs dieser Grammatik ist zu vermuten, dass parallel zu dem dreisemestrigen Zyklus um neun Uhr der Priscian auch drei Semester lang vorgelesen wurde.[39] Endgültig belegen lässt sich diese Hypothese jedoch nicht.

Die Vorlesungsstunde um ein Uhr nach dem Mittagessen bietet hingegen ein ganz anderes Bild. Hier wurden die Lehrbücher nicht für das gesamte Semester, sondern für eine Woche bzw. drei bis sechs Wochen gelesen.[40] Zwar wird der Anfang

38 Baratin 2005,

39 Schuh 2013, S. 113.

40 Dekanatsbuch der Artistenfakultät, München, Universitätsarchiv, O-I-2, fol. 3r, abgedruckt bei Prantl, Geschichte, Bd. 2, S. 90: *Hora prima post prandium: Pro scolaribus: 3 gr. Elencorum 6 hebd. 3 gr. Priorum 6 hebd. 1 gr. Obligatoria 8 dies. 1 gr. Algorismus 8 dies. 1 gr. Prima Euclidis 8 dies. 3 gr. Spera materialis 6 hebd. 5 gr. Libellus epistolaris 3 hebd.*

auch hier wieder von aristotelischen Werken zur Logik gemacht. Widerlegungslehre ([libri] *Elencorum*), die erste Analytik ([libri] *Priorum analectiorum*) und die Folgerungsregeln ([ars] *Obligatoria*) waren für insgesamt 13 Wochen zu hören. Daraufhin erschienen jedoch mit Arithmetik *(Algorismus)*, Geometrie (*primus* [liber] *Euclidis*), Kosmologie/Astronomie *(Spera materialis)* und Briefkunde/Rhetorik *(libellus epsitolaris)* klassische Fächer aus dem Kanon der *septem artes liberales.*[41] Die nachmittägliche Vorlesungsstunde bot ein Sammelsurium an kürzeren Veranstaltungen, die von den Gestaltern des Lehrplans für weniger wichtig erachtet wurden.

Auf dem weiteren Weg zum Magistertitel waren aristotelische Metaphysik *(Metaphysicae xii libri)* und Ethik *(Ethicorum x libri)* zentrale Bestandteile des Studiengangs und wiederum vormittags in der ersten Vorlesungsstunde für jeweils ein Semester zu hören.[42] Dazu traten um elf Uhr weiterführende Vorlesungen zur aristotelischen Logik ([libri] *Posteriorum, Topicorum*), aber auch zur Meteorologie ([libri] *Methaurorum*), Musik *(Musica Muris)* und sehr knapp Astronomie ([libri] *Theorice planetarum*).[43] Um ein Uhr am Nachmittag schließlich behandelte man die naturkundlichen Schriften des Aristoteles *(De generatione et corruption, De celo et mundo, Pavba naturalia)*, seine Psychologie *(De anima)* und die weiteren Bücher des Euklid ([liber] *secundus, tertius, quartus, quintus Euclidis*).[44] Mit Musik, Geometrie und Astronomie scheinen auch im Kurs für die Magistranden Teile der freien Künste auf und ergänzen die aristotelischen Philosophien. Allerdings weist die Dokumentation zahlreicher Strafzahlungen in den Akten der Ingolstädter Artistenfakultät darauf hin, dass viele Lernende gerade die mathematisch orientierten Vorlesungen nicht besuchten, sondern alleine durch dispensierende Geldzahlungen die Voraussetzungen für die Zulassung zur Prüfung erlangten.[45]

Angesichts solcher Befunde stellt sich die Frage, welche Teile des Lehrangebots für welche Universitätsbesucher attraktiv waren. Hörte jemand, der keinen

---

41 Seifert 1996, S. 209 f.

42 Dekanatsbuch der Artistenfakultät, München, Universitätsarchiv, O-I-2, fol. 3r, abgedruckt bei Prantl, Geschichte, Bd. 2, S. 89: *Pro ordinariis lectionibus hore statute: Estate hora octava, hyeme nona: Pro waccalariis: Estate: Metaphysicae xii libri. per mutat. 72 den. Hyeme: Ethicorum x libri. Per mut. 1 fl.*

43 Dekanatsbuch der Artistenfakultät, München, Universitätsarchiv, O-I-2, fol. 3r, abgedruckt bei Prantl, Geschichte, Bd. 2, S. 89: *Pro waccalariis eadem hora:* [septimane] *6 Posteriorum 3 gr.* [septimane] *6 Topicorum primi quatuor 4 gr.* [septimane] *10 Methaurorum 5 gr.* [septimane] *2 Musica Muris 2 gr.* [Estate/Hyeme] *Demptis quatuor diebus, per quos legentur: Theorice planetarum 2 gr.*

44 Dekanatsbuch der Artistenfakultät, München, Universitätsarchiv, O-I-2, fol. 3r, abgedruckt bei Prantl, Geschichte, Bd. 2, S. 90: *Hora prima post prandium. Pro waccalaureis:* [ebdomade] *6 De generatione et corruptione/De celo et mundo 3 gr.* [ebdomade] *10 De anima 5 gr.* [ebdomade] *quinque Parva naturalia 3 gr.* [ebdomade] *3 secundus, tertius, quartus, quintus Euclidis 3 gr.*

45 Schöner 1999, S. 88 f.

universitären Abschluss anstrebte, sondern nur kurze Zeit an der Universität verweilte, überhaupt Vorlesungen zu den aristotelischen Werken? Für einen solchen Studierenden schien der Besuch von rhetorischen, grammatischen und grundlegenden mathematischen Veranstaltungen in der Regel sinnvoller. Hier konnte er Wissen erwerben, das in der spätmittelalterlichen Arbeitswelt außerhalb der Universität von Bedeutung war. Heute erhaltene, in Ingolstadt, aber auch in Wien und an anderen Universitäten angelegte Sammelhandschriften weisen darauf hin, dass gerade die Texte solcher Lehrbücher von den Studenten verstärkt abgeschrieben, mit Notierungen versehen, gesammelt und aufbewahrt wurden.[46]

Um dieser Frage weiter nachzugehen lohnt es sich, den Ingolstädter Lehrplan von 1478 noch einmal genauer in den Blick zu nehmen und dabei auf die Preise der Veranstaltungen zu achten. Die Scholaren hatten um ein Uhr Nachmittag für drei Wochen vor Semesterende eine Vorlesung über das Büchlein zur Briefkunde (*libellus epistolaris*) zu besuchen. Für diese Veranstaltung war mit fünf Groschen eine deutlich höhere Gebühr als für die anderen Vorlesungen in diesem Zeitslot zu bezahlen.[47] Die Behandlung der Rhetorik scheint im artistischen Kontext in Ingolstadt zunächst einmal marginalisiert worden zu sein, wie ihre Positionierung in der wenig attraktiven Vorlesungsstunde am Nachmittag und am Ende des Semesters sowie die kurze Dauer von drei Wochen nahelegen. Dafür war der Rhetorikunterricht die teuerste in der Reihe der Veranstaltungen in der Vorlesungsstunde um ein Uhr nach dem Mittagessen. Berechnet man die wöchentlichen Durchschnittspreise für alle Veranstaltungen wird deutlich: Die Rhetorik kostete mit 1,66 Pfennig im Schnitt sogar mehr als die Hauptvorlesungen am Vormittag, die höchstens auf eine Gebühr von 1,01 Groschen kamen.[48]

Das weist auf die Attraktivität dieser Veranstaltung hin, die den erhöhten Preis rechtfertigte. Die konkreten Anwendungsmöglichkeiten der im Rhetorikunterricht vermittelten Inhalte und Kenntnisse ließen die Vorlesung anscheinend besonders attraktiv werden. Sie waren außerhalb der universitären Welt von praktischem Nutzen. Dies galt insbesondere für die Studenten, die nur kurze Zeit an der Artistenfakultät verbrachten und keine akademischen Grade anstrebten. Dieser Studententyp machte einen Großteil der an der Artistenfakultät Lernenden aus.[49] Daher mussten die von den Gebühren abhängigen Magister, wenn sie denn bei der durch Los vorgenommenen Verteilung der Vorlesungen eines der Randfächer – wie eben

46 Schuh 2013, S. 174–176.

47 Dekanatsbuch der Artistenfakultät, München, Universitätsarchiv, O-I-2, fol. 3r, abgedruckt bei Prantl, Geschichte, Bd. 2, S. 90: *Hora prima post prandium: Pro scolaribus:* [...] *5 gr. Libellus epistolaris. 3 hebd.*

48 Vgl. mit ausführlicher Darlegung der Berechnung Schuh 2013, S. 99–103.

49 Zu diesem Studententypus vgl. Schwinges 1993a, S. 182.

Rhetorik – zugewiesen bekamen, den Unterricht an die Bedürfnisse und Erwartungen der Studierenden anpassen.[50] Nur so waren ausreichend hohe Besucherzahlen sicherzustellen. Das beeinflusste nicht zuletzt die inhaltliche Ausrichtung nachhaltig. Aufgrund der unspezifischen normativen Vorgaben im Lehrplan bot sich den Lehrenden zudem die Möglichkeit, auf autoritative Lehrbücher zu verzichten und stattdessen selbstverfasste Werke für den Unterricht zu verwenden.[51] Der Ingolstädter Magister Paul Lescher etwa verfasste ein solches Lehrbuch, das entsprechende Lehrinhalte zugänglich aufbereitete. Heute noch sind zahlreiche Exemplare seiner in sechs Auflagen erschienen *Rhetorica pro conficiendis epistolis accomodata* erhalten.[52]

Die hier vorgestellte Lehrplanversion aus Ingolstadt war nicht in Stein gemeißelt. Vor und nach 1478 wurden zahlreiche Veränderungen vorgenommen, die in der Regel aber nur Details anpassten. In Tübingen und Freiburg folgte man Ende des 15. Jahrhunderts ganz ähnlichen Modellen.[53] Solche Lehrpläne stellten der heterogenen Besucherschaft der spätmittelalterlichen Universitäten verschiedene Angebote bereit. Auf der einen Seite erlaubten sie die Einarbeitung in das aristotelische Organon und damit die Vorbereitung auf das Studium der Theologie, der Rechte und der Medizin an den höheren Fakultäten. Auf der anderen Seite stellten aber gerade die verbliebenen Reste des alten Kanons der sieben freien Künste ein attraktives Angebot für diejenigen Hochschulbesucher dar, die eben kein weiteres Studium anstrebten, sondern nach Qualifikationsmöglichkeiten suchten, um durch den Erwerb berufsrelevanter Kenntnisse und Fähigkeiten außerhalb des universitären Kosmos ihren Lebensunterhalt verdienen zu können. In beiderlei Hinsicht kann man daher das Studium an der spätmittelalterlichen Artistenfakultät als allgemeinbildendes *studium generale* verstehen. Nicht nur die Grundlagen für den Umgang mit den verschiedenen Ausprägungen von Wissenschaft wurden hier gelegt, sondern auch Unterricht in besonders praxisrelevanten Fächern angeboten. Wer welche Teile dieses Angebots nutzte, hing von den intellektuellen, ökonomischen und sozialen Möglichkeiten des Einzelnen ab.

Am Übergang zur Frühen Neuzeit veränderte sich die Organisation und der Umgang mit den Lehrinhalten an der Artistenfakultät erheblich. Schon während des 15. Jahrhunderts wurden Oligarchisierungstendenzen im Ingolstädter Lehrkörper deutlich. Ein kleiner Kreis von Magistern beanspruchte die lukrativen Hauptvorlesungen und setzten ihre Entscheidungen im Fakultätskonzil durch.[54] Die

---

50 Heath 1966, S. 134.

51 Schuh 2013, S. 104–109.

52 Schuh 2017a.

53 Mertens 2008.

54 Schöner 1998, S. 508–519.

Auswirkungen von Kriegen und Pestepidemien führten zudem zu einem Besucherschwund, der die Auflösung der mittelalterlichen Strukturen beschleunigte.[55] So ließ die Verlagerung des artistischen Lehrbetriebs in Bursen von 1515 bis 1519 die Artistenfakultät in erheblichem Maße Studenten einbüßen, da die stark reglementierte Lebensform unter strenger magistraler Aufsicht wenig attraktiv war. In dieser ohnehin schon angespannten Situation läuteten landesherrliche Reformen die Auflösung der mittelalterlichen Strukturen der Korporation ein.[56] Auf öffentliche Vorlesungen der zentralen Werke wurde nun verzichtet. Stattdessen sollte die aristotelische Philosophie den Studenten im bursalen Kleingruppenunterricht mit Hilfe neu erstellter, verständlicher Kompendien nahegebracht werden. Die von dem Theologen Johannes Eck hierfür verfassten Lehrbücher zu den *Summulae* des Petrus Hispanus, die einen Teil der *Parva logicalia* bildeten, der *Ars vetus* und den Analytiken standen im Mittelpunkt des als Lektürekurs konzipierten Unterrichts.[57]

Da sich der Unterricht in den Bursen nicht bewährte und zu einem erheblichen Rückgang der Immatrikulationen führte, wurden 1526 die öffentlichen Vorlesungen wieder eingeführt und von der Universität besoldete Fachlekturen bzw. Professuren für Physik und Naturphilosophie, Ethik und Metaphysik, Logik und Rhetorik eingerichtet. Für die grammatische und literarische Vorbildung in Latein wurde die *lectio paedagogica* eingerichtet. Eine zuvor geschaffene zusätzliche Professur für Griechisch und Hebräisch rundete das altsprachliche Angebot ab.[58]

Universalität und Offenheit des artistischen Unterrichts des Mittelalters wurden damit allerdings aufgegeben. Der Personenverband der Artisten näherte sich in seiner organisatorischen Struktur den höheren Fakultäten an. Die aristotelische Philosophie in ihrem Fächerspektrum ging aus dieser Entwicklung gestärkt hervor. Der eigens bestellte Pädagoge *(paedagogus)* bestritt nun einen propädeutischen Sprachunterricht vor dem Studium. Die aristotelischen Werke wurden von für den jeweiligen philosophischen Teilbereich dauerhaft zuständigen Professoren gelehrt. Damit blieben von den alten *artes liberales* alleine Logik und Rhetorik erhalten, die rechnenden Künste verschwanden zunächst. Dieses Studienprogramm galt im Wesentlichen, bis die von landesherrlicher Seite unterstützten Jesuiten die Fakultät und das Pädagogium 1588 endgültig übernahmen und der *ratio studiorum* des Ordens unterwarfen.[59] Die Autonomie der Artisten ging zusammen mit den breit angelegten Studienmöglichkeiten Ende des 16. Jahrhunderts endgültig verloren.

55 Seifert 1971, S. 107–110.

56 Seifert 1971, S. 156–160.

57 Seifert 1978, S. 7–9.

58 Schöner 1998, S. 517–519.

59 Seifert 1971, S. 160; Schuh 2017b.

3. Zusammenfassung

Zwei Dimensionen des *studium generale* wurden in diesem Beitrag diskutiert. Zunächst stand die Frage im Mittelpunkt, woher dieser juristisch aufgeladene Begriff stammt und was genau er bezeichnet. Dabei wurde deutlich, dass vor allem die Wirksamkeit und Ausstrahlung des universitären Personenverbands über engere territoriale und anderweitige Grenzen hinweg zentrales Merkmal ist, das hier beschrieben und in eine Rechtsform gegossen wird. Allerdings konnten mittelalterliche Universitäten auch ohne diesen rechtlichen Status existieren und taten das durchaus auch noch nach seiner Durchsetzung im 13. Jahrhundert. Nichtsdestoweniger leisten die Ausführungen einen Beitrag dazu, sich zentrale Kennzeichen der mittelalterlichen Universität, die eben vor allem juristischer Natur waren, klarer vor Augen zu führen. In einem zweiten Schritt fokussierte sich der Blick auf die im Heiligen Römischen Reich gelegene Artistenfakultät der Universität Ingolstadt. Vor dem Hintergrund der institutionellen Rahmenbedingungen und der Realitäten des spätmittelalterlichen Universitätsbesuchs wurde das artistische Lehrangebot erörtert. Dabei stand die Breite des Vorlesungsprogramms im Mittelpunkt des Interesses. Die Analyse des Ingolstädter Lehrplans von 1478 zeigte exemplarisch auf, wie die Auseinandersetzung mit der aristotelischen Philosophie und mit den marginalisierten Fächern der *septem artem liberales* ein attraktives Angebot schuf. Die heterogene Besucherschaft konnte diese Vielfalt je nach Interesse und Bedarf nutzen. Insofern kann die artistische Lehre im Spätmittelalter als ein allgemeinbildendes *studium generale* verstanden werden. Hier wurden Grundlagen für wissenschaftliche Betätigungen, aber auch für berufliche Tätigkeiten jenseits der akademischen Welt gelegt.

Ungedruckte Quellen

Dekanatsbuch der Artistenfakultät, München, Universitätsarchiv, O-I-2.

Gedruckte Quellen

Karl von Prantl, Geschichte der Ludwig-Maximilians-Universität in Ingolstadt, Landshut, München. Zur Festfeier ihres vierhundertjährigen Bestehens im Auftrage des akademischen Senats verfaßt, 2 Bde., München 1872 (ND Aalen 1968), Bd. 2.

Literaturverzeichnis

Baratin, Marc (2005): Priscianus Caesariensis (5./6. Jahrhundert n. Chr.), in: Ax, Wolfram (Hg.), Lateinische Lehrer Europas. Fünfzehn Portraits von Varro bis Erasmus von Rotterdam, Köln, Weimar, Wien, S. 247–272.

Füssel, Marian/Schuh, Maximilian (2014): Art. Universität, in: Der Neue Pauly. Supplement 9: Renaissance-Humanismus, Sp. 999–1007.

Gramsch, Robert (2015): Zwischen „Überfüllungskrise" und neuen Bildungsinhalten. Universitätsbesuch und universitärer Strukturwandel in Deutschland am Ende des Mittelalters (ca. 1470 bis 1530), in: Greiling, Werner/Kohnle, Armin/Schirmer, Uwe (Hg.), Negative Implikationen der Reformation? Gesellschaftliche Transformationsprozesse 1470–1620, (Quellen und Forschungen zu Thüringen im Zeitalter der Reformation 4), Köln, Weimar, Wien, S. 55–80.

Hammerstein, Notker (2003): Bildung und Wissenschaft vom 15. bis zum 17. Jahrhundert (Enzyklopädie Deutscher Geschichte 64), München.

Heath, Terrence (1966): Humanism in the Universities of Freiburg im Breisgau, Ingolstadt, and Tübingen 1485–1520, Oxford: Diss. masch.

Hesse, Christian (2002): Qualifikation durch Studium? Die Bedeutung des Universitätsbesuchs in der lokalen Verwaltung spätmittelalterlicher Territorien im Alten Reich, in: Schulz, Günther (Hg.): Sozialer Aufstieg. Funktionseliten im Spätmittelalter und in der frühen Neuzeit (Deutsche Führungsschichten in der Neuzeit 25), S. 243–268.

Kintzinger, Martin/Rexroth, Frank/Schütte, Jana Madlen (2018): Verwaltung, in: de Boer, Jan-Hendryk/Füssel, Marian/Schuh, Maximilian (Hg.): Universitäre Gelehrtenkultur vom 13.–16. Jahrhundert. Ein interdisziplinäres Quellen- und Methodenhandbuch, Stuttgart, S. 19–37.

Lindgren, Uta (1992): Die Artes liberales in Antike und Mittelalter. Bildungs- und wissenschaftsgeschichtliche Entwicklungslinien (Algorismus 8), München.

Lorenz, Sönke (1985): Libri ordinarie legendi. Eine Skizze zum Lehrplan der mitteleuropäischen Artistenfakultät um die Wende vom 14. zum 15. Jahrhundert, in: Hogrebe, Wolfgang (Hg.): Argumente und Zeugnisse (Studia Philosophica et Historica 5), Frankfurt a. M., Bern, New York, S. 204–258.

Mertens, Dieter (2008): Heiko A. Obermann und der „Mythos des Tübinger Humanismus", in: Lorenz, Sönke/Bauer, Dieter R./Auge, Oliver (Hg.), Tübingen in Lehre und Forschung um 1500. Zur Geschichte der Eberhard Karls Universität, Ostfildern, S. 241–254.

Nardi, Paolo (2019): Origini e Constituzione dello studium generale nel Diritto comune dei Secoli XII-XIV (Collana di Studi „Pietro Rossi", Nuova Serie XLII), Pisa.

Paquet, Jacques (1983): L'immatriculation des étudiants dans les universités médiévales, in: Lievens, Robrecht/van Mingroot, Erik/Verbeke, Werner (Hg.), Pascua medievalia. Studies voor Prof. J. M. De Smet, Löwen, S. 159–171.

Rexroth, Frank (2002): „... damit die ganze Schule Ruf und Ruhm gewinne." Vom umstrittenen Transfer des Pariser Universitätsmodells nach Deutschland in: Ehlers, Joachim (Hg.):

Deutschland und der Westen Europas im Mittelalter (Vorträge und Forschungen 56), Stuttgart, S. 507–532.

Rexroth, Frank (2013): Horte der Freiheit oder der Rückständigkeit? Die europäischen Universitäten der Vormoderne, in: Kern, Horst/Lüer, Gerd (Hg.), Tradition – Autonomie – Innovation. Göttinger Debatten zu universitären Standortbestimmungen, Göttingen 2013, S. 13–37.

Roesner, Martina (2011): Amor scientiae und studium generale. Die Geburt der Idee der Universität im 12./13. Jahrhundert, in: Honnefelder, Ludger (Hg.), Albertus Magnus und der Ursprung der Universitätsidee. Die Begegnung der Wissenschaftskulturen im 13. Jahrhundert und die Entdeckung des Konzepts der Bildung durch Wissenschaft, Berlin, S. 51–76.

Saner, Luc (2014): Einleitung, in: Saner, Luc (Hg.), Studium generale. Auf dem Weg zu einem allgemeinen Teil der Wissenschaften, Wiesbaden, S. 1–6.

Schöner, Christoph (1998): Die magistri regentes der Artistenfakultät 1472–1526, in: Boehm, Laetitia/Müller, Winfried/Smolka, Wolfgang J./Zedelmaier, Helmut (Hg.), Biographisches Lexikon der Ludwig-Maximilians-Universität München, Teil 1: Ingolstadt-Landshut 1472–1826 (Ludovico Maximilianea. Forschungen 18), Berlin, S. 507–579.

Schöner, Christoph (1999): Arithmetik, Geometrie und Astronomie/Astrologie an den Universitäten des Alten Reiches. Propädeutik, Hilfswissenschaften der Medizin und praktische Lebenshilfe, in: Schwinges, Rainer C. (Hg.), Artisten und Philosophen. Wissenschafts- und Wirkungsgeschichte einer Fakultät vom 13. bis zum 19. Jahrhundert (Veröffentlichungen der Gesellschaft für Universitäts- und Wissenschaftsgeschichte 1), Basel, S. 83–104.

Schuh, Maximilian (2013): Aneignungen des Humanismus. Institutionelle und individuelle Praktiken an der Universität Ingolstadt im 15. Jahrhundert (Education and Society in the Middle Ages and Renaissance 47), Leiden, Boston.

Schuh, Maximilian (2015): Universitäten (Spätmittelalter), in: Historisches Lexikon Bayerns, URL: http://www.historisches-lexikon-bayerns.de/Lexikon/Universitäten_(Spätmittelalter) publiziert am 19.08.2015. [28.09.2021].

Schuh, Maximilian (2017a): Art. Lescher, Paul, in: Biographisch-Bibliographisches Kirchenlexikon 38, Sp. 873–875.

Schuh, Maximilian (2017b): Universität Ingolstadt (1472–1800), in: Historisches Lexikon Bayerns, URL: http://www.historisches-lexikon-bayerns.de/Lexikon/Universität_Ingolstadt_(1472–1800), publiziert am 04.04.2017, [29.09.2021].

Schuh, Maximilian (2018): Matrikeln, in: de Boer, Jan-Hendryk/Füssel, Marian/Schuh, Maximilian (Hg.), Universitäre Gelehrtenkultur vom 13.–16. Jahrhundert. Ein interdisziplinäres Quellen- und Methodenhandbuch, Stuttgart, S. 103–117.

Schwinges, Rainer C. (1986): Deutsche Universitätsbesucher im 14. und 15. Jahrhundert. Studien zur Sozialgeschichte des Alten Reiches (Veröffentlichungen des Instituts für Europäische Geschichte Mainz 123), Stuttgart, S. 23–37.

Schwinges, Rainer C. (1993a): Der Student in der Universität, in: Rüegg, Walter (Hg.), Die Geschichte der Universität in Europa, Bd. 1: Mittelalter, München, S. 181–223.

Schwinges, Rainer C. (1993b): Die Zulassung zur Universität, in: Rüegg, Walter (Hg.), Die Geschichte der Universität in Europa, Bd. 1: Mittelalter, München, S. 161–180.

Seifert, Arno (1971): Statuten- und Verfassungsgeschichte der Universität Ingolstadt (1472–1586) (Ludovico Maximilianea. Forschungen 1), Berlin.

Seifert, Arno (1978): Logik zwischen Scholastik und Humanismus. Das Kommentarwerk Johann Ecks (Humanistische Bibliothek 31), München.

Seifert, Arno (1996): Das höhere Schulwesen. Universitäten und Gymnasien, in: Hammerstein, Notker (Hg.): Handbuch der deutschen Bildungsgeschichte Bd. 1: 15.–17. Jahrhundert. Von der Renaissance und der Reformation bis zum Ende der Glaubenskämpfe, München, S. 197–346.

Senocak, Neslihan (2012): The Franciscan studium generale. A new interpretation, in: Emery, Kent Jr./Courtenay, William J./Metzger, Stephen M. (Hg.), Philosophy and Theology in the Studia of the Religious Orders and at the Papal Court, Turnhout, S. 221–236.

Tewes, Götz-Rüdiger (1999): Dynamische und sozialgeschichtliche Aspekte spätmittelalterlicher Artes-Lehrpläne, in: Schwinges, Rainer C. (Hg.): Artisten und Philosophen. Wissenschafts- und Wirkungsgeschichte einer Fakultät vom 13. bis zum 19. Jahrhundert (Veröffentlichungen der Gesellschaft für Universitäts- und Wissenschaftsgeschichte 1), Basel, S. 105–128.

Verger, Jacques (1993): Grundlagen, in: Rüegg, Walter (Hg.), Geschichte der Universität in Europa, Bd 1: Mittelalter, München 1993, S. 49–80.

Wegner, Wolfgang (2006): Artes liberales, in: Keil, Gundolf/Haage-Naber, Helga/Haage, Bernhard Dietrich/Wegner, Wolfgang (Hg.), Deutsche Fachliteratur der Artes in Mittelalter und Früher Neuzeit (Grundlagen der Germanistik 43), Berlin, S. 63–77.

Zutshi, Patrick N. R. (2011): When did Cambridge become a studium generale?, in: Pennington, Kenneth/Eichbauer, Melodie Harris (Hg.), Law as profession and practice in medieval Europe. Essays in honor of James A. Brundage, Farnham, S. 153–172.

Michael Städtler

Allgemeine Bildung und partikulare Interessen

Johann Gottlieb Fichtes bildungsphilosophische Idee eines allgemeinen Studiums in ihren gesellschaftlichen Grenzen

1. *Studium generale* und allgemein bildende Studien: Der geschichtliche Rahmen

Von der Idee eines allgemein bildenden Studiums ist heute nur mehr residual, z. B. im Zusammenhang mit einem *studium generale*, die Rede. Die Verwendung dieses Ausdrucks im Sinne eines allgemein bildenden Studienangebots beruht dabei auf einer Äquivokation. Als diese Bezeichnung im Mittelalter, im Prozess des Übergangs der Kloster- und Domschulen in Universitäten, formuliert wurde, bezog sie sich so wenig wie der Ausdruck *universitas* auf den allgemeinen Kanon von Studieninhalten oder Wissenschaftsgegenständen. So wie *universitas* die Allgemeinheit der Lehrenden und Lernenden bedeutete, bezog sich *Studium* auf den Ort des Lernens, die Schule, in der gelernt wurde. *Generale* drückte aus, dass dort jeder Zugang hatte und, vor allem, dass die Abschlüsse, die dort erworben wurden, dazu berechtigten, überall zu lehren.[1]

Die heutige Bedeutung von *studium generale* geht in der Sache eher auf die propädeutische allgemein bildende Funktion des Studiums der *septem artes liberales* an der Artesfakultät zurück, das auf das Studium an den oberen Fakultäten (Theologie, Jura, Medizin) vorbereitete.[2] Die Artistenfakultäten verselbständigten sich allmählich gegen ihre propädeutische Aufgabe und wurden im Laufe des 18. Jahrhunderts faktisch zu Philosophischen Fakultäten;[3] seit dem Preußischen Universitätsgesetz von 1860 heißen sie auch so.[4] Umgekehrt wehrten sich die Einzelwissenschaften zunehmend gegen ein philosophisches Propädeutikum.[5] Mit diesen Veränderungen war ein fortschreitender Verlust der allgemein bildenden

---

1 Vgl. Miethke 2004a, S. 7; Ders.: 2004b, S. 18 f.

2 Vgl. Leff/North 1993, S. 279–320.

3 Zur frühneuzeitlichen Entwicklung der Artistenfakultät, deren Verselbständigung zugleich ein Bedeutungsverlust der allgemeinen Studien war, vgl. Pedersen 1996 sowie Brockliss 1996.

4 Vgl. hierzu Ellwein 1997, S. 113.

5 Vgl. Kessel 1967, S. 199: „Je intensiver sich die einzelnen Fächer ausbildeten, um so mehr mußten sie eine solche wirklichkeitsfremde Vorbereitung ihres Studiums als störend empfinden.“ Sie *mussten* dies freilich nur, wenn sie sich selbst schon vollständig als instrumentelle Ausbildungen verstanden.

Funktion der Studien verbunden, gegen den schon Kant sich wendete[6] und dem die Verlagerung der propädeutischen Allgemeinbildung an die Sekundarschulen um die Mitte des 19. Jahrhunderts korrespondierte.[7] Im Zuge der Schulreformen in der zweiten Hälfte des 20. Jahrhunderts wurden diese Anteile dann auch sukzessive aus den Sekundarschulen eliminiert.[8] Diese Entwicklung ist Bestandteil einer Spezialisierung des Wissens im Interesse der bürgerlichen Gesellschaft, die sich im Übergang vom Mittelalter zur Neuzeit herausbildet und in der Neuzeit bis zum industriellen Kapitalismus entfaltet. Bereits seit 1770 werden in Deutschland Spezialakademien zur Ausbildung von Fachkräften gegründet.[9] In Frankreich beschließt der Konvent 1793 sogar die Auflösung der Universitäten, die ab 1794 durch berufspraktisch spezialisierte Fachhochschulen ersetzt werden. Gegen diese Tendenz richtet sich zu Beginn des 19. Jahrhunderts in Preußen der Prozess der Neugründung einer Universität zu Berlin, der mit der Einforderung wissenschaftlicher Gutachten durch den Kabinettsrat Carl Friedrich von Beyme begann und in der Gründung der Friedrich-Wilhelms-Universität unter der Leitung Wilhelm von Humboldts resultierte.[10] Im Verlauf dieser Debatte reflektieren ganz unterschiedliche Autoren grundsätzlich über die Kohärenz von Wissenschaft, den Nutzen des Studiums und seine akademischen Formen.[11] Allen Einwänden zum Trotz dürften Johann Gottlieb Fichtes Überlegungen die konsequentesten sein.[12] Zwar vermitteln Schleiermacher oder Hegel ihren Bildungsbegriff mit realen gesellschaftlichen Bedingungen, aber da beide noch über keinen gesellschaftstheoretisch adäquaten Begriff dieser Bedingungen verfügen, verwechseln sie die historisch gegebene bürgerliche Gesellschaft mit der adäquaten Form von Gesellschaftlichkeit überhaupt

6 Vgl. Kant 1798/1968, S. 1–115.

7 Vgl. Fend 2006, S. 176 f.; Jeismann 1987, S. 156; Jarausch, 2004, S. 303 ff.: Die Verlagerung der Allgemeinbildung an die Schulen korrespondierte der Praxisorientierung und Spezialisierung der Studiengänge. Insgesamt sieht Jarausch eine Ökonomisierung der Universität hin zur Ausbildungsinstitution (S. 318). Die Propädeutik für das Studium bezeichnet bereits 1809 der Gymnasialdirektor Hegel als „Zweck unserer Anstalt" (Hegel 1809/1986, S. 314).

8 Bezeichnend ist, dass der Ausdruck ‚allgemeine Bildung' bei Fend in Bezug auf das 20. Jahrhundert nur noch ein Mal, und zwar in einem Zitat von Spranger, vorkommt (Fend 2006, S. 189).

9 Vgl. Müller 1990, S. 297 f.

10 Vgl. Turner 1987, S. 225 f.; Charle (2004), S. 55 f.

11 Vgl. z. B. die Sammlungen von Müller *Gelegentliche Gedanken* (1990), Anrich (1956) oder Spranger 1910.

12 Fichtes Überlegungen wurden von Humboldt aber konsequent ignoriert. Vgl. Spranger 1910 (S. XXIX), aber auch Tenorth 2010, S. 20. Wie Tenorth kritisiert auch Müller (*Nachwort*, 1990, S. 302 ff.) Fichte als weltfremd und totalitär. Kessel versteht Humboldt so, dass er die propädeutische Funktion der Artistenfakultät abgeschafft habe, um die Universität als ganze im modernen Sinn zu einem *studium generale* zu machen. Die verlorene Allgemeinbildung sollte in den Fächern kompensiert und geprüft werden. Das konnte der gesellschaftlich geforderten Spezialisierungstendenz freilich nicht standhalten (Kessel 1967, S. 223 f.).

und schreiben so ihren Bildungsbegriff in kontingente, zumal defizitäre Bedingungen ein. Fichte, der ebenso wenig über einen solchen Begriff verfügt, begibt sich hingegen in den Widerspruch, einen gesellschaftlich bedingten Begriff von Bildung zu formulieren, in dem die bürgerliche Gesellschaft zugleich der adäquate historische Ort der Bildung und deren zu überwindende Beschränkung ist. Konsequent ist das, weil dies den objektiv herrschenden Widerspruch der Zeit präzise trifft.

2. Fichtes allgemeiner Begriff wissenschaftlicher Bildung

2.1 Theoretische Grundlagen

Wissenschaftstheoretisch geht Fichte vom avancierten Wissenschaftsbegriff der *Kritik der reinen Vernunft* aus. Kant hatte unter dem Begriff der *Architektonik der reinen Vernunft*[13] Wissenschaft als „die Kunst der Systeme"[14] bestimmt. Wissenschaftliches Wissen ist spezifisch durch seine systematische Ordnung von einem bloßen Sammelsurium positiver Kenntnisse unterschieden. Der systematische Zusammenhang der Wissenselemente ist die Bedingung der Möglichkeit dafür, sie in wissenschaftlichen Urteilen mit Notwendigkeit und Allgemeingültigkeit zu verknüpfen. In der axiomatisierten Darstellung einer Wissenschaft erscheint dies darin, dass aus einer endlichen Anzahl von Axiomen und Ableitungsregeln alle (unendlich vielen) Sätze dieser Wissenschaft konstruiert werden können müssen. Dadurch stehen sie der Sache nach alle in einem widerspruchsfreien Zusammenhang miteinander, und jedes Element kann aus der Konstellation der übrigen erschlossen werden. So ist die Wissenschaft ein organisch gegliedertes Ganzes.[15] Die gesammelten Beobachtungen eines radikalen Positivismus hingegen begründen oder erklären weder ihre Inhalte noch deren Zusammenhänge und sind daher wissenschaftstheoretisch gesehen kontingente Narrationen, keine Wissenschaft.

Deshalb hängt auch die Sache menschlicher Bildung an der systematischen Form des Wissens, denn sonst werden die Erzogenen zum Opfer historisch kontingenter Interessen und Launen ihrer Erzieher, in denen diese unreflektiert politische oder soziale Normen reproduzieren: Die nicht systematisch begründeten Lerninhalte sinken, selbst wenn sie der Sache nach begründet sind, zu bloß memorierten historischen Kenntnissen herab; sie können nicht verstanden werden, weil das Verstehen voraussetzt, das Gewusste aus seinen Begründungszusammenhängen heraus anzueignen. Eine Erziehung, die das nicht erreicht, erzeugt instrumentelle

13 Vgl. Kant 1781/1787/1990, B 860–B 879.

14 Ebd., B 860.

15 Vgl. ebd., B 861.

Kenntnisse in unentwickelten Köpfen: „Er hat gut gefasst und behalten, d.i. gelernet, und ist ein Gipsabdruck von einem lebenden Menschen."[16] Erziehung, die nach diesem Prinzip operiert, ist menschenverachtend.

Daher ist mit Wissenschaft und Bildung unmittelbar eine moralische Verpflichtung gegenüber der „ganze[n] Bestimmung des Menschen"[17] verbunden. Der volle moralische Gehalt dieser Bestimmung entfaltet sich erst transgenerationell in einem Bildungsprozess der Gattung:

> Kinder sollen nicht dem gegenwärtigen, sondern dem zukünftig möglichen bessern Zustande des menschlichen Geschlechts, das ist: der Idee der Menschheit, und deren ganzer Bestimmung angemessen, erzogen werden. Eltern erziehen gemeiniglich ihre Kinder nur so, daß sie in die gegenwärtige Welt, sei sie auch verderbt, passen. Sie sollten sie aber besser erziehen, damit ein zukünftiger besserer Zustand dadurch hervorgebracht werde.[18]

Das Subjekt der Bildung ist das ‚menschliche Geschlecht', und die empirischen Erziehungsprozesse individueller Subjekte, in denen Bildung verwirklicht wird, müssen sich an der Idee der Menschheit ausrichten, um der Gattung als Subjekt Wirklichkeit zu verleihen; es gibt die Menschheit sonst in der Bildung nicht, sondern nur konkurrierende partikular interessierte Individuen, die Fichte zufolge „noch nicht einmal wahre Menschen"[19] sind.

Fichte hat die Bedeutung der Menschheit für die Bildung bereits 1794 als gesellschaftliche Substanz in der Bestimmung des Menschen verstanden.[20] Fichtes *Bestimmung des Gelehrten* resultiert aus der *Bestimmung des Menschen*, zunächst an sich, sodann in der Gesellschaft. Fichtes Diktion ist dezidiert pädagogisch:[21] Der Erfolg eines Lehrers besteht darin, sich selbst überflüssig zu machen. Dafür muss er seinen Schülern vorführen, wie man selbst denkt. Der streng systematische Vortrag hat nicht die Funktion, *Inhalte* frontal zu präsentieren, sondern durch stringente Argumentation zum Selbstdenken anzuregen:

---

16 Ebd., B 864.; vgl. Georg Christoph Lichtenberg: „Er exzerpierte beständig, und alles, was er las, ging aus einem Buche *neben dem Kopf vorbei* in ein anderes." (1800/1971, S.166).

17 Kant 1781/1787/1990, B 869.

18 Kant, 1803/1977, S. 704.

19 Fichte 1971a, S. 307. Fichte hat bis 1811 noch mehrfach über die Bestimmung des Gelehrten gelesen und dabei, vor allem unter dem Einfluss Schellings, aber auch zeitgeschichtlicher Ereignisse, Akzente und Begründungsformen verändert. Diese werkgeschichtlichen Aspekte können hier nicht berücksichtigt werden. Die Vorlesung von 1794 stellt den Zusammenhang von Humanität, Gesellschaft und Bildung, der hier interessiert, hinreichend klar dar.

20 So auch später Wilhelm von Humboldt (1809/10/ 2017, S. 152 f.)

21 Vgl. auch Spranger 1910, S. XXIV ff.

> Ich möchte beantworten, oder vielmehr, ich möchte Sie [...] veranlassen, sich zu beantworten folgende Fragen: Welches ist die Bestimmung des Gelehrten? welches sein Verhältniss zu der gesammten Menschheit sowohl als zu den einzelnen Ständen in derselben? durch welche Mittel kann er seine erhabene Bestimmung am sichersten erreichen?[22]

Indem die Studenten *sich* diese Fragen beantworten, *erfüllen* sie zugleich die Bestimmung des Gelehrten, die sie hier *erkennen* sollen. Ihr systematischer und didaktischer Ausgangspunkt ist die Bestimmung des Menschen, und die Frage nach *dieser* Bestimmung ist zugleich die „letzte[] höchste[]", die *causa finalis* für „die ganze Philosophie, [...] alles menschliche Denken und Lehren"[23] und damit das gesamte Studium. Der Ausdruck von der ‚Bestimmung' des Menschen ist übrigens äquivok, er bedeutet sowohl die *Eigenschaften* als auch den *Zweck* des menschlichen Wesens, das in dieser doppelten Bedeutung bei Fichte zur Grundlage der systematischen Ordnung des Wissens wird.

2.2 Die moralische und gesellschaftliche Dimension allgemeiner wissenschaftlicher Bildung

Diese Grundlage, der Mensch an sich, so Fichte, ist nicht das reine Ich, sondern schon der empirische Mensch, das auf Gegenstände bezogene Ich, allerdings noch ohne *soziale* Beziehungen gedacht. Was den Menschen im Unterschied zu anderem Seienden auszeichnet, ist, Zweck an sich selbst zu sein. Fichte führt dies hier nicht aus, verweist aber auf die Vernunftnatur als Grund für diese Setzung.[24] Neben dieser primären Selbstbestimmtheit kommen dem Menschen aber weitere Bestimmungen zu, die aus der Beziehung des Ich, seines reinen Selbstbewusstseins, auf das, was es nicht selbst ist, hervorgehen. Diese durch die Sinne vermittelte Beziehung ist notwendig, weil das reine Ich eine leere Bestimmung ist; es kann von sich selbst nur *bestimmtes* Wissen haben, wenn es in negative Relation zu Anderem tritt; aber diese Negation ist keine Vernichtung. Die Aufgabe der Selbstbestimmung besteht vielmehr darin, die Relationen auf Anderes so zu gestalten, dass das Ich als mit sich einstimmiges Selbstbewusstsein neben und mit den sinnlichen Erfahrungen bestehen kann: „[D]er Mensch soll stets einig mit sich selbst seyn, er soll sich nie widersprechen."[25] Ein Widerspruch wäre nämlich nicht nur ein logischer Fehler, sondern zugleich Ausdruck von Fremdbestimmtheit, weil aus der reinen Identität des Selbstbewusstseins keine Widersprüche entstehen können, sondern diese nur

22 Fichte 1971a, S. 293.

23 Ebd., S. 294.

24 Vgl. dazu Fichte 1798/1971b, S. 13–62.

25 Fichte 1794/1971a, S. 296.

durch Erfahrungsgehalte möglich sind. Die Forderung nach Identität betrifft nicht nur den Willen – Fichte deutet auch den kategorischen Imperativ als Identitätsforderung an das Selbstbewusstsein –, „sondern alle Kräfte des Menschen"[26]. Aus der Konfrontation der Einheitsforderung mit der Notwendigkeit für den empirischen Menschen, sich in mannigfaltigen Objektbeziehungen zu verhalten, folgt für Fichte die Aufgabe, „auf die Dinge selbst, von denen das Gefühl und die Vorstellung des Menschen abhängig ist, zu wirken [...] dieselben zu modificiren"[27]. Zugleich beeinflussen die Beziehungen auf Objekte auch das Begehrungsvermögen, die Neigungen des Subjekts, das von seiner reinen Selbstbestimmung dadurch abweicht. Auch diese Einflüsse müssen modifiziert, korrigiert werden. Beides sei nicht durch bloße Willensanstrengung zu leisten, sondern müsse als Geschicklichkeit erlernt und geübt werden. So hat Fichte die Bestimmungen von Kants Begriff des höchsten Gutes entwickelt:[28] Die Korrektur der Neigungen hin zur Selbstbestimmung bewirkt Moralität, die Bearbeitung der Natur in Übereinstimmung mit der menschlichen Selbstbestimmung bewirkt Glückseligkeit. Beides ist fundiert in der „Uebereinstimmung eines vernünftigen Wesens mit sich selbst"[29]. Daraus resultiert als Endzweck des Menschen, „[a]lles vernunftlose sich zu unterwerfen, frei nach seinem eigenen Gesetze es zu beherrschen"[30]. Dieses *Ziel*, Vollkommenheit, ist für endliche Wesen unerreichbar; die *Bestimmung* ist deshalb fortschreitende Vervollkommnung des Menschen „als vernünftiges, aber endliches, als sinnliches, aber freies Wesen"[31]. Damit begründet Fichte aus der endlichen Vernunftnatur des Menschen das Prinzip eines allgemeinen Bildungskanons: Allseitige subjektive und objektive Bildung als lebenslange Aufgabe.[32]

Die fortschreitende Vervollkommnung ist Fichte zufolge erst als gesellschaftliche Aufgabe vollständig bestimmt. Der Selbsterhaltungstrieb, den Fichte allem zugrunde legt, ist hingegen in sich, als reine Identität, leer. Soll er nicht kollabieren, was seinem Sinn widerspräche, bedarf er der Wechselwirkung mit äußeren Gegenständen und auch mit anderen Subjekten, denn nur mit diesen steht das Ich in einer freien Wechselwirkung, in der es die eigene Freiheit dadurch verwirklichen kann, dass es auf die Freiheit anderer wirkt, indem es nämlich deren Wollen verändert.

---

26 Ebd., S. 297.

27 Ebd., S. 298.

28 Zum Ursprung des moralischen Bildungsbegriffs Fichtes bei Kant vgl. Kivelä 2012, S. 59–86.

29 Fichte 1794/1971a, S. 299.

30 Ebd., S. 299.

31 Ebd., S. 300.

32 Die heutige Vorstellung eines *life long learnings*, die unter dem Prinzip der flexiblen Umschulung und Anpassung an instrumentelle Anforderungen steht, erscheint aus Fichtes Perspektive dagegen als Prinzip fortschreitenden Verstoßes gegen die eigene Menschlichkeit. Vgl. z. B. das EU-Papier: Europäisches Jahr des lebensbegleitenden Lernens, 1996, https://eur-lex.europa.eu/legal-content/DE/TXT/?uri=LEGISSUM:c11024, (letzter Zugriff: 19.05.2021).

Deshalb, so Fichte, haben alle Subjekte das Bedürfnis oder den Trieb, aufeinander zu wirken und einander zu verändern. Dass diese Veränderung eine wechselseitige Vervollkommnung sei, begründet Fichte damit, dass ein Sozialtrieb, der *nicht* auf Koordination, sondern auf Subordination gerichtet sei, in sich widersprüchlich und deshalb *kein* Sozialtrieb sei. Mit anderen Worten: Konkurrenz und Herrschaft begründen keine Gesellschaft, sondern zerstören sie bereits in ihrer Möglichkeit. Geht der Trieb aber auf Koordination der Subjekte, so will jedes im anderen das realisieren, was es für sich selbst auch will. Eine solche Gesellschaft, in der alle individuell wie immer auch verschiedenen Subjekte die gleiche Vollkommenheit anstreben, ist für Fichte eine transzendentalphilosophische Bedingung der Möglichkeit des menschlichen Daseins: „Der gesellschaftliche Trieb gehört demnach unter die Grundtriebe des Menschen. Der Mensch *ist bestimmt*, in der Gesellschaft zu leben; er *soll* in der Gesellschaft leben; er ist kein ganz vollendeter Mensch und widerspricht sich selbst, wenn er isolirt lebt.“[33] Zu diesem transzendentalen Begriff der Gesellschaft gehört allerdings das geschichtliche Ziel, Regierungen, Staaten, dadurch überflüssig zu machen, dass die Vernunft als Maßstab sittlichen Handelns allgemein anerkannt wird und die Menschen einander nur noch unbeabsichtigt Schaden zufügen: „Ehe dieser Zeitpunct eintritt, sind wir im allgemeinen noch nicht einmal wahre Menschen.“[34]

Obwohl diese kontrafaktische Bedingung nahelegt, dass kooperative Bildung in der bürgerlichen Gesellschaft, deren materielle Reproduktion auf dem Privateigentum an Produktionsmitteln und damit auf Konkurrenz und ökonomischer Abhängigkeit beruht, unausführbar sein muss, konstruiert Fichte die Bildung als „*Vervollkommnung der Gattung*“[35] durch wechselseitige gesellschaftliche Einflussnahme der Subjekte in die Gegenwart hinein, die so über sich selbst hinausweisen soll. Die Konstitution der bürgerlichen Gesellschaft als Gesamtheit partikularer Subjekte, die alle wechselseitig auf einander bezogen sind und Einfluss nehmen, erscheint noch Fichte – in der Tradition des frühneuzeitlichen Naturrechts – als adäquates Medium einer allgemeinen, durch Freiheit motivierten und auf Gleichheit zielenden, Bildungsgeschichte; Hindernisse sieht er allein in politischen Institutionen,[36] die das Potential der Gesellschaft einstweilen hemmen. Fichte missversteht – wie seine Vorgänger und Zeitgenossen – die bürgerliche Gesellschaft als vervollkommnungsfähige Koordination der Einzelnen durch das Ganze; dass diese Koordination auf der Konkurrenz partikularer Interessen beruht, also Assoziation durch Dissoziation ist und sich daher selbst widerspricht, sieht er noch nicht. Fichte

33 Fichte 1794/1971a, S. 306.

34 Ebd., S. 307.

35 Ebd., S. 307.

36 Fichte nennt Herrschaft, Staat und explizit die Sklaverei – um deren Abschaffung seinerzeit in Frankreich gerungen wurde. Vgl. Fichte 1794/1971a, S. 306 und 308 f.

bleibt ein Autor der frühen Neuzeit; eine systematische Theorie der bürgerlichen Gesellschaft als Medium sich entfaltender kapitalistischer Produktionsweise wird erst auf der Basis allgemein durchgesetzter kapitalistischer Prinzipien durch die Industrialisierung möglich.

Fichte erscheint die bürgerliche Gesellschaft als ein moralisch adäquates, sogar notwendiges System von Arbeitsteilung und Kooperation; sie *kann* dies zu sein scheinen, weil die herrschaftliche Form der gesellschaftlichen Arbeitsteilung – die ungleichen Eigentumsverhältnisse, die in dieser Gesellschaft die ständische Gliederung der Gewerke erzwingen – hinter dem emanzipatorischen Potential der Kooperation und dem Entwicklungspotential der Spezialisierung verschwindet; aber die Gesellschaft *muss* Fichte auch als moralisch notwendig erscheinen, weil ihre Gliederung sonst seinem universalen Bildungsideal nicht standhielte. Fichte sucht dies noch zu verstärken, indem er die Vernünftigkeit der gesellschaftlichen Struktur zudem in subjektiven Trieben verankert und dadurch naturalisiert.

Sein Ziel ist zu zeigen, dass „die wahre Bestimmung des Gelehrtenstandes [...] die *oberste Aufsicht über den wirklichen Fortgang des Menschengeschlechts im allgemeinen, und die stete Beförderung dieses Fortganges*“[37] sei. Dem ist implizit vorausgesetzt, dass die Gelehrten erstens eine herrschende oder doch kontrollierende Funktion ausüben und dass sie zweitens von der Mitwirkung an der unmittelbaren Reproduktion, der produktiven Arbeit, freigestellt sind, also von dem Mehrprodukt der produktiven Arbeit Anderer leben. Darin liegt das eigentliche Legitimationsproblem des Gelehrtenstandes, das bereits im Mittelalter einigen Mönchen in Armuts-Orden, die dem Studium und der Lehre gewidmet waren und von Gaben aus der Bevölkerung lebten, peinlich zu Bewusstsein kommt.[38] Fichte bettet dieses Problem in die Frage nach der Legitimation von sozialer Ungleichheit überhaupt ein,[39] mit der er seine eigene These konfrontiert, die Individuen strebten mittels eines gesellschaftlichen Triebes danach, sich einander vollkommen gleich zu machen.[40] Er will den Widerspruch letztlich in der These aufheben: „Von dem Fortgange der Wissenschaft hängt unmittelbar der ganze Fortgang des Menschengeschlechts ab.“[41]

Dass Fichte seine Betrachtungen zur Ungleichheit, unabhängig von Rousseaus[42] Überlegungen, transzendentalphilosophisch statt sozialphilosophisch begründet,

---

37 Fichte 1794/1971a, S. 328.

38 Vgl. Städtler 2016, S. 137–157. Die Erkenntnis, dass Wissenschaft Muße voraussetzt, die auf der Mehrarbeit anderer beruht, findet sich bereits bei Aristoteles 1989, 981 b. Vgl. zur Sache Bulthaup 1998, S. 29–38.

39 Vgl. Fichte 1794/1971a, S. 312.

40 Vgl. ebd., S. 310.

41 Ebd., S. 328.

42 Vgl. Rousseau 1755/1989, S. 185–315.

hat seinen Grund in Fichtes Ablehnung von Rousseaus affirmativem Begriff des Naturzustandes.[43] So findet allerdings Rousseaus berechtigte Vermutung, dass die gesellschaftliche Ungleichheit unter den Menschen etwas mit der Institution exklusiven Eigentums zu tun habe,[44] keine Beachtung; im Gegenteil ist für Fichte wie für die gesamte klassische deutsche Philosophie das bürgerliche Privateigentum die adäquate Grundlage einer freien Gesellschaft, weil es als Verwirklichungsbedingung der ökonomischen und damit auch der moralischen Unabhängigkeit des Bürgers – seiner Freiheit – angesehen wird.

Deshalb unterscheidet Fichte zwar zwischen naturgemäßer physischer Ungleichheit der Individuen und gesellschaftlicher, moralischer Ungleichheit der Stände, bringt dies aber nicht mit dem Eigentum an Grund und Boden in Verbindung, das ja zunächst einmal die Grundbesitzer von den Landwirtschaftsarbeitern sowie auch von den Handwerkern unterscheidet, deren Reproduktion dann vom Tausch ihrer Produkte gegen Agrarprodukte abhängt. Für Fichte liegt die Verschiedenheit aber darin, dass die Vernunft, die für alle gleich ist, sich ihrer Gesetze nur in der empirischen Beziehung auf Inhalte bewusst werde und dass die Konfrontation der Individuen mit Erfahrungsinhalten zufällig sei. Für das vernunftgemäße Handeln in der Gesellschaft gebe es nun eine Reihe von Trieben, die durch Erfahrung geweckt und zu Neigungen und Bedürfnissen entwickelt werden müssten. Durch die Zufälle der Erfahrungen – bei Fichte die „verschiedene Handlungsart der Natur"[45] genannt – ergäben sich individuell verschiedene Bedürfnis- und Fähigkeitsstrukturen. Diese fasst Fichte unter der Bestimmung der unverfügbaren physischen Ungleichheit, denn nur auf diesem Wege, der „nicht von uns selbst abhängt"[46], können die Triebe überhaupt in Fähigkeiten ausgebildet werden. Fichte sieht dies im Widerspruch mit dem Prinzip der Übereinstimmung des Subjekts mit sich selbst, das eine gleichförmige Entwicklung aller Anlagen fordert und insofern keine Individualisierung zulässt.[47] Für die Gesellschaft bedeutet dies, dass alle ihre Mitglieder die gleiche Bildung erfahren sollen. Da dies durch die endliche Natur der Erfahrung zunächst notwendig verhindert wird, muss eine Ausgleichsbewegung durch wechselseitige Bildungsbemühungen der Individuen dem entgegenwirken, und auch diese Bemühungen verankert Fichte in einem Trieb, nämlich dem zwiefältigen gesellschaftlichen Trieb, der einerseits als *Mitteilungstrieb* die Weitergabe des eigenen Wissens und Könnens an andere antreibe und andererseits als *Trieb zu empfangen* die Bereitschaft sei, von anderen zu lernen. Zwar schreibt Fichte:

---

43 Vgl. die *Fünfte Vorlesung*, Fichte 1971a, S. 335–346.

44 Vgl. auch Rousseau 1762/1977, S. 53 Fn.

45 Fichte 1794/1971a, S. 314.

46 Ebd., S. 314.

47 Natürlich bekämpft Fichte nicht die kontingente Individualität der Menschen, sondern lediglich die individuell verschiedene Verteilung notwendiger Eigenschaften.

„So wird durch die Vernunft und Freiheit der Fehler, den die Natur gemacht hat, verbessert“[48], aber diese Vernunft sei doch, über einen Trieb, in der *Natur* des Menschen verankert. Nun sind Triebe als metaphysische, geistige oder seelische Prinzipien nicht unmittelbar physische; aber sie sind doch auch keine Resultate vernünftiger Reflexion, sondern deren zunächst unreflektiert gegebene Voraussetzungen oder Veranlagungen. Fichte will durch seine Trieblehre die Bildung im *moralischen* Wesen des Menschen verankern, anstatt sie als *naturnotwendige* Bestimmung endlicher Vernunftwesen anzusehen. Die Endlichkeit räumt Fichte zwar ein, aber nicht als Ursprung der Bildung, sondern als deren Schranke, die das Ziel der Vollkommenheit für uns zur Bestimmung der Vervollkommnung ermäßigt.[49] Das Ziel selbst, als Ideal formuliert, muss in der reinen Vernunftnatur begründet werden.

Wenn die Natur jede mögliche Fähigkeit in *irgendeinem* Individuum freilegt, dann wird in der Menschheit als Totalität aller Individuen das universale Potential menschlicher Fähigkeiten dargestellt; Gesellschaft und Menschheit fließen ineinander: „[D]ie einseitige Ausbildung, die die Natur dem Individuum gab, wird Eigenthum des ganzen Geschlechts,“[50] das heißt, die Vernunft

> wird sorgen, dass jedes Individuum mittelbar aus den Händen der Gesellschaft die ganze vollständige Bildung erhalte, die es unmittelbar der Natur nicht abgewinnen konnte. Die Gesellschaft wird die Vortheile aller Einzelnen, als ein Gemeingut, zum freien Gebrauche aller aufhäufen, und […] sie wird den Mangel der Einzelnen gemeinschaftlich tragen.[51]

Fichte formuliert damit durchaus schon den Gedanken, dass das Ideal vollkommener Bildung nur arbeitsteilig und kooperativ verwirklicht werden kann. Dies gilt nicht nur für die subjektive Bildung, denn dem korrespondiert objektiv als „Zweck aller Bildung der Geschicklichkeit […], die Natur […] der Vernunft zu unterwerfen.“[52] Der Fortschritt in der universalen gesellschaftlichen Bildung hängt mit dem Fortschritt in der universalen rationalen Beherrschung der Natur unmittelbar zusammen, und umgekehrt.

Die von der Natur erwirkte individuelle Verschiedenheit der Subjekte wird nun erst dadurch zu einem moralischen Unterschied, dass das einzelne Subjekt seine Spezialisierung selbst beschließt und dadurch einen Gewerbe-Stand wählt. Die Legitimität dieses Beschlusses lässt sich nicht als Pflicht zur Spezialisierung aus

48 Fichte 1794/1971a, S. 315.
49 Vgl. ebd., S. 316, 310.
50 Ebd., S. 315.
51 Ebd., S. 316.
52 Ebd., S. 316.

dem Sittengesetz ableiten, das im Gegenteil jedem die Ausbildung aller Fähigkeiten zur unmittelbaren Pflicht macht. Fichte sieht aber eine moralische Erlaubnis zur Spezialisierung darin, dass das Sittengesetz nicht bestimmt, *wie* diese universale Ausbildung der Kräfte angestrebt werden soll. Deshalb sei es auch erlaubt, sie kooperativ mit anderen, jeweils unterschiedlich Spezialisierten, zu realisieren. Darüber hinaus wird die aktive Beteiligung an dem Fortschritt der Gesellschaft, in die man geboren wird, als Abtragen einer *Schuld* moralisch aufgeladen. Vor diesem Hintergrund ist nicht bloß Untätigkeit moralisch schuldhaft, sondern auch *allseitige* Tätigkeit, weil diese überall nur dilettiert und dadurch der Menschheit Kräfte entzieht. So wird die bloß erlaubte Wahl eines Standes letztlich doch zur Pflicht – gegenüber der Menschheit. Die Freiheit dieser Wahl bedeutet dann, dass niemand zur Wahl eines bestimmten Standes gezwungen oder von einem Stand ausgeschlossen werden dürfe. Dies, so Fichte, erzeugte nämlich kein Glied der Gesellschaft, sondern bloß ein passives „Werkzeug“[53] und widerspräche damit dem Verbot des kategorischen Imperativs, andere bloß als Mittel zu gebrauchen.

Die Pflicht, die eigenen Fähigkeiten nicht bloß dem „Selbstgenuss“ zu widmen, sondern der Gesellschaft zur Verfügung zu stellen, geht auf das Ziel, die Menschheit zu vervollkommnen durch fortschreitende Befreiung vom „Zwange der Natur [...] – und so entsteht denn durch diese neue Ungleichheit eine neue Gleichheit, nemlich ein gleichförmiger Fortschritt der Cultur in allen Individuen.“[54] Dieser Fortschritt wird ausdrücklich auch als transgenerationell, mithin geschichtlich, bestimmt.[55] Fichte räumt ein, dass dies eine moralische Idee davon sei, wie es „nach unseren praktischen Begriffen von der Gesellschaft und den verschiedenen Ständen in derselben“ sein sollte. Auch wenn es nicht so sei, „können und sollen [wir] arbeiten, um zu machen, dass es so werde.“[56]

Die nähere Funktion der Wissenschaft in der Gesellschaft ergibt sich für Fichte erstens daraus, dass die Sorge für eine „gleichförmige Entwickelung aller Anlagen des Menschen [...] zuvörderst die Kenntnis seiner sämmtlichen Anlagen [...] Triebe und Bedürfnisse“[57] voraussetzt, die nur dann nützlich wird, wenn sie zweitens mit der Kenntnis der Mittel zur Entwicklung und Befriedigung der Anlagen und Bedürfnisse verbunden wird. Drittens muss bekannt sein, auf welcher historischen Entwicklungsstufe eine bestimmte Gesellschaft sich befindet, um erkennen zu können, wie sie die nächsthöhere erreichen könne. Fichte stellt damit die Wissenschaft vollständig in die Abhängigkeit vom gesellschaftlichen Nutzen; dieser deckt sogar

53 Ebd., S. 320.
54 Ebd., S. 321.
55 Vgl. ebd., S. 322.
56 Ebd., S. 321.
57 Ebd., S. 325.

die reine Philosophie ab, denn die erste Erkenntnis sei die philosophische, die zweite sei philosophisch-historisch, insofern sie die philosophisch erkannten Zwecke auf empirische Mittel beziehe, die dritte Erkenntnis sei schließlich historisch. Dies sind aber keine Gegenstandsbereiche möglicher Erkenntnis, sondern es sind Erkenntnisarten, die systematisch unterschieden werden, aber in jedem bestimmten Erkenntnisprozess der dann nach Gegenstandsbereichen unterschiedenen Einzelwissenschaften miteinander verbunden werden sollen: „Einzelne mögen sich einzelne Theile jenes Gebietes [des ganzen Umfangs des menschlichen Wissens] abstecken; aber jeder sollte seinen Theil nach jenen drei Ansichten: philosophisch, philosophisch-historisch und bloss historisch, bearbeiten."[58]

Die Nützlichkeitsbedingung der Wissenschaft begründet auch eine Pflicht zur permanenten Weiterbildung des Gelehrten[59] sowie eine Pflicht, stets nach Fortschritt zu streben. Diese Pflicht der Gesellschaft oder der Menschheit gegenüber erdrückt sogar den Stolz auf den individuellen Erfolg: „[D]er Gelehrte vergesse, was er gethan hat, sobald es gethan ist, und denke stets nur auf das, was er noch zu thun hat."[60]

Die so erworbenen Erkenntnisse muss der Gelehrte letztlich auch „wirklich zum Nutzen der Gesellschaft anwenden."[61] Dafür müssen seine Kenntnisse an alle weitergegeben werden, aber nicht auf wissenschaftlichem Niveau, denn die Mitbürger widmen den größten Teil ihrer Arbeitszeit ihren jeweiligen Ständen, nicht der Wissenschaft. Hierin sieht Fichte eine didaktische Aufgabe, das wissenschaftliche Wissen so vorzutragen, dass andere eine für ihren Beitrag zum gesellschaftlichen Fortschritt ausreichende Kenntnis ihrer Fähigkeiten und Bedürfnisse sowie der Mittel, diese zu entfalten und zu befriedigen, bekommen. In dieser Funktion ist der Gelehrte erstens „der *Lehrer* des Menschengeschlechts."[62] Darüber hinaus ist er zweitens aber auch *Erzieher*, weil er die Entwicklung der Gesellschaft antizipieren und daher die Menschen anleiten kann. Alle seine Tätigkeiten sind eng an den kategorischen Imperativ gebunden: Der Gelehrte darf niemanden instrumentalisieren. Er soll sogar, als dritte Aufgabe, ein *Beispiel* sittlicher Güte sein und durch dieses Beispiel die anderen lehren.

In diesen drei Aufgaben erschließt sich die Bestimmung des Gelehrten. Der damit verbundenen Macht korrespondiert jedoch keine Vorzugsstellung des Gelehrtenstandes, im Gegenteil sollen alle Stände gleichrangig sein. Fichte verbindet

---

58 Ebd., S. 327.

59 Vgl. Fichte 1794/1971a, S. 330. Vgl. zur Verbindung von Lehren und Lernen Hankovszky 2018, S. 631–639.

60 Fichte 1794/1971a, S. 329.

61 Ebd., S. 330.

62 Ebd., S. 331.

mit dem Gelehrtenstand sogar eine besondere wissenschaftsethische Verantwortung, die sich aus dem gesellschaftlichen Privileg der Gelehrten ergibt, von der materiellen Reproduktionsarbeit befreit zu sein: „Der Gelehrte ist ganz vorzüglich für die Gesellschaft bestimmt: er ist, insofern er Gelehrter ist, mehr als irgendein Stand, ganz eigentlich nur durch die Gesellschaft und für die Gesellschaft da."[63] Der Gelehrtenstand ist der gesellschaftliche Stand *par excellence*, weil nur durch die gesellschaftliche Arbeitsteilung wissenschaftliche Arbeit, von deren ‚Produkten' niemand leben kann, überhaupt möglich wird. Damit ist umgekehrt die Enthaltsamkeit der produktiven Stände von der Wissenschaft gefordert: „Das übrige muss auch gethan werden; und dazu sind andere Stände; und wenn diese ihre Zeit gelehrten Untersuchungen widmen sollten, so würden auch die Gelehrten bald aufhören müssen, Gelehrte zu sein."[64]

An dieser Stelle wird sichtbar, dass Fichte die gesellschaftliche Arbeitsteilung überhaupt, deren System er entwickelt, nicht unterscheidet von der spezifischen Trennung geistiger und körperlicher Arbeit. Während Arbeitsteilung nach dem Gleichheitsprinzip kooperativ organisiert werden kann, ist mit der Trennung geistiger von körperlicher Arbeit, d. h. mit der Isolierung eines besonderen Gelehrtenstandes, eine gesellschaftliche Hierarchie verbunden, denn der Gelehrte bestimmt über die Organisation der Arbeiten aller anderen. Dies ist kein ethisches, sondern ein politisches Problem, in dem sich der Reflex unbewältigter bürgerlicher Herrschaft reproduziert. Vernünftig wäre es, die Effizienz der Arbeitsteilung soweit zu entwickeln und die Arbeitszeit soweit zu verkürzen, dass Bildung und Wissenschaft in der disponibel gewordenen Zeit allen gleichermaßen zugänglich gemacht werden.[65]

Für Fichte scheint das Problem jedoch wissenschaftsethisch lösbar zu sein, indem der Gelehrte jene Schuld gegenüber der Gesellschaft dadurch tilgen soll, dass er sich in den *Dienst* der gesellschaftlichen Arbeitsteilung stellt. Damit allerdings wird die Wissenschaft, der erhabenste Ausdruck menschlicher Freiheit, zu einer Funktion der Notwendigkeit herabgesetzt. Aristoteles hatte hingegen selbstbewusst den völlig nutzenfreien *bios theoretikos*, der einigen freien Vollbürgern durch die Sklaverei ermöglicht wurde, als beste Lebensweise behauptet.[66] Falsch wird diese Behauptung allein durch ihre *affirmative* Verbindung mit der Herrschaft. Umgekehrt wird aber Fichtes gesellschaftlich privilegierter Gelehrtenstand nicht dadurch moralisch entlastet, dass seine Selbstbehauptung in eine wissenschaftsethisch begründete Unterwerfungsgeste mündet. Zur Wahrheit der Freiheit des menschlichen Geistes kann Bildung erst dann werden, wenn die allseitige Entwicklung aller Fähigkeiten

63 Ebd., S. 330.

64 Ebd., S. 330 f.

65 Vgl. hierzu Oswald 2019.

66 Vgl. Aristoteles 1983, Buch X.

geschichtlich wirklich Allgemeingut geworden ist. Dieses Reich der Freiheit ruht auf dem Reich der Notwendigkeit der materiellen Reproduktion, die technisch so weit entwickelt sein muss, dass die signifikante Verkürzung der Arbeitszeit allen Menschen die Entwicklung ihrer Potentiale erlaubt.[67] Die allgemeine Bildung erhöbe sich zu dieser Freiheit erst und nur im *Resultat* einer Geschichte, in der sie von Anfang an mit Herrschaft verbunden war. In dieser Geschichte einen Bruch zu erzeugen, wäre die notwendige Entscheidung einer wahrhaft gebildeten Menschheit. Die Möglichkeit, diesen Bruch zu erzeugen, könnte das Ziel von Bildung sein, nicht die von Fichte beschriebene Kontinuität des Fortschritts. Diese ist, solange sie der Gelehrten noch als besonderer Anführer bedarf,[68] selbst nur ein Mittel zur Freiheit.

3. Vom allgemeinen Begriff wissenschaftlicher Bildung zu einem allgemeinen wissenschaftlichen Curriculum

Aus der Aufgabe der Bildung, die Fähigkeiten eines Menschen vollkommen zu entwickeln und dies bei allen Menschen gleichförmig zu tun, hat Fichte die curriculare Konsequenz einer in sich zusammenhängenden allgemeinen Bildung – zunächst im schulischen Kontext – gezogen: „Einen Menschen erziehen heißt: ihm Gelegenheit geben, sich zum vollkommenen Meister und Selbstherrscher seiner *gesammten* Kraft zu machen. Der *gesammten* Kraft, sage ich; denn die Kraft des Menschen ist Eine und ist ein zusammenhängendes Ganze."[69] Eine berufsbezogene Spezialerziehung machte den Menschen zum Sklaven dieses einen Standes. Um das zu vermeiden, soll die schulische Erziehung die Geisteskraft im „allgemeinsten Sinne"[70] entwickeln; das erste Mittel dafür ist das Erlernen der alten Sprachen. Dabei geht es nicht um spätere berufliche Anwendungen, sondern vielmehr um die Schulung des Denkens und Vorstellens durch den Kontrast der alten Sprachen zu den modernen.[71] Zudem würden auf diesem Wege zugleich Kenntnisse antiker Kunst und Wissenschaft, der Geschichte und Geographie vermittelt, die durch Kenntnisse der modernen Welt und auch der neueren Sprachen zu ergänzen seien. Methodisch soll das Lernen nie mechanisch und hierarchisch erfolgen, sondern als

---

67 Vgl. Marx 1894/1986, S. 828.

68 Vgl. Helling 2017/2018, S. 60.

69 Fichte 1804/1971d, S. 353.

70 Fichte 1794/1971a, S. 354.

71 Zur bleibenden Aktualität dieser Forderung vgl. Heydorn 1971/2004, S. 13–28. Gegen die klassische Bildung polemisierte zuerst Wilhelm II., dem sie ungeeignet schien, „anpassungsfähige Untertanen zu produzieren" (ebd., S. 22). Seither haben sich pseudolinke Bildungsreformer unter dem Vorwand der Demokratisierung immer wieder in den Dienst des kapitalistischen Interesses an einseitig, aber flexibel ausgebildeten Spezialkräften gestellt und das Abwerfen von ‚Bildungsballast' gefordert.

eine durch den Lehrer angeregte Selbsttätigkeit der Schüler. Theoretisches Wissen soll in der Schule auf Geometrie und Arithmetik beschränkt werden; es gehört an die Universität. Die ‚gesamte Kraft des Menschen' erschließt diesen aber nicht nur als geistiges Wesen, sondern als körperliches Geistwesen. Deshalb soll die Schulbildung auch die Körperbeherrschung umfassen. Darunter versteht Fichte nun keineswegs bloß Gymnastik, diese – zusammen mit anderen Kraft und Geschicklichkeit übenden Sportarten – sogar erst zuletzt. Zum menschlichen Körper gehören zunächst die Sinne: Die Augen werden durch Zeichenunterricht geschult, die Ohren durch Gesang und das Erlernen eines Instrumentes.[72] Eine moralische Bildung wird erreicht durch das Beispiel des sittlichen Lehrers; Religionserziehung hingegen sei in jeder planmäßigen Form zweckwidrig, denn die innere Überzeugung lasse sich nicht instruieren, sie muss sich (und dies eher als sittliche) an Beispielen und Erfahrungen bilden.

In der Bestimmung der *universitären* Bildung setzt Fichte solide schulische Kenntnisse, hier vermittelt durch die niedere Gelehrtenschule, und zwar insbesondere wieder die alten Sprachen, voraus.[73] Hier kommt es besonders auf die gebildete Sprachbeherrschung überhaupt an, weil nun ein wissenschaftlicher Sprachgebrauch verlangt wird.[74] Am Anfang des eigentlichen Studiums steht dann, wie in den traditionellen Studiengängen die Artistenfakultät, die Philosophie. Es sei nämlich jede Einzelwissenschaft, die man studieren könne, auf sich selbst beschränkt; das aber schließe ein, dass sie sich nicht über sich erhebe und auch nicht auf sich reflektiere: „Der Geist jeder besonderen Wissenschaft ist ein beschränkter und beschränkender Geist, der zwar in sich selber lebt und treibet, und köstliche Früchte gewährt, der aber weder sich selbst, noch andere Geister außer ihm zu verstehen vermag."[75] Wenn der Einzelwissenschaftler aber keinen transzendierenden Begriff seiner eigenen Wissenschaft haben kann, dann kann er sein eigenes Handeln auch nicht ins Verhältnis zu anderen Wissenschaften oder zu gesellschaftlichen Anforderungen setzen. Er bleibt dann manipulierbarer Fachmann. Deshalb fordert Fichte, dass den

---

72 Zum Trost mancher Eltern schränkt Fichte dies ein auf die Fälle „sofern Talent vorhanden" (Fichte 1804/1971d, S. 357).

73 Fichte 1807/1971c, S. 106 f. Dieser *Plan* führt mit Bezug auf die Berliner Situation aus, was Fichte bereits zwei Jahre zuvor in den *Ideen für die innere Organisation der Universität Erlangen* (Fichte 1805/6/1971e, S. 275–294) formuliert hatte.

74 Wovon Fichte bemerkt, das sei „unmittelbar klar" (Fichte 1807/1971c, S. 107), erweist sich heute als enormes Problem der Studieneingangsphase, oft sogar noch der Abschlussarbeiten: Viele Studenten beherrschen nicht nur den wissenschaftlichen Sprachgebrauch nicht, sondern oftmals ihre eigene Muttersprache nur sehr unzureichend.

75 Fichte 1807/1971c, S. 121. Vgl. Aristoteles 1989, IV,1. Rohs hingegen bestreitet den Anspruch, dass Philosophie überhaupt Wissenschaft und dass Wissen als System darzustellen sei. Ein Argument führt er, im Gegensatz zu dem heftig kritisierten Fichte, jedoch nicht an (Rohs 1991, S. 45 f.)

Spezialstudien das Studium einer allgemeinen Disziplin systematisch vorhergehen soll:

> Nun ist dasjenige, was die *gesammte* geistige Thätigkeit, mithin auch alle besonderen und weiter bestimmten Aeusserungen derselben wissenschaftlich erfasst, die Philosophie: von philosophischer Kunstbildung aus müsste sonach den besonderen Wissenschaften ihre Kunst gegeben [...] werden; der Geist der Philosophie wäre derjenige, welcher zuerst sich selbst, und sodann in sich selbst alle anderen Geister verstände; der Künstler in einer besonderen Wissenschaft müsste vor allen Dingen ein philosophischer Künstler werden.[76]

Deshalb sollen alle Studenten irgendeiner Wissenschaft zuerst philosophische Vorlesungen hören. Fichte denkt den Gedanken aber noch weiter: Der philosophische Lehrer der Universität soll zumindest einige seiner Schüler so bilden, dass sie die Inhalte der anderen Wissenschaften philosophisch aufarbeiten und dadurch den Grundstein zu einem sich in sich ausdifferenzierenden Philosophicum legen. Methodisch vermittelt das Philosophicum den Studenten keine besondere philosophische Richtung, sondern es soll „nur ihr systematisches Denken anregen."[77] Der philosophische Geist, der dadurch an der Universität gebildet würde, erlaubte es, den „gesammte[n] wissenschaftliche[n] Stoff in seiner organischen Einheit"[78] zu erfassen. Im Unterschied zu wissenschaftsfremden empirischen Interessen und Maßstäben sei es so möglich, systematisch Wissenschaft von Nichtwissenschaft zu unterscheiden, die systematischen Beziehungen der Disziplinen untereinander zu bestimmen, den systematischen Aufbau der Studiengänge zu ermitteln und die Grenze der Universität zu den schulischen Voraussetzungen zu begründen. Fichte schwebt darüber hinaus eine stetig fortzuschreibende Enzyklopädie jeder Wissenschaft vor, die mit dem jeweiligen System des Wissens den kanonischen Stoff der Studienfächer bereitstellen solle.

Die Philosophie soll in propädeutischer Absicht ergänzt werden durch die Philologie, die Mathematik und die Geschichte einschließlich der Naturgeschichte. Die oberen Fakultäten, Medizin, Recht und Theologie, sollen darauf aufbauen und täten gut daran, „dem ganzen Zusammenhange des Wissens [...] sich unter[zuordnen] und mit schuldiger Demuth ihre Abhängigkeit"[79] zu erkennen. Auch sollen sie *als Universitätsfächer* auf ihren *wissenschaftlichen* Anteil beschränkt werden; die

---

76 Fichte 1807/1971c, S. 122. Zur Universität als einer Kunstschule des Verstandesgebrauchs vgl. Zöller 2008, S. 103–122.

77 Fichte 1807/1971c, S. 124.

78 Ebd., S. 125. Zur organischen Auffassung von Bildung im Unterschied zur frühneuzeitlichen mechanischen vgl. van Zantwijk 2010, S. 69–86.

79 Fichte 1807/1971c, S. 133.

Praxisausbildung der Ärzte, Juristen und Theologen soll in die jeweiligen Vorbereitungsdienste ausgelagert werden.[80]

Fichte ist sich selbstverständlich dessen bewusst, dass „die übrige wissenschaftliche Welt viel zu abgeneigt [ist], der Philosophie die Gesetzgebung, die sie dadurch in Anspruch nähme, zuzugestehen;“[81] deshalb schlägt er vor, nur allmählich mit der Systematisierung der Studien zu beginnen.

4. Die Chancen allgemeiner wissenschaftlicher Bildung unter partikularistischen Bedingungen

Fichtes Befund, dass eine philosophisch begründete Systematisierung wissenschaftlicher Studien wenig Aussicht habe, korrespondiert mit der bis heute fortdauernden Auflösung nicht allein der systematischen Einheit der Studien, sondern auch der inneren Systematik vor allem der philosophischen, historischen, sprachlichen und gesellschaftlichen Disziplinen, die bald nach Fichtes Tod begann.[82] Nicht nur, dass von einer solchen Systematik der Studiengänge, wo es sie gab, heute immer weniger übrig bleibt, weil sie der Pragmatik effizienter und profitabler Ausbildung geopfert wird; darüber hinaus ist auch das Bewusstsein eines systematisch ordnenden Geistes in der Philosophie selbst weithin geschwunden und durch konstruktivistische Beliebigkeit ersetzt worden. Diese Auflösung der Wissenschaft ist ein Effekt der bürgerlichen Konkurrenz, die in spezifischer Weise in die Universitäten hineinwirkt und die Missgunst der Akademiker, die Fichte anspricht, befeuert.[83] Dass dies politisch gewollt ist, bezeugt eindrucksvoll die Installation des Hochschulwettbewerbs, die dazu beitrug, die innere Form einer Vielzahl von Studiengängen von der Systematik ihrer Fächer vollständig abzulösen und stattdessen an standortpolitischen Kriterien auszurichten. Evaluations- und Akkreditierungsagenturen sind nicht dazu angetan, diesen Unsinn zu kontrollieren, denn sie unterliegen bereits ihrer puren Existenz nach denselben Kriterien.

Das militante politische Desinteresse an der Bildung hat auch Folgen für den Begriff allgemein bildender Studien. Ein *studium generale*, das, um der Allgemeinbildung willen, mit beliebigen Veranstaltungsangeboten gefüllt würde, könnte den Bildungsverlust in den Studiengängen ohnehin nicht kompensieren. Es würde nicht das Denken der Studenten für ein systematisch aufgebautes und organisch

80 Vgl. ebd., S. 131. Dass die Ausbildung der Schullehrer überhaupt eine universitäre Aufgabe sei, bezweifelt Fichte. Vgl. ebd., S. 131, 136, 138.

81 Ebd., S. 125.

82 Vgl. Turner 1987, S. 239.

83 Vgl. Ellwein 1997, S. 120 f., 127, 243–263.

gegliedertes Studium sensibilisieren; eher würde es aufgrund eines unkoordinierten Angebots teils trivialer, teils falscher Inhalte das Denken völlig verwirren. Es wäre systematisch funktionslos und würde von den Studenten zu Recht als Zeitverschwendung wahrgenommen, denn Beliebiges lernen sie auch in ihren – zwar mit Alleinstellungsmerkmalen modularisierten, aber nicht systematisch aufgebauten – Studienfächern noch genug. Um hingegen eine propädeutische Ordnungsbildung erfüllen zu können, müsste ein *studium generale* sich gegen die Tendenz der Studienfächer zur pragmatischen Reduktion ihrer Curricula stellen. Gerade dann aber könnte es wiederum gar keine Ordnung bewirken, sondern nur die Unordnung in den Studienfächern anzeigen. Es steht aber zu befürchten und ebenso zu hoffen, dass die Irritation der Studierenden durch die Konfrontation mit einem konsequenten Gedankengang am Rande ihres Studiums dennoch der einzige und bloß negative Ort ist, an dem sich eine Erinnerung an Bildung einstweilen noch bewahren lässt.

Literaturverzeichnis

Anrich, Ernst (Hg.) (1956): Die Idee der deutschen Universität. Die fünf Grundschriften aus der Zeit ihrer Neubegründung durch klassischen Idealismus und romantischen Realismus, Darmstadt.

Aristoteles (1983): Nikomachische Ethik, Werke, Bd. 6, Berlin, Buch X.

Aristoteles (1989): Metaphysik, Hamburg.

Brockliss, Laurence (1996): Lehrpläne, in: Rüegg, Walter (Hg.): Geschichte der Universität, Bd. II, München, S. 451–494.

Bulthaup, Peter (1998): Die wissenschaftliche Hochschule: Staatsanstalt oder Gelehrtenrepublik, in: Ders.: Das Gesetz der Befreiung und andere Texte, Lüneburg, S. 29–38.

Charle, Christophe (2004): Grundlagen, in: Rüegg, Walter (Hg.): Geschichte der Universität in Europa, Bd. III, München S. 43–80.

Ellwein, Thomas (1997): Die deutsche Universität. Vom Mittelalter bis zur Gegenwart, Wiesbaden.

Europäisches Parlament und Rat der Europäischen Union (1996): Europäisches Jahr des lebensbegleitenden Lernens, https://eur-lex.europa.eu/legal-content/DE/TXT/?uri=LEGISSUM:c11024, (letzter Zugriff: 19.05.2021).

Fend, Helmut (2006): Geschichte des Bildungswesens. Der Sonderweg im europäischen Kulturraum, Wiesbaden.

Fichte, Johann Gottlieb (1794/1971a): Einige Vorlesungen über die Bestimmung des Gelehrten (1794), Fichtes Werke, Bd. VI, Berlin, S. 291–346.

Fichte, Johann Gottlieb (1798/1971b): System der Sittenlehre nach den Principien der Wissenschaftslehre (1798), Fichtes Werke, Bd. IV, Berlin, Erstes Hauptstück. Deduction des Princips der Sittlichkeit, S. 13–62.

Fichte, Johann Gottlieb (1807/1971c): Deducirter Plan einer zu Berlin zu errichtenden höheren Lehranstalt, Fichtes Werke, Bd. VIII, Berlin, S. 97–204.

Fichte, Johann Gottlieb (1804/1971d): Aphorismen über Erziehung, Fichtes Werke, Bd. VIII, Berlin, S. 353–360.

Fichte, Johann Gottlieb (1805/6/1971e): Ideen für die innere Organisation der Universität Erlangen, Fichtes Werke, Bd. XI, S. 275–294.

Hankovszky, Tamás (2018): Philosophy of Education in early Fichte, in: Educational Philosophy and Theory, 6–7, S. 631–639.

Hegel, G.W.F. (1809/1986): Rede zum Schuljahrabschluß am 29. September 1809, Theorie-Werk-Ausgabe, Bd. 4, Frankfurt am Main.

Helling, Simon (2017/2018): Wider die Maxime, Recht zu behalten. Der Prozess gegenseitiger Bildung bei Fichte, Oldenburger Jahrbuch für Philosophie, S. 49–64.

Heydorn, Heinz-Joachim (1971/2004): Zur Aktualität der klassischen Bildung, Gesammelte Schriften, Bd. 4, Wetzlar, S. 13–28.

Humboldt, Wilhelm von (1809/1810/2017): Über die innere und äußere Organisation der höheren wissenschaftlichen Anstalten zu Berlin, in: Ders.: Schriften zur Bildung, Stuttgart, S. 152–165.

Jarausch, Konrad H. (2004): Der Lebensweg der Studierenden, in: Rüegg, Walter (Hg.): Geschichte der Universität in Europa, Bd. III: Vom 19. Jh. zum Zweiten Weltkrieg, München, S. 301–322.

Jeismann, Karl-Ernst (1987): Das höhere Knabenschulwesen, in: Ders. und Lundgreen Peter (Hg.): Handbuch der deutschen Bildungsgeschichte, Bd. 3: 1800–1870. Von der Neuordnung Deutschlands bis zur Gründung des Deutschen Reichs, München, S. 152–179.

Kant, Immanuel (1798/1968): Der Streit der Fakultäten, in: Werke, Akademie-Ausgabe, Bd. VII, Berlin, S. 1–115.

Kant, Immanuel (1781/1787/1990): Kritik der reinen Vernunft, Hamburg.

Kant, Immanuel (1803/1977): Über Pädagogik, in: Werkausgabe, Bd. XII, Frankfurt am Main.

Kessel, Eberhard (1967): Wilhelm von Humboldt. Idee und Wirklichkeit, Stuttgart.

Kivelä, Ari (2012): From Immanuel Kant to Johann Gottlieb Fichte – Concept of Education and German Idealism, in: Ders./Siljander, Pauli/Sutinen, Ari (Hg.): Theories of Bildung and Growth. Connections and Controversies between Continental Educational Thinking and American Pragmatism, Rotterdam, S. 59–86.

Leff, Gordon/North, John (1993): Die artes liberales, in: Rüegg, Walter (Hg.): Geschichte der Universität in Europa, Bd. I: Mittelalter, München, S. 279–320.

Lichtenberg, Georg Christoph (1800/1971): Sudelbücher, Schriften und Briefe Bd. 2, München.

Marx, Karl (1894/1986): Das Kapital, Bd. III, MEW 25, Berlin.

Miethke, Jürgen (2004a): Päpstliche Universitätsgründungsprivilegien und der Begriff eines Studium Generale im römisch-deutschen Reich des 14. Jahrhunderts, in: Ders. (Hg.): Studium an mittelalterlichen Universitäten. Chancen und Risiken, Leiden, S. 1–12.

Miethke, Jürgen (2004b): Universitas und Studium. Zu den Verfassungsstrukturen mittelalterlicher Universitäten, in: Ders. (Hg.): Studium an mittelalterlichen Universitäten. Chancen und Risiken, Leiden, S. 13–38.

Müller, Ernst (Hg.) (1990a): Gelegentliche Gedanken über Universitäten, Leipzig.

Müller, Ernst (1990b): Nachwort, in: Ders. (Hg.): Gelegentliche Gedanken über Universitäten, Leipzig, S. 291–311.

Oswald, Christian (2019): Jenseits des Arbeitszwangs. Thesen zu einer anderen Gesellschaft, Münster.

Pedersen, Olaf (1996): Tradition und Innovation, in: Rüegg, Walter (Hg.): Geschichte der Universität in Europa, Bd. II: Von der Reformation zur Französischen Revolution (1500–1800), München, S. 363–390.

Rohs, Peter (1991): Johann Gottlieb Fichte, München.

Rousseau, Jean-Jacques (1762/1977): Vom Gesellschaftsvertrag, Stuttgart.

Rousseau, Jean-Jacques (1755/1989): Abhandlung über den Ursprung der Ungleichheit unter den Menschen, in: Ders.: Kulturkritische und politische Schriften, Bd. 1, Berlin, S. 185–315.

Spranger, Eduard (1910): Fichte, Schleiermacher, Steffens über das Wesen der Universität, Leipzig.

Städtler, Michael (2016): Arbeit als Faktor von Profanierung. Spuren der Reflexion auf reproduktive Tätigkeiten im theoretischen und im praktischen Denken des Thomas von Aquin, in: Mensching, Günther/Mensching-Estakhr, Alia (Hg.): Geistige und körperliche Arbeit im Mittelalter, Würzburg, S. 137–157.

Tenorth, Heinz-Elmar (2010): Wilhelm von Humboldts (1767–1835) Universitätskonzept und die Reform in Berlin – eine Tradition jenseits des Mythos, in: Zeitschrift für Germanistik N. F. 1/20, S. 15–28.

Turner, R. Steven (1987): Universitäten, in: Jeismann, Karl-Ernst/Lundgreen, Peter (Hg.): Handbuch der deutschen Bildungsgeschichte, Bd. 3, S. 221–249.

Van Zantwijk, Temilo (2010): Wege des Bildungsbegriffs von Fichte zu Hegel, in: Stolzenberg, Jürgen/Ulrichs, Lars-Thade (Hg.): Bildung als Kunst. Fichte, Schiller, Humboldt, Nietzsche, Berlin, S. 69–86.

Zöller, Günter (2008): „Veredlung des Menschengeschlechts durch wissenschaftliche Bildung". Die Universität als Kunstschule des wissenschaftlichen Verstandesgebrauchs bei J.G. Fichte, in: Fehér, István M./Oesterreich, Peter L. (Hg.): Philosophie und Gestalt der Europäischen Universität, Stuttgart, S. 103–122.

Anselm Haverkamp

Studium generale – Die Para-Doxie der Unbedingten Universität

1. Das prekäre Supplement

Die Rolle des *studium generale* litt im Nachkriegsangebot der westdeutschen Universitäten an ostentativer Bildungsbeflissenheit. Man erfreute sich in den korrumpierten, auf erneuerte Legitimation angewiesenen Fakultäten an einer Redundanz der überdisziplinären Vertiefung von disziplinär Wiederzugewinnendem. Ab und an vermisste man dabei, immerhin, die ganz offensichtliche Chance zur Aktualisierung der zu restaurierenden Gehalte. Denn diese waren nicht vergessen, sie schienen in den heraufbeschworenen Nachbildern nur darauf zu warten, auf neue Ziele ausgelegt zu werden. An Ernst Robert Curtius' aus der Not zur monumentalen Tugend gediehenem Titel *Europäische Literatur und lateinisches Mittelalter* (1948) lassen sich die Hinsichten ablesen, die im Spiel waren (so skeptisch Curtius seinen Befreiungsschlag von der ersten Seite der Einleitung bis zur letzten Seite des Rückblicks einschätzen mochte). Ein *studium generale* fand bei Curtius, was seine Nachkriegsfunktion begründen und als Programm umsetzen konnte, und das war keine politisch belastete nationale Mobilisierung mehr, sondern die Rückbesinnung auf die Substruktur dessen, was in der Gegebenheitsweise der Text-Überlieferung als ein „intelligible field of study" auf Bearbeitung wartete (er schloss mit dieser Formel aus Toynbees *Study of History* an den Stand der internationalen Theoriebildung an).[1] Curtius' überwältigender Einfluss in der Nachkriegsszenerie ist endlos diskutiert worden. Er trifft auch auf den erneuerten Bedarf an einem *studium generale* zu. Curtius' Topoi und ihre „thematische Verfugung" boten ein variables Schema der „Verkettung historischer Bezüge", und darauf kam es an in der Stunde, die auf keine Null zu bringen war.

Was Curtius als Erkenntnisinteresse der historischen Selbstvergewisserung in Erinnerung brachte, konnte sich auf die in Jürgen Habermas' *Erkenntnis und Interesse* zwanzig Jahre später (1968) nach Entwürfen Diltheys reformulierte ‚praktisch-emanzipatorische' Aufgabe der Geisteswissenschaften verlassen.[2] Von akademischer Seite der Studienanordnungen aus konnte dieser historische Rahmen ohne

1 Curtius 1953, S. 384 ff., zitierte Stichworte S. 387.

2 Habermas 1968, Teil II, S. 7–8; die verdeutlichende Reparatur ‚praktisch-emanzipatorisch' bei Wellmer 1969, S. 38 f.

viel Umstände (methodische Kontroversen um die propagierte ‚Toposforschung' in Klammern) in ein *studium generale* großer Breite umgesetzt werden. Das schloss Wolfgang Isers Postulat der ‚Defizitbilanzierung' ein, das zum Inbegriff der ersten Nachkriegsreform in Konstanz wurde und im Gründungsbericht der neuen Universität (1965) nicht allein (ja nicht einmal spezifiell) der philosophischen Fakultät zugute kommen, sondern die interfakultativ übergreifende Integration der Reform begründen sollte.[3] In den geisteswissenschaftlichen Fächern schloss die Konstanzer Reform ein *studium generale* ein, mit der paradoxen Konsequenz, dass die supplementäre Rolle des *studium generale* als Institution überflüssig wurde. Die im Nachkrieg verschärfte Notwendigkeit der interdisziplinären Restitution entfiel, nicht ohne im Wegfallen den Reiz des Supplementären fühlbar zu machen, der über die Grenzen der Universität hinaus attraktiv war und einen über-universitären Bedarf an universitärer Bildung hervorbrachte: einen Hauch *un*-bedingter Universität.

Die Zeitschrift *Studium generale,* der es mit dem Untertitel „Zeitschrift für die Einheit der Wissenschaft" (1947–71) noch leicht fiel, der zunehmenden disziplinären Ausdifferenzierung entgegenzuwirken, zeichnete der Unaufhaltsamkeit des Wissenszuwachses einen eigenen Sinn unbedingter *Universitas* ein (prompt gab es auch eine Zeitschrift dieses Titels).[4] Die von Curtius aus dem Repertoire der Rhetorik revidierte Strukturvorgabe der Topik, die bald auch als Quelle ‚soziologischer Phantasie' entdeckt wurde,[5] traf auf einen Nachholbedarf, den aus eben dieser Quelle, aber in die entgegengesetzten Werte- und Umwertungs-Kontroversen verstrickt, das Programm von *Rowohlts deutscher Enzyklopädie* abdeckte (in dem Curtius nicht auftrat).[6] In der Folge aktualisierten *Edition Suhrkamp* (*es* wie *rde* modisch klein) und im akademischen Bereich die *Theorie*-Reihen dieses Verlags die Topik des generalisiert Nachzuholenden, wofür Habermas' *Zur Logik der Sozialwissenschaften* sowohl die Topik der Defizite, als auch das Modell der Aufarbeitung bot, mitsamt (Curtius hätte seine Freude gehabt) der Stilvorlage des flächendeckend angesagten Forschungsreferats.[7] Dabei schienen sich Etablierung der Soziologie, sekundäre Durcharbeitung der Inhalte und implizite Wiedergewinnung der in die Emigration gezwungenen heimischen Ansätze wundersam zu ergänzen. Die in der

---

3 *Universität Konstanz* 1965, S. 11–12; eine Reform-Pointe, die im Bericht des langjährigen späteren Rektors Sund (2018, S. 180 f.) in vielsagende Vergessenheit geraten ist.

4 Vgl. jüngst Casale/Dingler 2020, S. 89 ff.

5 Negt 1968; Bornscheuer 1976, mit der erblindeten Metapher der ‚Einbildung' als unaufgelöstem Leitmotiv.

6 Schildt 2020, S. 512 ff. leider ohne Hinsicht auf Curtius' widerständige Rolle im selben Band, aber in Ausführlichkeit über die Rolle von Ernesto Grassi für *rde*.

7 Habermas 1967/1985. Seither dachte man (konnte man sich nicht davon lösen), Theorie sei (nichts als) zitierfähig hergerichtetes Referat.

Konstanzer und in den auf Konstanz folgenden Reformen praktizierte Integration von Theorie absorbierte restlos, was als *studium generale* denk- und wünschbar gewesen war. Der Hauch des Unbedingten fand sich unversehens als ein Moment gesellschaftlicher Relevanz wieder. Leider fehlt in dem unvollendeten Spätwerk von Alfred Schütz, das der Konstanzer Soziologe Thomas Luckmann als Gegengewicht zu Habermas in der *Theorie*-Reihe zum Druck brachte, der letzte Teil: „Philosophie der Leerstelle"; er sollte enden „Die Vorläufigkeit von alledem" und meinte, optimistisch, die Unabsehbarkeit von alledem.[8]

Die heute kaum mehr beklagte Theorie-Müdigkeit, der im Gegenteil viel begrüßte Theorie-Verlust – nicht zu reden von der bis zum Überdruss getriebenen Diffamierung von Theorie –trifft wesentlich auch das, was als *studium generale* in die Vergessenheit eines ganz generell Obsoleten geraten war. Schon der grobe Rückblick zeigt, wie man vom Regen in die Traufe kam. Das Nachkriegsdefizit, das der Funktion des *studium generale* eine eigene zusätzliche Emphase verlieh und sich von *rde* bis *es* programmatisch unterfüttert fand (von Gehlen und Schelsky bis Wittgenstein und Adorno als Leit-Autoren), ist bereits in der ersten Konstanzer Reform-Phase der Universitäten, von der Verbreiterung der Zugänge überrollt und verlagert, zu einem schulischen Bildungsdefizit in medialem Ausmaß geworden, das den Begriff der Institution Universität insgesamt bedroht – die Konstanzer Reform ist gescheitert.[9] Ihre Unbedingtheit – so man sie aufrecht erhalten will – brachte so etwas wie, wenn nicht genau das zurück auf den Plan, was ein *studium generale* einmal war und sogar in der letzten Phase des schlechtest möglichen Gewissens, als wär's die List der Vernunft, wiederkehrte. Die wachsenden Nöte der Geistes- und/oder Kulturwissenschaften in einer von puren Verwaltungsrücksichten beherrschten Lage, deren Logik den Konkurs der pragmatistischen Ambitionen der Sozialwissenschaften gleich mit besiegelte, belegen schreiend, was fehlt und, derzeit pandemisch verstärkt, einen grundlegend neuen Studienbegriff auf den Plan bringt: die im Zoom wie unschuldig befestigte Evidenz des Abgeschafften: der erübrigten, als widrig (als elitär, unfair, privilegiert) empfundenen Gemeinschaft der Lernenden. Kann ein *studium generale* diesem Mangel, so absurd er formuliert sein mag, dieser Perversion des wissenschaftlichen Wissenwollens abhelfen? Rita Casale hat recht: Es ist den Versuch wert, denn was in einer geradezu ironischen Verkehrung

8 Schütz 1971, Beilage, S. 234.

9 Der Erfolgsbericht des Rektors Sund 2018 dokumentiert den Erfolg keiner neuen, sondern einer Universität im alten Sinne – ohne Reform, die allerdings das Startkapital beibrachte, während außerhalb der philosophischen Fakultät, die immerhin als ganze bestehen blieb, von Reform keine Rede mehr war, Reform also nur als wirkungsvolle Förderungsrhetorik im Gedächtnis blieb. Zum Motiv der Risikovermeidung durch Gedächtnisverbot vgl. den Schwanengesang des Ex-Konstanzers Schlaeger 2020, S. 80. Mit der dort wie überall gerne zitierten ‚Inkompetenzkompensationskompetenz' Odo Marquards, keines Konstanzers, war es nicht getan.

der Horizonte von den Erübrigern der alten Universität aufs Korn genommen und, bestenfalls, ins musisch Private abgeschoben wird, ist die philosophische Integration (früher sagte man ‚Durchdringung') der Institution des Lernens, die man sich in der Datenverarbeitung und Logistik der Erkenntnisprozesse erspart. Die Gründe sind ein eigenes weites Feld, bei dem man sich nicht weiter aufhalten sollte, solange man nicht die Unbedingtheit der Kritik in der Bedingung der Möglichkeit des universitären Lernens: die Grundlegung des Lernens von Lernen mit in den Blick nimmt (ich beschränke mich hier auf Letzteres).

2. Die nötige Einbettung, eine Frage der Form

‚Philosophie' und ihre philologischen Supplemente Kunst, Literatur und Sprache sind fast unkenntlich geworden, in den medialen Set-ups verschwunden: in den Feuilletons, Theater- und Opern-Beilagen, Sendungen, Festivals. ‚Geschichte' als ein wissenschaftliches Fach ist von der ockhamschen Klinge des kritischen Stachels beraubt worden. Die methodische Un-bedarftheit, ja Haltlosigkeit der gesunkenen Romantik, die von Charles Taylor bis Habermas als unschuldige Aufklärungsmedien ästhetischer ‚Expressismen' (‚expressive individualism') durchgeht,[10] reduziert die Sphäre der Öffentlichkeit auf eine undurchsichtige Zone kultureller Vermüllung. Selbst die Pop-Kultur, eine Zeit lang letzte Hoffnung, ist ihr verfallen, *Spex* längst von gestern. Dass Supplementäres gewöhnlich das, was es ergänzt, zu einer fiktiven Gänze bringt (die es nicht gibt, sondern allein das Supplement, das immerhin bleibt), beschreibt eine Sachlage, die Jacques Derrida an der modernen Urszene in den *Confessionen* Rousseaus erläutert hat. Die Unbedingtheit der Universität, in deren Genealogie er „die privilegierte Stellung des Philosophischen" von Abälard bis Kant situiert sieht, zeichne einen Ort „innerhalb und außerhalb der Humanities aus, von dem aus die Universität sich denkt und vorstellt".[11] *Docet omnia*, das Motto des Collège de France, impliziert diese Unbedingtheit als offenen Horizont. Im *studium generale* sucht sie ein Relais, über das die philosophischen Fächer ihr Außen ins Innen ziehen. Doch nicht allein das. Die dekonstruktive Pointe liegt in dem Performativ eines Geschehens, das als Außenlage allen Lernens im Prozess des Lernens von Lernen überhaupt erst geschehens-relevant wird: in einem „als ob" (sagte Derrida) der „Vorläufigkeit" (sagte Schütz).

Auf die konkrete, suizidale Misere der Universitäten bezogen (nicht allein, aber vor allem auch der deutschen, während der Vergleich mit den amerikanischen lehrreich bleibt, weil man dort wieder einen Schritt voraus ist, aber leider im

10 Taylor 1989, S. 376.

11 Derrida 2001; dt. *Die unbedingte Universität* 2001, S. 64 (mit dem Aufkleber „Adorno-Preis").

Negativen), kommt noch ein Faktor hinzu: der Niedergang des Abiturs als der vor-bildenden Instanz. Bot das *studium generale* eine Art Fortsetzung der mit dem Abitur abgebrochenen integrativen, sei es philosophisch oder wissenschaftstheoretisch weiterdifferenzierenden Aspekte von Studien im größeren Kontext der Institution Universität, so bietet es sich jetzt als ein Rettungsanker an, der das im Abitur vernachlässigte oder, entscheidender, das dort systematisch versäumte Reflexiv-Allgemeine nachzuholen erlaubt und es (optimistisch gedacht) aus der Verspätung in die Attraktion weiterführender Aspekte bringt. Ohne Sinn für die Beruf und Anwendung transzendierenden Aspekte des fachlich Überschüssigen bleibt jede Vorabbeschränkung auf den unmittelbaren Ausbildungsnutzen selbst für diesen unfruchtbar. Solange mit ‚Innovation' und ‚Kreativität' nur ein beschränktes Sich-Auskennen und Findigkeit im Vernetzen als Kompetenz schön geredet wird, kann es nicht nur *nicht* zu Neuem kommen, sondern wird sogar das Alte, so bewährt es scheinen mag, nutzlos.

Die Klagelieder sind vielfältig und berechtigt, haben aber Anteil an dem, was sie beklagen. Was kann die Idee eines *studium generale* beitragen, das *situativ* – gemessen an keiner idealen Lehre, sondern an den Übergangsbedingungen der Universitätslandschaft – angemessen ist?[12] Paradoxerweise ist es ausgerechnet die Unbedingtheit der *Lehre* – der Wissenschaft *als* Lehre und der Lehre als eines wissenskonstitutiven Relais' der Praxis von Forschung – die entscheidend wird. Als Ort der Unbedingtheit ist die Lehre Verankerung der ideell in die Ferne zielenden Forschungshorizonte samt dem Vokabular mehr oder minder geschäftskonformer Forschungsrhetoriken. Die übliche, absurde Fixierung auf kurzfristige Ausbeutung von beschränkt erworbenen Fertigkeiten ist ohne die Nachhaltigkeit (so der neue Inbegriff einer zwangsläufig umwegigen Erkenntnispragmatik), zu deren Förderung jetzt neue Fakultäten gegründet werden.

Die Unbedingtheit liegt paradoxerweise in der situativ begrenzten Freiheit von disziplinär sehr unterschiedlichen Forschungsständen; sie ist (nur) der allgemeinste Nenner für die Unabhängigkeit der universitär verwalteten Erkenntnisse und Erkenntnisinteressennahmen in einer Erkenntnispragmatik, die selbst-reflexiv das Lernen des Lernens anleitet: Das Lernen von Lernen ist der Kern des Reflexiv-Werdens.[13] Hier kommen Topik und Kanon als Konzepte eines *studium generale* ins Spiel, das forschungssituativ statt (nurmehr) bildungsfördernd anzulegen wäre. Die in Evelyn Fox Kellers oder Hans-Jörg Rheinbergers *Epistemologie des Konkreten* präparierten Beispiele zeigen, wie im Kanon der gegebenen Paradigmen ganze „Bündel historischer Metaphern, allen voran Information, Code, Nachrichtenübermittlung, Signaltransduktion und Kommunikation" zu erkenntnisleitenden

12 Vgl. Haverkamp 2021.

13 Luhmann 1970, S. 94 ff.

Strategien werden.[14] Das epistemologische Interesse der Molekular-Biologie ist hier von besonderem Gewicht, weil es die in engstem Sinne fachspezifische Relevanz der philosophischen Grundlagen vor Augen führt. Wurde in den Kanon-Vorstellungen des älteren *studium generale* eine naturwüchsige Durchschlagskraft der maßgeblichen Texte unterstellt, trat mit dem neo-pragmatistischen Paradigmabegriff Thomas Kuhns, den Blumenbergs *Metaphorologie* erkenntnispragmatisch differenzieren half,[15] die ‚Experimentalkultur' der Laborpraxis,[16] geisteswissenschaftlich des Archivs und der Bibliothek (elementar, aber als Praxisform unreflektiert), also die praktische Einbettung forschenden Lernens in den Vordergrund und die Orte, die Forschen lehrbar machen, kommunikativ machbar, fasslich.

Rheinberger, einer der ersten Übersetzer Derridas, hat die Unbedingtheit in der Konkretion der Einbettung aufgesucht. Paradoxerweise wiederum – die Paradoxie hält sich durch gegen die richtungsweisenden Diskurse einer Orthodoxie, deren Verwaltungsdrang regelmäßig zu kurz greift – widerspricht das nicht etwa der supplementären Anlage des *studium generale*, sondern hilft es, dessen Intention zu re-situieren. Keine unbeholfenen Praktika sind da von Nöten, sondern eine von Obsoletheit eh und je bedrohte und verschiedene Einrichtung, die Vorlesung hat hier ihre unübertroffene starke Seite.[17] Statt der nicht wirklich hilfreichen Vorführung ersten eigenen Ungeschicks (kaum eine Überraschung), weisen Vorlesungen im geglückten Fall die Grenzen des Forschens in der Darstellung der Lehre auf, in einer Form, die der Forschung *nicht* selbst eigen ist und ihr nicht von selbst zuwüchse. Sie ist sprach-gebunden und trägt in der sprachlichen Rückbindung das Stigma des supplementär Unwesentlichen, das im *studium generale* als paradoxe Logik der Lehre mitspielt. Aber es kommt darin eine trügerische heuristische Fiktion zur Sprache: die ‚Illusion' des vermeintlich Unvermittelten, sprachlos Gegebenen, die Saussures Sprachtheorie aufdeckte.[18]

Ein *studium generale* wird deshalb formbezogen sein: Darstellbarkeit in der Sache, aber auch Selbstdarstellung der Forschungspraxis, ist sein überzeugendster Effekt. Die von Patrick Boucheron an der Sorbonne, Paris I Panthéon, inaugurierte Reihe „Itinéraire" gibt dem Collège de France (supplementär im Schatten der Sorbonne) diese Rolle.[19] Ähnlich wird dies am MIT (neben Harvard) durch nichts besser illustriert als durch Fox Kellers Diskussion der Darstellbarkeit molekularbiologisch kontroverser Themen und Komplexe, denn dafür taugt nach DNA das Weltbild der alten Physik nicht einmal mehr zum metaphorischen Modell, ist also

---

14 Rheinberger 2006, S. 240.

15 Blumenberg 1960; Blumenberg 2013, S. 209, 230 ff.

16 Rheinberger 2021, S. 121 ff.

17 Haverkamp 2013, S. 305–308.

18 Zusammenfassend Jäger 2010, S. 119.

19 Exemplarisch Boucheron 2010/2016.

ein ganz neues Stratum von Darstellungshinsichten zu entwickeln: „Words, Words, Words“ ist der lakonische Befund Kellers.[20] Der Witz des *studium generale* liegt nicht in der Popularisierung einer über Normalerwartungen erhabenen Forschung (keiner Genialität), sondern der Verdeutlichung eines fortwährend prekären Stands des (Noch-)Nicht-Wissens, in dem die Avantgarden der Forschung, a fortiori der Naturwissenschaften, dem geistes-wissenschaftlichen Umgang mit dem alltäglich Nicht-Erfahrenen begegnen: als „philosophie au travail“, wie Gaston Bachelard seinen *rationalisme appliqué* begründete.[21] Die Emergenz des Wissens, von der das *studium generale* eine erste Idee vermitteln kann, eröffnet einen Raum der *vor*-wissenschaftlichen Erfahrung. Das ist ein bedenkenswerter Programmpunkt der Liberal Arts Colleges, die es in elitärer Ausprägung an amerikanischen Universitäten gibt, aber bis auf wenige Ausnahmen in Europa kaum Fuß gefasst haben, da ihre Funktion im Abitur als erfüllt galt, während sie im neuen BA als Bildungsballast veraltet ist.

Der bekannte Sachverhalt, dass Innovationen, so es denn wirklich welche sind, oft erst nach mehreren Anläufen erkannt und verarbeitbar werden, müsste jede Forschungsverwaltung zur Verzweiflung treiben. Nicht nur in den Naturwissenschaften sind die Latenzzeiten schwer absehbar geworden, umfasst die Spanne von der Entdeckung bis zum Nobelpreis leicht ein ganzes Leben. Die klassischen ‚Projekt-Zyklen‘, produktionsästhetisch ein Gemeinplatz, scheinen ins Unabsehbare gestreckt: Die Kunst ist das Modell, das in der Emergenz des Wissens an seine Grenzen kommt.[22] In den philosophischen Fächern ist die Generationengrenze längst überschritten, hat deshalb, mehr oder minder resignierend, ein Trend zur Historisierung der zur Vorläufigkeit verdammten Entwürfe eingesetzt. In den ästhetischen, mit Kunst und Literatur befassten Gebieten wird kaum je eine wechselseitige Gefallenspolitik überschritten, durchschossen mit Erwägungen des politisch Zugelassenen oder ethisch Angesagten. Deshalb ist zur Zeit kein plausibleres Programm denkbar für ein *studium generale*, als angesichts der undurchdringlichen Black Box ‚Wissenschaft‘ an das unsichtbare ‚Gängelband‘ der wissenschaftlichen Verlegenheiten zu erinnern. So betrifft die Diskussion des humangenetischen Vererbungsbegriffs bei Fox-Keller ein Darstellungsdesiderat, das vom philosophischen Begriff über die juristische Kodifizierung auf die mikrobiologische Problem-lage zurückwirkt. Es führt die Unbedingtheit der Institution ‚Universität‘ auf die Menge ihrer ungeklärten Bedingungen der Möglichkeit, deren Status für jedes Studium, und sei es das spezialisierteste, und erst recht für das angewandteste, unverzichtbar ist. Selbst KI,

20 Fox Keller 2010, S. 55 ff.

21 Bachelard 1949, S. 9 f.

22 Kubler 1982, S. 163 f.

der Innovatoren liebstes Projekt, wüsste sonst nicht, was sie in der Zukunft ersetzen oder gar optimieren sollte.

3. Ceterum

Ob man die Postmoderne mit dem ‚Anthropozän' nach dem Zweiten Weltkrieg einsetzen lässt oder einem Schlüsseljahrzehnt danach zurechnet, verändert den Historisierungsbedarf nicht. Das ‚Refexivwerden' der Moderne, in dem Ulrich Beck das Zeichen einer „anderen Moderne" erkennen will,[23] ruft sogleich das ‚generale' im Studium jeder nächst-folgenden Moderne auf den Plan, die schon Curtius' Mittelalter auf den Schultern von Riesen wusste.[24] Die verdoppelte Reflexion angesichts eines des längeren nicht mehr traditional-beständigen Grundes verlangt nicht nur ein gründlicheres *studium generale*, sie ist dessen aktuellster Gegenstand.

Literaturverzeichnis

Bachelard, Gaston (1949): Le Rationalisme appliqué, Paris.
Beck, Ulrich (1986): Die Risikogesellschaft. Auf dem Weg in eine andere Moderne, München.
Blumenberg, Hans (2013): Paradigmen zu einer Metaphorologie. Kommentar von Anselm Haverkamp, Berlin.
Bornscheuer, Lothar (1976): Topik: Zur Struktur der gesellschaftlichen Einbildungskraft, Frankfurt am Main.
Boucheron, Patrick (2010/2016): Faire profession d'historien, Paris.
Casale, Rita/Dingler, Catrin (2020): Der ‚gesunde Kern' der Universitätsidee, in: Jahrbuch für Historische Bildungsforschung 26, S. 83–98.
Curtius, Ernst Robert (1953): Europäische Literatur und lateinisches Mittelalter, Bern.
Derrida, Jacques (2001): L'université sans condition, Paris.
Fox Keller, Evelyn (2010): The Mirage of a Space. Between Nature and Nurture, Durham NC.
Habermas, Jürgen (1968): Erkenntnis und Interesse, Frankfurt am Main.
Habermas, Jürgen (1967/1985): Zur Logik der Sozialwissenschaften (Philosophische Rundschau, Beiheft 5), Frankfurt am Main.
Haverkamp, Anselm (2021) Situation, Aktualität, Hypothek: Ausfall der Kontingenz, in: Korte, Karl-Rudolf/Scobel, Gert/Taylan Yildiz, Taylan (Hg.): Heuristiken des politischen Entscheidens: Zwischen Komplexität und Kunstfertigkeit, Berlin, S. 179–188.

23 Klassisch bereits Beck 1986, S. 13, aktuellste Anwendung bei Sarasin 2021, S. 30 f.

24 Eine Urszene des *studium generale* ist der geistesgegenwärtigen Studie des Erfinders der ‚selffullfilling prophecy' abzulesen (Merton 1965).

Haverkamp, Anselm (2013): Vorlesung – von Berufs wegen aushilfsweise, in: Hort, Johanna-Charlotte (Hg.): Unbedingte Universitäten. Bologna-Bestiarium, Zürich, S. 307–310.
Jäger, Ludwig (2010): Ferdinand de Saussure zur Einführung, Hamburg.
Kubler, Georges (1962/1982): Die Form der Zeit: Anmerkungen zur Geschichte der Dinge, Frankfurt am Main.
Luhmann, Niklas (1970): Reflexive Mechanismen, in: Ders.: Soziologische Aufklärung 1, Opladen, S. 92–112.
Merton, Robert (1965): On the Shoulders of Giants: A Shandean Postscript, New York.
Negt, Oskar (1968): Soziologische Phantasie und exemplarisches Lernen, Frankfurt am Main.
Rheinberger, Hans-Jörg (2006): Epistemologie des Konkreten: Studien zur Geschichte der modernen Biologie, Frankfurt am Main.
Rheinberger, Hans-Jörg (2021): Spalt und Fuge. Eine Phänomenologie des Experiments, Berlin.
Sarasin, Philipp (2021): 1977. Eine kurze Geschichte der Gegenwart, Berlin.
Schlaeger, Jürgen (2020): Bildung durch Wissenschaft. Vom Nutzen forschenden Lernens, Berlin.
Schildt, Axel (2021): Medien-Intellektuelle in der Bundesrepublik, Göttingen.
Schütz, Alfred (1971): Das Problem der Relevanz. Einleitung von Thomas Luckmann, Frankfurt am Main.
Sund, Horst (2018): Stationen auf dem Weg zum Leuchtturm. Erinnerungen an die ersten 25 Jahre der Universität Konstanz, Konstanz.
Taylor, Charles (1989): Sources of the Self. The Making of Modern Identity, Cambridge MA.
Universität Konstanz (1965): Bericht des Gründungsausschusses, Konstanz.
Wellmer, Albrecht (1969): Kritische Gesellschaftstheorie und Positivismus, Frankfurt am Main.

Studium generale: Ideen und Formen

Paola Carlucci, Mauro Moretti

Liberal education in Italy and the Pisa Scuola Normale after the Second World War[1]

1. Liberal education, the professionalisation process, higher science education. Signs for a long-term profile

In 1872, Pasquale Villari, the founder of the *Scuola Normale* di Pisa in the unified Italy, recalled his study trip to Great Britain, ten years earlier. At Eton, he wrote, a college famous for "the formation of character", he had questioned the teachers on the method followed to achieve that goal, and the response received had made him reflect. According to the Eton teachers, there was no method. Young people were left as much freedom as possible because the teachers were: "convinced that they are good, and correct each other. The true educator at Eton is a certain spirit that had been formed in the College, that no one created, and that everyone feels".[2] Within Italian liberal culture, often some distance from a real experience of English traditions and institutions, Villari's well-informed voice occupies a special and, I would say, marginal place. The director of the *Normale* was in any case convinced of the importance of the moral aspects, understood in a broad sense, within higher education. In 1865, when he left his post as director of the *Scuola Normale* to move to Florence, Villari would clearly reiterate this vision, precisely in relation to higher science education: "It is most desirable that this School should one day present itself to the country as a source of progress in the Humanities and Sciences; but it will be more fortunate if it is called an educator of noble and generous characters".[3]

A few years later, in 1869, Charles W. Eliot would attain the presidency of Harvard University, having examined European university systems closely. At Harvard, a new relationship – not accompanied by unanimous consensus, and also linked to the different phases of the educational process – gradually took shape between character formation, research training, and the social projection of university work.

These issues are, as is well known, still alive, although in a critical and opposed form, in public discourse around higher education in the United States, while in Italian discussions they remained relatively marginal, although not absent, in a

---

1 Mauro Moretti authored the first section of the paper, and Paola Carlucci wrote the second section.

2 See Villari 1872/1991, S. 118–119. See also Moretti 2008 and more recently Carlucci/Moretti (2021), with a large and updated bibliography, p. 48–50.

3 See Villari 1865, p. 119.

radically different institutional and material, as well as historical, context. Some analogous suggestions, however, may perhaps emerge, even from recent pages dedicated to the *Defense of a Liberal Education:*

> Unlike universities, which often lacked a clear physical embodiment, colleges were defined by their architecture. An imposing stone building was usually constructed with an open courtyard in the center and student dormitories arrayed around it. The "common" room was where students could meet, the chapel where they could pray, and the library where they could read [...]. The residential college has come to be seen as possessing certain qualities that enhance the experience of liberal education beyond the curriculum. The advantages of such an arrangement are often described today in terms like "living-learning experiences", "peer-to-peer education", and "lateral learning."[4]

The Palazzo dei Cavalieri of Pisa, seat of the *Scuola Normale*, can be found, after all, in this physical description. In particular, the idea of *beyond the curriculum* evokes a recurring discursive theme in the memoirs and writings dedicated to the *Normale*. It will suffice to mention, here, some of what were perhaps the happiest and most significant pages written in 1908 by Giovanni Gentile:

> In this way the School itself was becoming, in spite of the regulations, coherent with the spirit inside. The creation of the *Annals*, which came to be a warning and a promise to the new students of the School, clearly and energetically determined the new program of the institute. It was intended to affirm what had spontaneously become a scientific institution rather than a pedagogical institution.[5]

As for *peer-to-peer education*, the profound recollections of Gentile about the importance, moral and intellectual, of his relationship with fellow students constitute one of the most effective documents, although certainly not the only one within a not inconsiderable body of memoirs.

But the analogy cannot be pushed too far, such as in the individual aspects, for instance the religious component of liberal education. In this regard, it should be kept in mind that from 1862 onwards the *Normale* was a secular institution, distancing itself in this respect from the original Napoleonic and grand-ducal

---

4 See Zakaria 2015, p. 24–25; see also Delbanco 2012; Roth 2014; and, more generally, as a kind of prehistory of the contemporary university, Clark 2006.

5 See Gentile 1908/2015, now available in a new edition with a valuable introduction by C. Cesa, p. 83.

structure, although the Catholic presence within the *Normale* was at some stages significant from intellectual and political points of view.

The central question concerns the function attributed to the *Normale* within the school system of the new Kingdom of Italy, which went through a long phase of organisation and adjustment. In this area, the Napoleonic matrix continued to define the institutional nature of the *Normale*.[6] The purpose of the *Normale* was the training of teachers for secondary school. In the Italian situation of the first few decades after unification, teacher training was a necessary and urgent task. However, it is appropriate to highlight some long-term characteristics that make the Pisan experience specific in comparison to the general aspects of the Italian university system, in particular as regards teacher training. The first feature, already mentioned, is the continuity of the collegial dimension, rare in Italian universities in contemporary times, with Pavia as a significant exception, and instead deeply rooted in the academic tradition of the Catholic Church and her religious orders. Perhaps also for this last reason, immediately after 1860, the opportunity to maintain the collegial form of the *Normale* was questioned, although the explicit justification was different: the seminars of the German universities, considered to be at the forefront of higher education practice, did not include the cohabitation of students. However, the college was retained, and in fact the *Normale* remained the only Italian collegiate structure with autonomous teaching functions, while

> The few university colleges then existing in Italy did not have recognised and specific teaching responsibilities, and the university faculties, but also the institutes of Florence and Milan, were endowed with study contributions to be allocated to students, but they had no colleges.[7]

A university college could, for obvious practical reasons, have only a limited number of students. The *Normale* was limited in size for many decades, with its first significant, although still relative, expansion only in the 1930s.[8] These few students, unlike what happened at the same time in the Paris *Normale*, were also students at the University of Pisa. At the University of Pisa, students of the *Normale* followed the academic curriculum established by university regulations. These two factors determined a particular convergence. In fact, the actual possibility for the *Normale* to significantly affect the composition of secondary school teaching staff was very limited. The few students of the *Normale* who were quickly placed in secondary education could have only a rather exemplary function of orientation

---

6 See Moretti 2004a.

7 Moretti 2011, p. 31.

8 See on this point Carlucci 2012; Mondini 2010.

and dissemination of a model. It was, therefore, an outcome that was at least in part different from a simple professionalising practice. The entry of these young people, with a structured university education, into the teaching cadres was not always well received by their older colleagues. The older teachers, often coming from the school environment of the old pre-unification states, saw their profession and their knowledge, often of clerical origin, threatened by the new intellectuals trained at the *Scuola Normale*. Moreover, the students of the *Normale* added to the course of study at the University of Pisa other forms of scientific training put in place in the internal seminars of the *Scuola Normale*. As Giovanni Gentile remarked with great clarity, these activities within the *Normale* could not have been a simple repetition of university courses, but they moved more and more towards a complete and mature scientific apprenticeship. The secondary school qualification awarded by the *Scuola Normale* was also linked to the presentation of a special dissertation. While remaining formally related to having a professionalising purpose, therefore, the Normale carried out, already in the decades that followed the national unification, a more complex task.

Moreover, at that time, the separation between careers in teaching and university and scientific training was much less strong than can be perceived today, and it was often two successive phases of the same intellectual experience.

Some actual choices clearly show rapid adaptation to the standards that were defined in those decades to qualify the work of universities in a scientific sense.[9] The foundation of an autonomous journal, the "Annals", which could host the results of the research carried out by the students of the scientific section, showed an already mature awareness that the organised circulation of intellectual output was a prerequisite for entry into the scientific community.

In Italy the PhD was only introduced in 1980.[10] However, the need for educational experiences after the end of the cycle of university studies was felt rather quickly in Italy and, for this reason, various experiments in this direction were launched. Scholarships reserved for young graduates for stays at foreign universities were established. In some special educational institutions, such as Florence, places of study were financed for the "improvement" of graduates. Also specialisation schools for specific disciplines were established, as happened, for example, at the University of Rome for the history of art.[11] In the first reform of the *Normale* it was thought to devote the best students to a three-year period of service as university assistants. Later, starting from 1908, and with greater opening from 1926–27, the route of scholarships following graduation would also be pursued in Pisa. A strong call

9 See, about the history of historical disciplines, Porciani/Tollebeek 2012.

10 See Mariuzzo 2022.

11 See, just for a few examples, Dröscher 1992; Moretti 1995; Moretti 2018.

for the establishment of graduate schools in individual universities came with the university reform implemented by Minister Gentile in 1923.

There are a number of significant contributions, but as yet no comprehensive study, available on the careers of Normale students. The students of the Pisan School never had the formal guarantees of employment in public education reserved for their colleagues of the *École Normale Supérieure* in Paris. The placement of students from the *Normale* in the Italian school system was not, however, in general, very difficult. The rate of transition to higher education, and to more fully scientific paths, also considering the lower and intermediate grades in the university hierarchy (assistants, lecturers, professors not yet tenured)[12] remains to be evaluated. These grades were often, and for a long time, not incompatible with the function of titular teacher in secondary school.

The *Normale* was openly conceived as a national institution: students from all over Italy could arrive in Pisa on the basis of a public selection procedure, so that they could complete their studies free of charge if they met and maintained certain required standards. This was consistent with some general features of the Italian university system. The role gradually acquired by the *Normale* in the formation of a not inconsiderable share of the research frameworks in Italy in the humanities and sciences has been to some extent assured by this systemic compatibility. The main point is perhaps to be identified in the dynamics of recruitment, and the reproduction of the scientific and academic body. The strength, and the capacity, of a central, national institution is linked to the persistence and effectiveness of principles and practices that relate to the same field, and risk cracking down following the adoption of highly localized mechanisms, at the level of individual universities, of the selection of scientific staff.

It would then be necessary to recall other general and long-term aspects that mark the history of the *Normale* as an institution of teaching and research. I am thinking, for example, of the events at least in part distinct of the two original sections, that of Sciences and that of Humanities, with the initial imbalance in favor of the latter (in secondary education there was then a greater need for teachers in this area) gradually overcome thanks to a strengthened orientation towards research training.

Then, for example, the early admission of women as students, later interrupted by Fascism, should also be considered. The various disciplinary traditions active within the *Normale* in the long term have been taken into account in the research, just like the attempts to broaden the educational, scientific, and professional framework

12 See Moretti 2001.

beyond humanities and hard sciences, which may also be linked, in a certain sense, to a liberal education perspective.[13]

2. Liberal Education versus Vocational Studies? The *Scuola Normale Superiore* in the 1960s and the birth of the *Scuola Superiore di Studi Universitari e di Perfezionamento* (Higher School of University and Advanced Studies)

In the first paragraph, Mauro Moretti outlined the essential lines of the history of the *Scuola Normale Superiore* di Pisa and, more generally, of the issue of liberal education in Italy. We have seen how the *Scuola Normale*, founded with a specific purpose, that is the training of teachers, over time has turned into an institution of higher scientific education. Moretti then stressed the peculiar situation of the *Scuola Normale* whose students were and actually are, at the same time, students of the University of Pisa. Moreover, Moretti highlighted an essential point: how liberal education that is identified in the model of the *Scuola Normale* consists above all in life and in the collegial spirit.

In this second paragraph it is important to make a premise before entering into the actual narrative. The *Scuola Normale* has always been an institution in which students are accepted only by merit, through an examination that evaluates their knowledge.[14] Unlike in other universities, both Italian and, especially, foreign, no other criteria are taken into account for admission, for example, the results obtained in previous studies or social status.[15] In particular, the social condition is an important issue for the narrative that will follow.

Apart from its original purpose of training teachers for secondary schools, it should be stressed that, since the 1930s, the *Scuola Normale* had been inserted and had largely managed colleges dedicated to vocational studies. In 1931 Giovanni Gentile had dedicated a fundamental reform to the *Scuola Normale*. The common path of the Scuola Normale with two colleges dedicated specifically to vocational studies, the Colleges of Medicine and Law, dates back to that period. At the end of 1930, a new College was established experimentally to accommodate students enrolled in Law and closely linked to the School of Corporate Sciences of Giuseppe Bottai, inaugurated in 1928. In 1933–34, the College of Law, meanwhile called "Mussolini", together with the College of Medicine, intended for medical students

13 See Mariuzzo 2010; and the essays collected in Menozzi/Moretti 2011.

14 Carlucci 2012 p. 17, 103, 179, 228 and *passim*.

15 For the American "Big Three Universities" Harvard, Yale and Princeton, particularly interesting in this respect, see Karabel 2005.

and in the meantime established, started their regular operation.[16] These were two hybrid organisms, whose management was entrusted to the *Normale*, but which were financed by the University. A complex organization, cause of contrasts between the two academic institutions of Pisa for over thirty years. Closed in the aftermath of the war, the two vocational university colleges were refounded experimentally at the beginning of the fifties, precisely in the a.a. 1951–52.[17] The dynamic thrust that characterized the University of Pisa in that period led to a renewed interest in an expansion of the collegial offer. Also at the national level, there was an interest in the possibility of creating new "schools of scientific development" inspired in some way by the model of the *Scuola Normale*.[18]

In this context, the desire of the *Scuola Normale*, but also of the University of Pisa, to expand its educational offer was affirmed on the local and national level. The significant difference from the past was that the Colleges of Medicine and Law were financed by the "Opera Universitaria", an institution born during the Fascism and intended for the economic support of the less well-off students.

In this scenario, in the fall of 1951, the *Scuola Collegio Antonio Pacinotti* was founded. It was destined to welcome students and graduates of the Faculties of Agriculture, Engineering and Economics and Commerce. The *Scuola Collegio Pacinotti* aimed to meet the need to train qualified teachers of technical subjects advanced by the Directorate General of Technical Education of the Ministry of Education, which financed the initiative. The role of the *Normale* in the management of this new College was less important than its role within the Colleges of Medicine and Law.[19]

At the end of the fifties, for the *Scuola Normale* the challenge of the relationship with the vocational studies colleges was intertwined with the advent of the mass university. Indeed, the progressive growth of university enrolments was now an unavoidable fact.[20] The *Normale* and the vocational studies colleges were forced to a comparison with what was becoming the mass university and this comparison led to an important reconsideration of their aims and their structure.

---

16 See annotation 13.

17 Carlucci 2012, *passim*.

18 Moretti 2004b, p. 691–697; Carlucci *et al.* 2010, p. 73–79; 92–94.

19 Convenzione tra l'Università, la Scuola Normale ed il Consorzio per la Istruzione Tecnica, per la istituzione della Scuola Collegio "Antonio Pacinotti". In Annuario della Scuola Normale Superiore, V, a.a. 1941–42/1963–64, p. 119–122; Carlucci 2012, p. 164–169.

20 Between a.a. 1957–58 and 1962–63, the number of students enrolled in Italian universities increased by 40%. See Ministero della Pubblica Istruzione, Relazione sullo stato della Pubblica Istruzione in Italia presentata dal Ministro on. Luigi Gui ai sensi della legge 24 luglio 1962 n. 1073, Roma, 1962, p. 29. For this fundamental change in a transnational perspective, see Neave 2013; Wittrock 2013.

Faced with the emergence of the mass university, at the national level the question of increasing student housing and colleges was raised. Contrary to what had happened during the Constituent Assembly and also in subsequent years,[21] it was not a debate on the collegial model in which the concept of liberal education had a decisive role. Now, however, the emphasis shifted sharply to the importance of the collegial institution for its welfare rather than community significance.

In Pisa, one of the clearest denunciations of this contradiction was made by former students of the College of Law who, despite the difficulties often encountered in their university career, developed a strong sense of belonging to the *Scuola Normale* institution as a school founded exclusively on merit.[22] In 1962, in the report of one of their meetings, the former students of the College of Law stated:

> precisely because, above all, the "Opera Universitaria" could not derogate from its institutional tasks consisting in meeting only the poor students, what caused (as it caused) the non-admission of students who, although meritorious, were not in poor economic conditions and therefore entailed a misrepresentation of the traditional aims of the College (which disregard restrictive considerations of an economic nature).[23]

In the end, the problem of funding the vocational studies colleges was solved because the "Opera Universitaria" was no longer used for funding.[24] In this way, the criterion of access based exclusively on merit was preserved for the vocational studies colleges, regardless of the students' financial situation. The choice of students based solely on merit is, as has been said, a distinctive feature of the *Scuola Normale* model.

However, the contrasts remained between the *Scuola Normale* and the University of Pisa in the management of vocational studies colleges. These contrasts led to the separation of these colleges from the *Scuola Normale*.[25]

Beyond the institutional situation, what matters here is that both the proponents of the integration of vocational studies colleges within the *Scuola Normale*, both those who opposed this solution, wanted to safeguard the concept of liberal education and, if anything, transfer this concept within the vocational studies colleges. The contrasts, therefore, were never on the necessity of the safeguard of liberal

---

21 For the debate during the Constitutional Assembly, Carlucci 2020; for the period after 1948, Carlucci 2012, esp. p. 190–201.

22 Carlucci 2012, esp. pp. 232–233; more generally, on students' sense of belonging to the Scuola Normale, see also Carlucci/Moretti 2014.

23 This document is in Archivio Storico dell'Università di Pisa, *Protocollo*, a.a. 1965–66, Pos. 5313.

24 Carlucci 2012, p. 222–235.

25 Carlucci 2012, esp. p. 235–239.

education, on which substantially everyone agreed, but on the modalities of management of the vocational studies colleges. The real issue was whether the colleges should be marked by an increasing autonomy towards the University of Pisa, as was the model of the *Scuola Normale*, or if, on the contrary, they should be substantially inserted within the University of Pisa. In the sixties, the solution of the close integration between the *Scuola Superiore di Studi Universitari e di Perferzionamento* (Higher School of University and Advanced Studies) and the University of Pisa prevailed. In the following years, however, also for this new institution, destined in 1987 to become the current *Scuola Sant'Anna of Advanced Studies*, one of the most prestigious Italian academic institutions,[26] the model of the *Scuola Normale* was gradually adopted, based on autonomous management and separate from the University of Pisa. Moreover, the model of the *Scuola Normale* was the point of reference of the network of schools of excellence that, since the early 2000s, has gradually been created in Italy.[27] The foundation of these new schools of excellence, their effective functioning, the comparison with the international debate on the subject, would certainly be interesting topics of study for further research of the issue of the Italian way to liberal education.[28]

However, to better understand the issues that have just emerged and their implications for the concept of liberal education, it is necessary to follow the birth of the *Scuola Superiore di Studi Universitari e di Perfezionamento* , the new institution in which the vocational studies colleges, in the past linked to the *Scuola Normale*, converged in the sixties. In this context, a decisive role was played by a prominent figure in the academic history of Pisa and Italy: the mathematician and former "normalista" Alessandro Faedo, rector of the University of Pisa from 1958 to 1972, then president of the CNR (Consiglio Nazionale delle Ricerche) and senator.[29] Shortly after the start of his rectorate, in 1959, Alessandro Faedo launched the first attempt to nationalize the *Scuola Collegio Pacinotti*. The bill relating to the *Scuola Collegio Pacinotti* was therefore presented to Parliament in November 1959 by the then Minister of Education Giuseppe Medici, particularly sensitive to a possible collegial alternative within the evolutionary path of the Italian academy.[30] The bill

26 https://www.santannapisa.it/it (last accessed 03.08.2022).

27 https://www.ammissione.it/info-risorse/scuole-di-eccellenza/26616/#Scuole_di_eccellenza_in_Italia (last accessed 03.08.2022).

28 For the European debate on the schools of excellence, see Settis 2004; *Il futuro di una tradizione: formazione d'eccellenza nell'Europa contemporanea* 2011; see also Tognon 2006; an interesting example of overseas discussions is Lewis 2006.

29 On Faedo and the University of Pisa, see Carlucci *et al*, 2010, p. 58–62; Breccia 2013; on Faedo and the Scuola Normale, see Carlucci 2012, *ad vocem*.

30 Atti Parlamentari Camera, Legislatura III, Documenti, Disegni di Legge e Relazioni, n. 1707, 16 nov. 1959, p. 1–6. On Medici and his interest for the collegial system, Carlucci 2012, p. 215; more generally, Mariuzzo 2015.

sparked an interesting and lively debate. It is worth mentioning at least a fragment of this debate, because it confirms how, in the minds of the protagonists of the events that are reported here, there was never a contrast between vocational studies colleges and liberal education as embodied by the *Scuola Normale* model. In a document of the University of Pisa, not dated, but obviously subsequent to the discussion that had been held on the bill for the *Scuola Collegio Pacinotti*, it was claimed: "The School 'A. Pacinotti' should constitute a twin institution of the Scuola Normale Superiore in the purposes and in the organization, except for the diversity of the courses of study".[31]

Although the inspirational model remained the *Scuola Normale*, however, as mentioned above, the contrasts on the methods of management and arrangement of the vocational studies colleges meant that the path taken by the rector of the University of Pisa Alessandro Faedo was to encourage the establishment of a new School of Higher Studies, that included the various colleges founded in Pisa more or less formally over the years and that was completely independent from the *Scuola Normale*.

Faedo's action was fostered by the deep interest shown towards the new institution by the former students of the Medicine and Law Colleges who, in 1962, had joined in an ex-alumni association.[32]

The action of the former students of the vocational studies colleges was decisive for the establishment of the new School of Higher Studies. In particular, the contribution of the former students of the *Collegio Mussolini*, especially Achille Corona, then Minister of Tourism and Entertainment, Mario Ferrari Aggradi, at that time Minister of Agriculture and Forests, as well as the Minister of the Interior Paolo Emilio Taviani. Above all, the contribution of a central figure in Italian economic policy, such as Giovanni Pieraccini, at that time Minister of Public Works and then of the Budget and Planning, was decisive.[33] Pieraccini was at the centre of correspondence exchanges in which the role of the College of Law as a fundamental biographical stage emerged in all its importance. Of particular importance, in this regard, was what was writing to Pieraccini another important student of the College of Law, the jurist Emilio Rosini, in the gloomy climate of the Second World War:

> And if now the College is nothing more than a poorly reduced complex of walls, let us at least not fail as a spiritual institution, as "universitas personarum". [...] It could not, must

31 Archivio Storico dell'Università di Pisa, Protocollo, a.a. 1965–66, pos. 5322, *Disegno di legge n. 1707 concernente l'istituzione in Pisa della Scuola Superiore per Scienze Applicate "Antonio Pacinotti"*.

32 On the formation of this *ex alumni* association, see Piras 1994.

33 Faedo 1994. For an overview of the fate of the alumni of the Law College in Pisa, see Mariuzzo 2010, p. 317–351.

not be our community based only on a temporary and accidental communion of life; but a necessity, a homeland.[34]

Despite the tragedy of fascism, racial persecution and the world war, the community experience had succeeded in building a human solidarity and fostered the civic commitment of its students, "beyond the curriculum", as already stressed in the first paragraph.

Moreover, Rosini's words echo the exchanges between former normalists in the fifties, when, beyond the different political opinions, the students of the *Scuola Normale*, now invested with responsibilities, agreed that in 1957 a law would be passed, which increased the state funding to the *Scuola Normale*, in fact allowing its survival to be put to the test continuously in the years after the Second World War. A central figure in that period was the former "normalista" and then President of the Republic Giovanni Gronchi.[35]

In that solidarity between former students of the *Scuola Normale* and vocational studies colleges is perhaps to be seen one of the legacies of that wider educational role that can be called liberal education and that many commentators have stressed how it is endangered by the race for excellence made of economic and research records.[36] An issue that should be adequately deepened, also reconstructing the events of the associations of the alumni of the few Italian colleges – not only from Pisa, but also from Pavia – and that perhaps it would allow to better investigate those attempts in favor of an alternative way to the Italian academic structure that has been mentioned several times.[37] Also thanks to the support network of those who held leading institutional roles and who had their roots in the youthful experience of collegial and university life in Pisa, the process that led to the establishment of the new *Scuola di Studi Universitari e di Perfezionamento* was much less bumpy than the previous attempt related only to the *Scuola Collegio Pacinotti*. And this despite the general climate of ferment that was recorded in the Italian academic world and, in particular, in Pisa, where in 1964 there were important student disorders, which affected both the *Scuola Normale* and the University.[38]

---

34 E. Rosini to G. Pieraccini (Orbetello March 19 March 1942) in Avalle 2015, p. 137; on this point see also very interesting observations in Moretti 2015, p. 5–29.

35 Carlucci 2012, p. 190–201.

36 See Anderson 2011, p. 77; also see Lewis 2006, XII; Delbanco 2012, esp. p. 150–177.

37 On the deep difference of the Italian ex alumni associations from the Anglo-Saxon model, see Moretti 2010, p. 36–37; on the *Scuola Normale* ex alumni associations after the Second World War, Carlucci 2012, esp. p. 214–222; esp. p. 294–295; on the Pavia colleges see, Arisi Rota 2017, passim. On the different importance of ex alumni associations in the American and British university history, Anderson 2015, p. 20.

38 Carlucci 2012; Breccia 2013.

After a short process, the bill establishing the *Scuola Superiori di Studi Universitari e di Perfezionamento* was approved in 1967.[39] Protagonist of the discussion that preceded the approval, was a character destined to mark the Italian educational policy, Luigi Berlinguer, at the time a young deputy of the Italian Communist Party (PCI).[40] Berlinguer's speech is important because it highlighted a central issue to understand the problems of liberal education, especially with regard to its implementation in Italy. Berlinguer raised an objection against the foundation of the new university institution in Pisa. This objection deserves to be reported in full because it condensed in itself questions of principle and considerations on the actual reality of the Italian university, always plagued by a chronic shortage of funds:

> We are not in favour of the idea and the policy of the right to study which tend to provide preferential conditions for certain students, even if they are worthy, as winners of difficult competitions, with the establishment of institutions which particularly, provide these students with very advantageous conditions of study.
> This system, it is well known, involves quite high costs, and, following the idea of the so-called English college, provides additional teachers to those already given by the University, for seminars, research and cultural integration.
> A policy of this kind, which is rightly aristocratic (and by this obviously I mean the one that leads to qualify certain advanced tips) with particularly suitable locations, with ad hoc teachers, libraries and special equipment, It would be reasonable if the ceiling on which the State's intervention in the field of care is based was very high. In fact, instead, a college policy that is directed at a very small minority, with very high individual costs, at this time, seems to us completely wrong and not liable.[41]

With the substantive objection confirmed, Berlinguer nevertheless admitted some "rare exceptions". Having made a brief reference to the colleges in Pavia, Berlinguer continued:

> It must be admitted that there are certain institutions which we are far from saying should be abolished. The Scuola Normale of Pisa, also for its great cultural, moral and political democratic traditions, is one of these. It is for these reasons that, in this case, and only in this case, we are in favour of an exception.[42]

---

39 Atti Parlamentari Camera. Legislatura IV, Commissione VIII, 20 gennaio 1967, 1349–1356.

40 https://www.luigiberlinguer.eu/biografia/ (last accessed 03.08.2022).

41 Atti Parlamentari Camera. Legislatura IV, Commissione VIII, 20 gennaio 1967, 1350. On the connection between the chronic lack of funds and the impossibility of the collegial system in the Italian University see Carlucci 2020.

42 Atti Parlamentari Camera. Legislatura IV, Commissione VIII, 20 January 1967, p. 1350.

Beyond the undoubted cultural weight exerted by the *Scuola Normale* in Italy over the years, its 'democratic tradition' came to the fore, a tradition partly invented in the aftermath of the Second World War, in particular by Luigi Russo, the director of the *Scuola Normale* from 1944 to 1948. It was, it must be said, a tradition mainly oriented towards the ideas of the "left", in particular that it expressed a closeness to the Communist Party. In this way, this "tradition" tended to obscure the variety and also the vitality of the political debate within the *Normale*.[43]

In conclusion, liberal education was expensive and not egalitarian. However, the communist Berlinguer made an exception for the *Scuola Normale*, whose democratic tradition justified its existence and, also, the State financial investment necessary to support the prestigious institution in Pisa. The *Scuola Normale* democratic tradition was then inextricably linked to the social and political commitment of many "normalisti" who, as we have seen, often also had the opportunity to apply their civil and political passion to high-profile institutional action. The link with "civic engagement" is a widespread and important theme in the reflections on liberal education.[44] In this way, the Italian model of the *Scuola Normale* and a classic feature of liberal education such as civic engagement came to intertwine. As for our narrative, the call to civic engagement fostered a general consensus towards the foundation of the new *Scuola di Studi Universitari e di Perfezionamento*, in which liberal education, in the sense outlined here so far, was explicitly applied to "vocational" studies, an outcome that would deserve some further research to outline the specificity of the Italian way to liberal education.[45]

Unpublished sources

1965–1966: Archivio Storico dell'Università di Pisa, Protocollo, a.a. 1965–66, Pos. 5313.

1965–1966: Archivio Storico dell'Università di Pisa, Protocollo, a.a. 1965–66, pos. 5322, Disegno di legge n. 1707 concernente l'istituzione in Pisa della Scuola Superiore per Scienze Applicate "Antonio Pacinotti".

Published Sources

1959: Atti Parlamentari Camera, Legislatura III, Documenti, Disegni di Legge e Relazioni, n. 1707, 16 novembre 1959, pp. 1–6.

43 Carlucci 2012, esp. 112–142.

44 A point of reference is Gless/Herrnestein Smith (eds) 1992.

45 The contrast between liberal education and vocational studies is a long term issue. For example see Kuklick 1992, p. 215; Oakley 1992, p. 278.

1962: Ministero della Pubblica Istruzione: Relazione sullo stato della Pubblica Istruzione in Italia presentata dal Ministro on. Luigi Gui ai sensi della legge 24 luglio 1962 n. 1073. Roma.

1941–42/1963–64: Convenzione tra l'Università, la Scuola Normale ed il Consorzio per la Istruzione Tecnica, per la istituzione della Scuola Collegio "Antonio Pacinotti". In Annuario della Scuola Normale Superiore, 5, pp. 119–22.

1967: Atti Parlamentari Camera, Legislatura IV, Commissione VIII, 20 gennaio 1967, pp. 1349–1356.

References

Anderson, Robert D. (2011): Elite formation and excellence in modern Britain, in: Annali della Scuola Normale Superiore di Pisa. Classe di Lettere e Filosofia. Il futuro di una tradizione: formazione d'eccellenza nell'Europa contemporanea, 3/1, pp. 71–80.

Anderson, Robert D. (2015): Il finanziamento delle Università britanniche. Una prospettiva storica, in: Memoria e Ricerca, 48, pp. 11–33.

Annali della Scuola Normale Superiore di Pisa (2011): Il futuro di una tradizione: formazione d'eccellenza nell'Europa contemporanea, Classe di Lettere e Filosofia, 3/1, pp. 5–102.

Arisi Rota, Arianna (ed.) (2017): Ghislieri 450. Un laboratorio d'intelligenze, Torino.

Avalle, Ginevra (ed.) (2015): Ritratto di una generazione. Il Collegio Mussolini come "Universitas personarum". Lettere a Giovanni Pieraccini (1937–1943), Manduria.

Breccia, Alessandro (2013): Le istituzioni universitarie e la rivolta. Alessandro Faedo e il caso pisano, in: Id. (ed.): Le istituzioni universitarie e il Sessantotto, Bologna, pp. 135–156.

Carlucci, Paola *et al.* (2010), La guerra e la Repubblica, in: Annali di storia delle università italiane, 14, pp. 71–95.

Carlucci, Paola (2012): Un'altra Università. La Scuola Normale Superiore dal crollo del fascismo al Sessantotto, Pisa.

Carlucci, Paola/Moretti, Silvia (2014): Le fonti orali per la storia delle università italiane. Il caso della Scuola Normale Superiore, in: Agostini, Giovanni/ Giorgi/ Andrea, Mineo, Leonardo (eds.): La memoria dell'Università. Le fonti orali per la storia dell'Università di Trento (1962–1972), Bologna, pp. 53–85.

Carlucci, Paola (2020): Modelli stranieri nel dibattito costituente sull'Università, in: Bonini, Francesco/Capperucci, Vera/Carlucci, Paola/Guerrieri, Sandro (eds.): La Costituente italiana. Un percorso europeo, Siena, pp. 285–301. https://edizioni.unistrasi.it/volume?id_sez=248 (last accessed 03/08/2022).

Carlucci, Paola/Moretti, Mauro (2021): The 'Scuola Normale Superiore' of Pisa: between the French Model and Autonomous Choices (1810–1923), in Casale, Rita/Windheuser, Jeanette/Ferrari, Monica/Morandi, Matteo (eds.): Kulturen der Lehrerbildung in der Sekundarstufe in Italien und Deutschland. Nationale Formate und 'cross culture', Bad Heilbrunn, pp. 33–50.

Clark, William (2006): Academic Charisma and the Origins of the Research University, Chicago-London.

Delbanco, Andrew (2012): College. What It Was, Is, and Should Be, Princeton-Oxford.

Dröscher, Arianna (1992), Die Auslandsstipendien der italienischen Regierung (1861–1894), in: Annali dell'Istituto storico italo-germanico di Trento, 25, pp. 545–569.

Faedo, Alessandro (1994): Quante battaglie a Roma mi costò la gioia di tenervi a battesimo 27 anni fa, in: Sant'Anna News, 3, pp. 18–20.

Gentile, Giovanni (1908/2015): La Scuola Normale Superiore di Pisa, Pisa.

Gless, Darryl J./Herrnstein Smith Barbara (eds.) (1992): The Politics of Liberal Education, Durham/London.

Karabel, Jerome (2005): The Chosen. The Hidden History of Admission and Exclusion at Harvard, Yale, and Princeton. Boston-New York.

Kuklick, Bruce (1992): The Emergence of the Humanities. In Gless, Darryl J./Herrnstein Smith, Barbara (eds.): The Politics of Liberal Education. Durham and London, pp. 201–212.

Lewis, Harry R. (2006): Excellence Without a Soul. How a Great University Forgot Education, New York.

Mariuzzo, Andrea (2010): Scuole di responsabilità. I "Collegi nazionali" nella Normale gentiliana (1932–1944), Pisa.

Mariuzzo, Andrea (2015): Mito e realtà d'oltreoceano. L'Italia e il modello accademico americano nel Novecento, in: Memoria e Ricerca, 48, pp. 71–84.

Mariuzzo, Andrea (2022): La lunga strada per il dottorato. Il dibattito sulla formazione alla ricerca in Italia dal 1923 al 1980, Bologna.

Menozzi, Daniele/Moretti, Mauro (eds.) (2011): La Scuola Normale Superiore di Pisa, in Annali di storia delle università italiane, 15.

Mondini, Marco (2010): Generazioni intellettuali. Storia sociale degli allievi della Scuola Normale Superiore di Pisa nel Novecento (1918–1946), Pisa.

Moretti, Mauro (1995): Una cattedra per chiara fama. Alcuni documenti sulla 'carriera' di Adolfo Venturi e sull' insegnamento universitario della storia dell' arte in Italia (1889–1901), in: Agosti, Giovanni (ed.): Incontri venturiani (22 gennaio, 11 giugno 1991), Pisa, pp. 41–99.

Moretti, Mauro (2001): I cadetti della scienza. Sul reclutamento dei docenti non ufficiali nell'università postunitaria, in: Porciani, Ilaria (ed.), Università e scienza nazionale, Napoli, pp. 151–203.

Moretti, Mauro (2004a), La Scuola Normale, in Coppini, Romano Paolo/Tosi, Alessandro/ Volpi, Alessandro (eds.): L'Università di Napoleone. La riforma del sapere a Pisa, Pisa, pp. 23–33.

Moretti, Mauro (2004b): L'amministrazione provinciale, l'Ateneo e le attività culturali. Materiali per una ricerca, in: Fasano, Guarini, Elena (ed.), La Provincia di Pisa (1865–1990), Bologna, pp. 671–746.

Moretti, Mauro (2008): La Normale di Pasquale Villari (1862–1865), in: Menozzi Daniele/ Rosa, Mario (eds.): La storia della Scuola Normale Superiore in una prospettiva comparata, Pisa, pp. 45–67.

Moretti, Mauro (2010): Sul governo delle università nell'Italia contemporanea, In Annali di storia delle università italiane, 14, pp. 11–40.

Moretti, Mauro (2011): Toscana, Italia, Europa: la Normale di Pisa e i modelli universitari fra Otto e Novecento, in: Annali della Scuola Normale Superiore di Pisa. Classe di Lettere e Filosofia 3/1 (2011), pp. 11–33.

Moretti, Mauro (2015): Prefazione, in: Avalle, Ginevra (ed.): Ritratto di una generazione. Il Collegio Mussolini come "Universitas personarum". Lettere a Giovanni Pieraccini (1937–1943). Manduria, pp. 5–29.

Moretti, Mauro (2018): Gli studi umanistici a Firenze fra l'Unità e la Grande Guerra, in Passato e presente, 36/104, pp. 153–164.

Neave, Guy (2013): On Meeting the Mass in Higher Education, in: History of University, 27 (1), pp. 170–198.

Oakley, Francis (1992): Against Nostalgia: Reflections on Our Present Discontents in American Higher Education, in Gless, Darryl J./Herrnstein Smith, Barbara (eds.): The Politics of Liberal Education, Durham and London, pp. 267–289.

Porciani, Ilaria/Tollebeek, Jo (eds.) (2012): Setting the Standards. Institutions, Networks and Communities of National Historiography, New York.

Piras, Antonio (1994), Verrucoli, il grande maestro che per primo ci chiamò a raccolta, in: Sant'Anna News, 3, p. 17.

Roth, Michael S. (2014): Beyond the University. Why Liberal Education matters, New Haven-London.

Settis, Salvatore (2004): Quale eccellenza? Intervista sulla Normale di Pisa, edited by Silvia Dell'Orso, Roma-Bari.

Tognon, Giuseppe (ed.) (2006): Una dote per il merito. Idee per la ricerca e l'università italiane, Bologna.

Villari, Pasquale (1865): R. Scuola Normale Superiore di Pisa. In Sulle condizioni della Pubblica Istruzione nel regno d'Italia. Relazione presentata al Ministro dal Consiglio superiore di Torino, Milano, pp. 112–127.

Villari, Pasquale (1991): La scuola e la questione sociale in Italia (1872), in Id: Le lettere meridionali ed altri scritti sulla questione sociale in Italia. Firenze (anastatic reprint of the 1878 edition), pp. 91–149.

Wittrock, Björn (2013), The Modern University in Its Historical Context: Rethinking Three Transformations, In: History of University, 27/1, pp. 199–226.

Zakaria, Fareed (2015): In Defense of a Liberal Education, New York-London.

Stefan Paulus

General Education

Bemühungen um eine Amerikanisierung der Universität nach 1945

1. US-amerikanische Reformvorstellungen in der unmittelbaren Nachkriegszeit (1946)

Die in den ersten Nachkriegsmonaten noch vagen Reformvorstellungen der amerikanischen Besatzungsmacht für das deutsche Hochschulwesen nahmen – abgesehen vom zentralen Aspekt einer konsequenten Entnazifizierung der Hochschullehrerschaft – gegen Herbst 1946 konkretere Formen an. Zwei, in einem unmittelbaren zeitlichen und inhaltlichen Zusammenhang stehende amerikanische Denkschriften verdeutlichen, wie aus Sicht der amerikanischen Hochschulexperten innerhalb der *Education and Religious Affairs Branch* (ERAB) eine reformierte deutsche Universität aussehen sollte. Beide Dokumente sind von grundlegender Bedeutung, da in diesen die gravierendsten Schwachstellen des deutschen Universitätswesens aus amerikanischer Sicht erstmals deutlich benannt und zugleich entsprechende Reformfelder definiert wurden.[1]

Das erste Memorandum stammt vom 11. September 1946 und wurde unter dem Titel *Some Ideas Concerning the Reform of the Universities* federführend von Fritz Karsen ausgearbeitet, dem deutschstämmigen Leiter der ERAB-Hochschulabteilung.[2] Die Grundbedingung für eine innere Erneuerung der deutschen Universitäten sahen Karsen und seine Mitarbeiter zunächst in der Beseitigung der in Deutschland vorherrschenden Elfenbeinturm-Mentalität und der hieraus resultierenden gesellschaftlichen Abschottung der Hochschulen. Obgleich es sich um staatliche und damit öffentliche Institutionen handle, seien diese ihrer gesellschaftlichen Verantwortung speziell während des Dritten Reichs nicht gerecht geworden. Die Universitäten hätten sich im Laufe der Zeit vielmehr zu unkontrollierten „states in the state" entwickelt, die zwar formal unter Staatsaufsicht stünden, faktisch jedoch ihre inneren Angelegenheiten weitgehend

1 Einige Abschnitte der folgenden Ausführungen gehen zurück auf Paulus 2010, S. 95–146; vgl. u. a. Defrance 2007, S. 35–46; Mälzer 2016, S. 23–36.

2 IfZ, OMGUS 5/299-3/29: Some Ideas Concerning the Reform of the Universities (11.9.1946). Zur Person und zum Werdegang Fritz Karsens vgl. Radde 1973.

autonom gestalteten.[3] Aus amerikanischer Perspektive hatte somit das Prinzip der akademischen Freiheit, eine gerade in den USA lange Zeit bewunderte deutsche Errungenschaft,[4] maßgeblich zur Entfremdung von Universität und Gesellschaft beigetragen und den Aufstieg der Nationalsozialisten mit ermöglicht. *German universities*, wie es diesbezüglich in dem wahrscheinlich im November 1946 verfassten zweiten Memorandum hieß,

> have always been proud of their so-called freedom of teaching and research and have considered the so called self-administration of the teaching body as a prerequisite. The self-administration worked out on such a way that the universities became close corporations which restricted access to their ranks like medieval gilds, so that even interference of the state which paid for the institutions was deeply resented. More and more they became states in the state, kept aloof from the needs of the community without any understanding of political realities, and could easily be swayed by high-sounding doctrines like those of the Nazis.[5]

Diese Einschätzung bildete die Basis, auf der die Reformvorschläge der beiden Memoranden vom September und November 1946 in Anlehnung an das amerikanische Hochschulsystem entwickelt wurden. Im Zentrum stand hierbei die Universitätsverfassung. Beide Denkschriften sahen vor, auch an den deutschen Universitäten ein aus möglichst allen gesellschaftlich relevanten Gruppierungen bestehendes Kuratorium einzurichten, um dadurch – ähnlich dem einflussreichen *Board of Trustees* einer amerikanischen Universität – nicht nur eine engere Verknüpfung von Hochschule und Öffentlichkeit herbeizuführen, sondern auch die Universitätsverwaltung auf eine breitere Basis zu stellen.[6] Zudem sollte das

---

3 IfZ, OMGUS 5/299-3/29: Some Ideas, S. 1: „In order to fulfil their function of service to the nation under the conditions of defeated Germany the universities have to give up their aristocratic ivory tower and their separation from public life. The following superstitions are made in this direction: 1. Though universities were state institutions, they were self-perpetuating and so to speak states in the state."

4 Zur Vorbildfunktion der deutschen Universität für die Entwicklung des amerikanischen Universitätswesens im Verlauf des 19. Jahrhunderts vgl. Paulus 2010, S. 35–66.

5 IfZ, OMGUS 5/308-1/11: Comments (o. Datum). Entsprechende Anhaltspunkte im Text (so die Erwähnung einer bereits abgehaltenen Sitzung des Länderrats am 4.11.1946 und einer Ende November 1946 noch bevorstehenden Rektorenkonferenz) sprechen dafür, dass dieses für die amerikanische Hochschulpolitik im besetzten Deutschland zentrale, allerdings undatierte und in den OMGUS-Aktenbeständen nicht vollständig wiedergegebene Dokument im November 1946 verfasst wurde.

6 Ebd.: „Administrative and advisory boards should be formed broadly representative of the main social groups, like commerce and industry, Trade Unions, science and art, teaching and student body, and the respective land governments in order to connect closely life with work of the universities and to adjust them to the changing needs of society."

traditionelle Rektorenamt in Anlehnung an das Amt des amerikanischen Universitätspräsidenten verändert werden. Die Entwicklung einer Universität, so der mit dieser Forderung verbundene Grundgedanke, könne nur dann nachhaltig beeinflusst werden, wenn die Universitätsspitze neben mehr Kompetenzen auch eine größere Kontinuität aufweise und nicht, wie in Deutschland bis dato üblich, lediglich auf ein Jahr beschränkt sei.[7] Auch die universitäre Binnenstruktur wurde in beiden Memoranden kritisiert. Die meisten der bestehenden Fakultäten, so die von amerikanischer Seite vertretene These, seien in der Vergangenheit durch das ständige Hinzutreten neuer Fächer und Subdisziplinen in Folge wissenschaftlicher Spezialisierung unübersichtlich und in ihren Verwaltungs- und Entscheidungsprozessen zu schwerfällig geworden. Diese Entwicklung habe nicht nur negative Konsequenzen für den alltäglichen Forschungs- und Lehrbetrieb mit sich gebracht, sondern letztlich auch zu einer fatalen Abschottung der Disziplinen untereinander geführt.[8] In diesem Zusammenhang müsse zudem der Lehr- und Studienbetrieb an den deutschen Universitäten reformiert werden: „There is no doubt in the minds of all foreign observers and in the minds of the more progressive German educators that the German universities need fundamental revision with respect to curriculum offerings and study procedures."[9] Als Gegenmodell wurde das amerikanische Studiensystem angeführt. Während amerikanische Studenten im Laufe ihres Studiums regelmäßigen Leistungskontrollen unterworfen seien, nehme im Gegensatz dazu die elitäre, unpersönliche und weitgehend auch unkontrollierte Form des Studiums in Deutschland kaum Rücksicht auf die tatsächlichen individuellen Fähigkeiten der Studenten. Zusätzlich verstärkt werde diese Problematik durch die mangelnden pädagogisch-didaktischen Fähigkeiten der deutschen Professoren, die in amerikanischen Augen zwar größtenteils als ausgezeichnete Wissenschaftler, nicht jedoch als gute akademische Lehrer bzw. Pädagogen galten.[10] Was die eigentlichen Lerninhalte bzw. das zu vermittelnde Curriculum anbetraf, wurde gemäß den amerikanischen *Undergraduate Studies* dezidiert eine Stärkung allgemeinbildender Aspekte im Sinne einer *General Education* empfohlen. So habe die in Deutschland besonders ausgeprägte fachliche Spezialisierung an den Universitäten und Hochschulen dazu beigetragen, die Studenten gegenüber politischen und gesellschaftlichen Entwicklungen zu desensibilisieren. Aus diesem Grunde müsse die Besatzungsbehörde gemeinsam mit den für Hochschulfragen zuständigen deutschen Stellen daraufhin arbeiten, „to establish some form of general education so lamentably lacking in the German universities".[11]

---

7 Ebd.

8 Ebd., S. 2.

9 Ebd.

10 Vgl. ebd.

11 Ebd.

2. *Heidelberger Rektorenkonferenz* (1946)

Zu einem ersten Meinungsaustausch über die in den beiden ERAB-Memoranden angesprochenen Reformaspekte kam es auf der „ersten regulären Rektorenkonferenz der amerikanischen Besatzungszone", die vom 25. bis 27. November 1946 in Heidelberg stattfand.[12] Neben den Rektoren und Vertretern der jeweiligen Kultusbehörden nahmen an der Konferenz auch zahlreiche Mitglieder der amerikanischen Besatzungsmacht wie R. Thomas Alexander sowie der bereits erwähnte Fritz Karsen teil.[13] Allerdings fiel die deutsche Reaktion auf die amerikanischen Reformvorschläge, insbesondere mit Blick auf die Hochschulverfassung und -verwaltung zurückhaltend bis offen ablehnend aus, da diese als der deutschen Universitätstradition wesensfremd betrachtet wurden.[14] Dagegen wurde die *General Education*-Idee von den Rektoren zumindest aufgegriffen. *Für die Hochschulen*, so die diesbezügliche Stellungnahme der Rektorenkonferenz,

> ist die allgemeine politische Erziehung der Studierenden eine besonders vordringliche Aufgabe. Die gegebenen Mittel sind vor allem entsprechende Vorlesungen. Die Hochschulen sollen jede Form politischer Diskussion in irgendwelchen Formen vom *forum academicum* und Erziehung zur Fairness im politischen Kampf fördern.[15]

3. *Paty-Cottrell-Report* (1947)

Wenige Monate nach der Heidelberger Rektorenkonferenz besuchten im Frühjahr 1947 die beiden amerikanischen Bildungsexperten Raymond R. Paty und Donald P. Cottrell sämtliche Universitäten in der amerikanischen Besatzungszone, um aktuelle hochschulpolitische Probleme gemeinsam mit den Leitungsspitzen, Professoren, Studenten und ERAB-Mitarbeitern zu diskutieren und entsprechende Reformvorschläge auszuarbeiten.[16] Ihr am 25. April 1947 unter dem Titel *Certain Problems in the Reorganisation of Higher Education in Germany* vorgelegter Abschlussbericht kann im Hinblick auf die hochschulpolitischen Reformvorstellungen

---

12 Das entsprechende Tagungsprotokoll findet sich abgedruckt bei Heinemann 1997, S. 88; Vgl. auch IfZ, OMGUS 5/308-1/11, Rektorenkonferenz zu Heidelberg vom 25. bis 27.11.1946, Protokoll der 1. Sitzung vom 25.11.1946 (nachmittags).

13 Zur Teilnehmerliste vgl. Heinemann 1997, S. 88 f.

14 IfZ, OMGUS 5/308-1/11, Rektorenkonferenz zu Heidelberg vom 25. bis 27.11.1946, Protokoll der 1. Sitzung vom 25.11.1946 (nachmittags), S. 3.

15 Rektorenkonferenz der amerikanischen Zone: Wiederherstellung der deutschen Universitäten (25.11.1946), in: Neuhaus 1961, S. 24.

16 Vgl. Tent 1982, S. 263; Müller 1997, S. 64 f.

der amerikanischen Besatzungsmacht zweifelsohne als eines der bedeutendsten Dokumente angesehen werden.[17] Zu Beginn ihrer Ausführungen verwiesen Paty und Cottrell zunächst auf die „große" deutsche Universitätstradition, um sogleich auf die folgenschwere Zäsur der Jahre 1933 bis 1945 und die hieraus resultierenden Chancen für einen universitären Neubeginn nach Kriegsende hinzuweisen:

> The German university has a long and distinguished tradition from which has sprung intellectual and scientific leadership of the highest order. That tradition has been broken and the continuity of the institutional structures that have carried it has also been interrupted. In such a situation lies a great opportunity for reconsideration of the adequacy of past instrumentalities and practices to the new social conditions of today.[18]

Die weitere Entwicklung des deutschen Universitätswesens verdiene demzufolge speziell unter dem Aspekt der Elitenbildung besondere Aufmerksamkeit:

> Nevertheless, it is of the highest strategic importance that the present generation of university students be accommodated. In all probability there are within this group a considerable number of those persons who will occupy within a comparatively few years important positions of public service. Certainly, many of the new university teaching and administrative personnel are now within the student group.[19]

Die hier thematisierte Heranziehung von Eliten für ein demokratisches Nachkriegsdeutschland verlieh der Frage nach einer richtungsweisenden Universitätsreform eine wichtige politische Dimension, da den deutschen Universitäten im Rahmen des Aufbaus und der Festigung eines künftigen demokratischen Staatswesens eine Schlüsselfunktion beigemessen wurde:

> Bold spirit should guide this effort in order to assure that the contribution of the university will certainly be a force for the establishment of democracy in Germany and for the resumption of the wider influence of the university in the intellectual world.[20]

In einem ersten Abschnitt widmet sich der Report, in Anlehnung an die von Karsen und seinem Team im Vorjahr erarbeiteten Memoranden, wiederum vor allem Fra-

---

17 IfZ, OMGUS 5/299-3/29: Raymond Paty/Donald Cottrell: Certain Problems in the Reorganization of Higher Education in Germany (25.4.1947).

18 Ebd., S. 1.

19 Ebd.

20 Ebd., S. 2.

gen der Universitätsorganisation und -verwaltung.[21] Der zweite Teil des Reports beschäftigt sich mit dem nach Ansicht seiner Verfasser damals vordringlichsten Problem der deutschen Universitäten, nämlich dem eklatanten Mangel an ausreichend qualifizierten Dozenten auf allen Rangebenen.[22] Dieser in den ersten Nachkriegsjahren vorherrschende Personalmangel war das Resultat einer Kombination von Ursachen, insbesondere der nationalsozialistischen Vertreibungspolitik, kriegsbedingter Verluste und den nach 1945 einsetzenden Entnazifizierungsmaßnahmen. Was schließlich die Frage einer Studienreform anbetraf, plädierten Paty und Cottrell gleichfalls für die Einführung regelmäßiger Leistungskontrollen.[23] Selbst im Hinblick auf die Zulassung zum Studium sollte der Zugang zu den Hochschulen nicht mehr allein durch das Abitur erfolgen, sondern zusätzlich vom Bestehen einer universitären Aufnahmeprüfung abhängig gemacht werden.[24] Gleichzeitig sprachen sich die beiden Bildungsexperten für eine weitreichende soziale Öffnung der Hochschulen aus, indem begabten Kindern aus sozial benachteiligten Familien der Besuch einer Hochschule durch entsprechende Stipendien zu ermöglichen sei.[25] Auch in diesem Punkt zeigt sich das intensive Bemühen der US-Besatzungsmacht um eine engere Verzahnung von Universität und Gesellschaft nach amerikanischem Muster. In dieselbe Richtung ging ferner die zentrale Forderung, das eigentliche Fachstudium durch allgemeinbildende Lehrveranstaltungen im Sinne der an damaligen amerikanischen Hochschulen praktizierten *General Education* zu ergänzen.[26] Die primäre Aufgabe solch vornehmlich politik- und sozialwissenschaftlich ausgerichteter Veranstaltungen sollte darin bestehen, unter den Studenten „a social and intellectual interest throughout the period of specialization" zu fördern.[27]

Insgesamt betrachtet ist die Bedeutung des Paty-Cottrell-Reports vor allem auf zwei Ebenen anzusiedeln: Einerseits markiert der Bericht einen deutlichen Kurswechsel in der amerika-nischen Haltung gegenüber den deutschen Universitäten. Während die meisten bisherigen bildungspolitischen Stellungnahmen und Empfehlungen, wie beispielsweise der sogenannte Zook-Report[28] vom Sommer 1946, in erster Linie auf eine Reform des deutschen Schulwesens abgezielt hatten, trat der universitäre Bereich durch den im Frühjahr 1947 erschienenen Paty-Cottrell-Report

21 Ebd., S. 1–3.
22 Ebd., S. 3 f.
23 Ebd., S. 10.
24 Ebd., S. 7.
25 Ebd., S. 8.
26 Ebd.
27 Ebd.
28 Zook Report: Department of State, Report of the United States Education Mission to Germany, Department of State Publications 2664, European Series 16, Washington D.C. 1946. Zur Bedeutung und zum Inhalt des Zook-Reports vgl. u. a. Heinemann 1987, S. 43; Lange-Quassowski 1981, S. 62; Müller 1997, S. 64; Füssl 1997, S. 11; Strunz 1999, S. 101–104.

nun ebenfalls ins Zentrum amerikanischer Reformplanungen und -initiativen. Gleichwohl muss in diesem Zusammenhang der Einschätzung Winfried Müllers gefolgt werden, der darauf hingewiesen hat, dass die bei Paty und Cottrell „enthaltenen Impulse für eine Universitätsreform [...] von der Besatzungsmacht zu keinem Zeitpunkt mit der nachgerade kulturkämpferischen Vehemenz vorgetragen [wurden], wie sie bei der Schulpolitik zu beobachten waren".[29] Tatsächlich belegt bereits der sprachliche Duktus des Berichts, dass es sich lediglich um Empfehlungen und nicht um konkret umzusetzende Bestimmungen oder gar Anordnungen handelte. Die Gründe für diese Zurückhaltung dürfen in dem Umstand gesehen werden, dass Hochschulwesen im Gegensatz zum schulischen Bereich das weitaus komplexere System darstellte. Hinzu trat ein bei einem Großteil der amerikanischen Bildungsexperten immer noch vorhandener Respekt vor den Grundprinzipien der deutschen Universitätsidee, die trotz aller offenkundigen Fehlentwicklungen besonders während des Dritten Reichs unter den akademischen Eliten in den USA immer noch hohes Ansehen genoss.[30] Andererseits verdient der Paty-Cottrell-Report deshalb besondere Beachtung, weil in diesem bereits dezidiert ein wichtiges Reformfeld wie das Thema *General Education* bzw. *studium generale* benannt wurde, das dann eineinhalb Jahre später in dem bis heute wohl prominentesten hochschulpolitischen Reformpapier der Besatzungszeit, dem sogenannten *Blauen Gutachten* vom Oktober 1948, besonderen Raum einnehmen sollte.[31]

4. *Marburger Hochschulgespräche* und *Blaues Gutachten* (1948)

Der besondere allgemeinbildende Erziehungsauftrag der deutschen Hochschulen war auch Bestandteil der dritten *Marburger Hochschulgespräche* vom Mai 1948, an der noch Bildungsexperten und Wissenschaftler aller vier Besatzungszonen teilnahmen.[32] In den in Marburg getroffenen Beschlüssen wurde deutlich gemacht, dass sich die Aufgabe der Hochschulen eben nicht allein auf die Bereiche Forschung und Lehre beschränken dürfe, sondern diese vor dem Hintergrund der fatalen Entwicklungen der jüngsten Vergangenheit die ihnen anvertraute Jugend während des Studiums zu mündigen Staatsbürgern erziehen müssten. Auch wenn der Begriff des *studium generale* so nicht fiel, wurde ganz in dessen Sinne angemahnt, dass auf die Allgemeinbildung der Studierenden zu achten sei:

---

29 Müller 1997, S. 64.

30 Vgl. IfZ, OMGUS 5/299-3/29: Raymond Paty /Donald Cottrell: Certain Problems in the Reorganization of Higher Education in Germany (25.4.1947), S. 1.

31 Zu diesem inhaltlichen Zusammenhang zwischen den beiden Dokumenten vgl. auch Müller 1997, S. 65.

32 Marburger Hochschulgespräche 1948, in: Neuhaus 1961, S. 261 f.

> Die Hochschule muss den sittlichen und religiösen Kräften Raum zur Entfaltung geben, die den Charakter im Geiste unserer abendländischen Tradition zu berufen sind. [...]. Die Fachbildung darf den Studenten nicht so stark in Anspruch nehmen, dass dieses Ziel in Frage gestellt wird.[33]

Einen ähnlichen Standpunkt vertrat zeitgleich ein von der damaligen britischen Militäradministration in ihrer Besatzungszone eingesetzter Studienausschuss, der im November 1948 das bereits erwähnte *Gutachten zur Hochschulreform vom Studienausschuss für Hochschulreform* vorlegte, wegen der Farbe seines Umschlags gemeinhin auch als *Blaues Gutachten* bezeichnet.[34] Mitglieder des Studienausschusses waren neben Wissenschaftlern aus Deutschland und England auch Vertreter von Kirchen, Gewerkschaften und Politik.[35] Das primäre Ziel des Gutachtens war es, konsequente Lehren aus der Mitverantwortung der Hochschulen an der Nazi-Herrschaft zu ziehen und entsprechende Vorschläge für eine nachhaltige Hochschulreform zu formulieren. Dies betraf, neben bereits bekannten Fragen der Hochschulverfassung und -struktur, auch das als problematisch erachtete Verhältnis des tertiären Bildungssektors zur Gesellschaft sowie den besonderen Erziehungsauftrag der Hochschulen. Diesbezüglich wurde – gemäß den am Konzept der angelsächsischen *General Education* orientierten Intentionen amerikanischer wie britischer Bildungsexperten – die Notwendigkeit einer fachübergreifenden, einem bloßen Spezialistentum entgegenwirkenden Allgemeinbildung hervorgehoben, der nicht nur eine implizit wissenschaftliche, sondern auch grundlegende gesellschaftliche Relevanz zugemessen wurde. Als Negativbeispiel diente der vermeintliche Prototyp des Wissenschaftlers im Nationalsozialismus, der sich – ohne einer wertebasierten Verantwortung gerecht zu werden – dem diktatorischen Hitler-Regime angedient, ja sich diesem buchstäblich ausgeliefert hatte. Als Konsequenz aus dieser Erfahrung, so die im *Blauen Gutachten* formulierte Forderung, dürften sich die Hochschulen künftig nicht mehr allein der Ausbildung hochspezialisierter Wissenschaftler verschreiben, sondern auch der Heranziehung charakterfester, verantwortungsbewusster und demokratisch gesinnter Staatsbürger.[36] Im Rahmen eines *studium generale* müssten vor allem Fächer wie Philosophie, Soziologie, Geschichte, Volkswirtschaft und Psychologie berücksichtigt werden, „um sich in besonderem Maße für die Gestaltung unserer Übergangszeit und für die Wahrung und Verbreitung der unveräußerlichen Güter der abendländischen Kultur verantwortlich zu fühlen".[37]

---

33 Ebd., S. 262.

34 Vgl. Studienausschuß für Hochschulreform 1948; Zur hochschulpolitischen Bedeutung des Blauen Gutachtens vgl. u. a. Lange 1998, S. 10–13.

35 Zu den Mitgliedern vgl. Studienausschuß für Hochschulreform 1948, S. 3 f.

36 Ebd., S. 77 f.

37 Ebd., S. 78.

Gleichwohl konzipierte der Studienausschuss für das in diesem Zusammenhang von ihm empfohlene *studium generale* keine wirklich konkreten oder gar verbindlichen Richtlinien, sondern verwies lediglich auf damals bereits bestehende Umsetzungsversuche an der Universität Göttingen und der Technischen Hochschule Berlin sowie auf die praktische Verknüpfung eines solchen allgemeinbildenden Grundstudiums mit sogenannten Kollegienhauslösungen in Tübingen und Heidelberg.[38] Beides, sowohl der *General Education*- wie auch der *College*-Gedanke, beruhten auf Anregungen angelsächsischer Bildungsexperten bzw. nahmen Bezug auf englische, aber auch amerikanische Modelle.[39]

5. *Kongress für studentische Gemeinschaftserziehung* und *Studium Generale* (1950)

Weiter diskutiert wurde diese Thematik unter Beteiligung zahlreicher Universitätsrektoren, Pädagogen und Leiter von Studentenwohnheimen vom 2. bis 3. Oktober 1950 im Rahmen des in Tübingen ausgerichteten *Kongresses für studentische Gemeinschaftserziehung und Studium Generale*. Der Kongress sah seine Hauptaufgabe darin, die gegen Ende der 1940er Jahre ins Stocken geratenen Bemühungen um eine „Universitätsreform neu zu beleben, indem nicht allgemeine Organisationspläne theoretisch diskutiert, sondern bestimmte schon bestehende konkrete Ansätze praktisch gefördert werden sollten".[40] Als Diskussionsgrundlage dienten wieder die Empfehlungen des *Blauen Gutachtens*, was sich auch auf personeller Ebene widerspiegelte. So handelte es sich beim Verfasser der 1950 erschienenen *Denkschrift über die Arbeiten und Ziele des Kongresses für studentische Gemeinschaftserziehung und Studium Generale* um den Göttinger Physiker Carl-Friedrich von Weizsäcker, der bereits als Mitglied des Hamburger *Studienausschusses für Hochschulreform* selbst maßgeblich an der inhaltlichen Ausarbeitung des *Blauen Gutachtens* beteiligt gewesen war.[41]

Besondere Aufmerksamkeit verdient die Tübinger Konferenz vor allem deshalb, weil sie das zu Beginn der 1950er Jahre vorherrschende Dilemma hinsichtlich des *Für* und *Wider* einer nachhaltigen Hochschulreform deutlich vor Augen führt. Gleich zu Beginn der Denkschrift wandte sich Weizsäcker – das *Blaue Gutachten* zitierend – „gegen die zu weit gehende Zufriedenheit mit der Hochschule, welche die Notwendigkeit einer tiefgehenden Reform leugnet, und gegen die zu weit gehende

38 Ebd., S. 79 f.

39 Vgl. Mälzer 2016, S. 36–38.

40 Denkschrift über die Arbeiten und Ziele des Kongresses für studentische Gemeinschaftserziehung und Studium Generale 1950, in: Neuhaus 1961, S. 369.

41 Vgl. Studienausschuß 1948, S. 4.

Unzufriedenheit, welche die Hochschule nicht organisch reformieren, sondern umstürzen oder gar ausschalten will".[42] Das Ziel der Tübinger Konferenz sollte also darin bestehen, einen gangbaren Weg zwischen diesen beiden Extrempositionen aufzuzeigen. Insgesamt standen drei Reformschwerpunkte auf der Tagesordnung, die sich wiederum im Kern auf anglo-amerikanische Anregungen der Besatzungszeit zurückführen lassen: Erstens die soziale Öffnung der Universitäten, zweitens die Förderung der studentischen Gemeinschaftserziehung und drittens die Einführung eines *studium generale*.[43]

Mit Blick auf die Einführung eines allgemeinbildenden *studium generale* lässt sich eine unmittelbare Anlehnung an die bereits 1946/47 von amerikanischer Seite formulierten Reformvorstellungen erkennen.[44] Wie schon angeführt wurde, hatte Karsen in seinem Memorandum vom 11. September 1946 gefordert, dass „courses in general education should be partly required, partly suggested".[45] Die mit dem Konzept der amerikanischen *General Education* verbundene Zielsetzung, ein Gegengewicht zum deutschen Spezialistentum und damit auch ein größeres Bewusstsein für allgemeingesellschaftliche Probleme innerhalb der angehenden deutschen Akademikerschaft zu bilden, wurde in Tübingen nicht nur inhaltlich, sondern auch wörtlich aufgegriffen. „Das Wort Studium Generale (general education)", wie es diesbezüglich in der Denkschrift hieß, „bezeichnet eine Ergänzung des Lehrplans, welche die Einengung des Studiums auf die Ausbildung bloßer Spezialisten beheben soll."[46] Allerdings sollte sich das *studium generale* nach den Vorstellungen der Tübinger Konferenzteilnehmer nicht allein im Rahmen von „Vorlesungen für Hörer aller Fakultäten" vollziehen. Vielmehr müsse auch außerhalb der Hörsäle ein Ort geschaffen werden, der allgemeinbildende und gemeinschaftsfördernde Funktionen miteinander verbinde: „Hierfür sind Häuser von College-Charakter besonders geeignet. Auch in den Unterrichtsgegenständen des Studium Generale kann dort alles, was zum sozialen Zusammenleben der Menschen gehört, besonders beachtet werden."[47]

---

42 Denkschrift über die Arbeiten und Ziele des Kongresses für studentische Gemeinschaftserziehung, S. 369 f.; Vgl. Studienausschuß 1948, S. 3.

43 Vgl. Denkschrift über die Arbeiten und Ziele des Kongresses für studentische Gemeinschaftserziehung, S. 370.

44 Zu diesem Themenkomplex vgl. Heinemann 1996.

45 IfZ, OMGUS 5/299-3/29: Paty/Cottrell: Ideas, S. 3.

46 Denkschrift über die Arbeiten und Ziele des Kongresses für studentische Gemeinschaftserziehung, S. 371.

47 Ebd.

6. Integration des College-Gedankens: *Tübinger Leibniz-Kolleg* (1948) und *Heidelberger Collegium Academicum* (1950)

Die Tübinger Denkschrift bezog sich in diesem Punkt konkret auf zwei, wenige Jahre zuvor ins Leben gerufene und bereits im *Blauen Gutachten* erwähnte Institutionen, die sich dezidiert am angelsächsischen College-Gedanken orientierten.[48] Konkret war bereits 1948 – gleichfalls in Tübingen – das Leibniz-Kolleg gegründet worden, in dem während eines voruniversitären Jahres, also noch vor Beginn des eigentlichen Studiums, rund 95 Jugendliche „von Professoren der Universität und von den Assistenten in einem Überblick mit dem Gesamtgebiet der Wissenschaften bekannt gemacht" wurden.[49] Als zweites Beispiel für die Integration des College-Gedankens in das deutsche Hochschulwesen bezog sich die Denkschrift auf das Collegium Academicum der Universität Heidelberg, in dem 1950 ungefähr 180 Studenten unter einem Dach zusammenlebten.[50] Gegründet 1945, „nachdem das Gebäude von der amerikanischen Militärregierung für die Einrichtung eines Studentenheimes im College-System freigegeben worden war,"[51] stand hier im Unterschied zum Leibniz-Kolleg nur die Idee einer Integration eines *studium generale*-Angebots, sondern in besonderer Weise auch das praktische Einüben demokratischer Verhaltensweisen im Vordergrund. Unter Aufsicht eines Professors, der gemeinsam mit seiner Familie ebenfalls im Heim wohnte, und flankiert von regelmäßig stattfindenden wissenschaftlichen Vorträgen bzw. Diskussionsabenden wurde das Collegium Academicum so weit wie möglich in studentischer Eigenregie verwaltet.[52] „Die Selbstverwaltung des Hauses", wie dementsprechend in der Tübinger Denkschrift hervorgehoben wurde, „ist für den Studenten gleichsam ein kleines Modell einer politischen Ordnung."[53]

Dieser immens gesellschaftspolitische Anspruch des *Collegium Academicum* als universitäre Institution war für die damalige Zeit durchaus außergewöhnlich. Einerseits galt es durch die Anlehnung an das angelsächsische *College*-System dem traditionellen studentischen Verbindungswesen eine ideologisch neutrale Alternative entgegenzustellen, andererseits sollte die Universität dadurch ihrer

---

48 Vgl. ebd., S. 371 ff.

49 Ebd., S. 372. Zur Geschichte des Tübinger Leibniz-Kollegs vgl. Das Leibniz-Kolleg der Universität Tübingen. Ein Erfahrungsbericht in Gemeinschaft mit Assistenten vorgelegt von Gerhard Krüger, Tübingen 1949; Behal/Baur 1998.

50 Vgl. Denkschrift über die Arbeiten und Ziele des Kongresses für studentische Gemeinschaftserziehung, S. 372 f. Zur Geschichte des Heidelberger *Collegium Academicum* vgl. Schweitzer 1967; Schneider 1983, S. 55–67; Steffens 1985, S. 381–410.

51 Schweitzer 1967, S. 28.

52 Vgl. Denkschrift über die Arbeiten und Ziele des Kongresses für studentische Gemeinschaftserziehung, S. 372 f.

53 Ebd., S. 373.

gesellschaftlichen Verantwortung gerecht werden und zu einer Demokratisierung künftiger Eliten beitragen. In diesem Zusammenhang darf selbstverständlich nicht außer Acht gelassen werden, dass die ersten Studentenjahrgänge noch überwiegend aus ehemaligen Kriegsteilnehmern bestanden. Gerade diesen, oftmals traumatisierten und in ihrer politischen Grundeinstellung verunsicherten Studenten sollte mit der Gründung des *Collegium Academicum* sowohl eine neue akademische als auch politische Perspektive eröffnet werden. Diese Zielsetzung betonte auch Hartmut Schweitzer, seit 1965 soziologischer Tutor des Collegiums, in seiner 1967 erschienenen Dissertation zur Entwicklungsgeschichte dieser Institution: „Man wollte die Studenten führen, ihnen helfen, die seelischen Wunden besser verheilen zu lassen, und ihnen neue Aufgaben und Ideale vermitteln."[54]

Der in Tübingen unter Hinweis auf das *Collegium Academicum* und das *Leibniz-Kolleg* favorisierte *College*-Gedanke in Kombination mit einem *studium generale* stieß interessanterweise auch bei der 1949 gegründeten Westdeutschen Rektorenkonferenz (WRK) auf positive Resonanz. Am 30. Juli 1951 sprach sich die WRK sogar dezidiert für einen weiteren Ausbau des *studium generale* aus, mit deutlicher Präferenz für das Modell der nach angelsächsischem Vorbild gestalteten Kollegienhäuser in Heidelberg und Tübingen:

> Die Westdeutsche Rektorenkonferenz in Köln hat sich eingehend mit verschiedenen Plänen und Versuchen beschäftigt, die unter dem Namen ‚Studium Generale' einen wesentlichen Teil unserer Arbeit an der Hochschulreform darstellt. [...]. Ganz besonders günstig sowohl zur Förderung wissenschaftlicher Bildung, wie zur Einübung in staatsbürgerliche Verantwortlichkeiten erscheinen akademische Kollegien. Nach den bisherigen Erfahrungen kann man sich von ihnen eine wesentliche Bereicherung akademischer Lehr- und Lebensformen überhaupt versprechen. Die Rektorenkonferenz empfiehlt daher dringlich, die Begründung oder den Ausbau solcher Kollegien.[55]

7. *Weilburger Arbeitstagungen* (1951)

Weiter vertieft wurde das Thema *studium generale* einen Monat nach der gerade zitierten WRK-Erklärung im Rahmen zweier aufeinanderfolgender, jeweils vierzehntägiger *Arbeitstagungen in Weilburg an der Lahn* (30.8.–1.9.1951 sowie vom

---

54 Schweitzer 1967, S. 28; Rückblickend darf es als eine Ironie der Geschichte betrachtet werden, dass das *Collegium Academicum* gerade wegen seiner seit 1968/69 zunehmend ins vermeintlich Radikale abgeglittenen Form der Politisierung auf Anordnung des Heidelberger Rektors und unter Einsatz von Polizeikräften im Frühjahr 1978 aufgelöst wurde. Vgl. hierzu Steffens 1985, S. 392–403.

55 Westdeutsche Rektorenkonferenz: Studium Generale (30.7.1951), in: Neuhaus 1961, S. 44.

3.9.–15.9.1951), an der neben 70 deutschen auch zahlreiche amerikanische, britische und französische Hochschullehrer und Bildungsexperten teilnahmen.[56] Dass zu diesem Zeitpunkt immer noch vorhandene amerikanische Interesse an Fragen der Hochschulreform zeigt sich daran, dass die amerikanische Hohe Kommission (HICOG) nicht nur als offizieller Gastgeber der Weilburger Arbeitstagungen fungierte, sondern beide Treffen zudem von einem deutsch-amerikanischen Komitee geleitet wurden.[57]

Über die grundlegende Bedeutung eines dem eigentlichen Fachstudium vorausgehenden bzw. begleitenden *studium generale* waren sich die Weilburger Konferenzteilnehmer einig. Im Arbeitsbericht hieß es hierzu:

> Das Studium Generale ist aufzufassen als der Gedanke der Erneuerung der Universität selbst. Das Wesen der Universität wird hier nicht gesehen in ihrer Funktion der Erziehung von Fachleuten und Fachgelehrten, d. h. überhaupt in der Vermittlung von Wissenswertem und Wissensnotwendigem. Ihre eigentümliche Aufgabe bestimmt sich vielmehr als die im Erkenntnisprozeß beabsichtigte und faktisch geschehene Ergriffenheit des ganzen Menschen, die zu einer Umwandlung desselben und damit zur Bildung der Persönlichkeit führt.[58]

Wie ein Jahr zuvor auf dem Tübinger Kongress für Gemeinschaftserziehung stand auch in Weilburg die künftige Form des studentischen Gemeinschaftslebens im Zentrum der Beratungen. Differenziert wurde dabei zwischen einfachen „Wohnheimen", die den Studenten ohne pädagogische Intention lediglich günstigen Wohnraum zur Verfügung stellen sollten, und sogenannten „Gemeinschaftshäusern" im Sinne der Heidelberger bzw. Tübinger Institutionen. Mit Blick auf die geplante Einführung eines *studium generale*, darüber bestand ebenfalls Konsens, seien jedoch lediglich Letztere wirklich geeignet.[59] „Jedes dieser Häuser", so der Historiker Walter Peter Fuchs in seinem Weilburger Referat, „stellt ein demokratisches Staatswesen *en miniature* dar, in dem die Gesetze und Verfahrensweisen der Demokratie täglich und stündlich geübt werden können."[60]

Die sinnvolle Anlehnung der Gemeinschaftshäuser an das Vorbild des angelsächsischen College, als die hierfür geeignetste Organisationsform, unterstrich in seinen Ausführungen auch der damals an der neu gegründeten Freien Universität Berlin lehrende Germanist Walther Killy. Zwar machte Killy deutlich, dass die

56 Vgl. Tenbruck/Treue 1952; siehe hierzu auch den entsprechenden Teilabdruck der Weilburger Arbeitsberichte in Neuhaus 1961, S. 387–397.

57 Vgl. Tenbruck/Treue 1952, S. 7 f.; vgl. ebd. S. 16–19.

58 Ebd., S. 19.

59 Vgl. S. 30 f.

60 Ebd., S. 31.

Bezeichnung „College“ wegen dessen andersartiger Funktion im amerikanischen wie englischen Universitätssystem im deutschen Kontext durchaus irreführend sei, das Wort aber dennoch beibehalten werden solle, „weil es am ehesten diejenigen Einrichtungen bezeichnet, die im gemeinsamen Wohnen, Leben und Arbeiten Dozenten und Studenten zusammenführen“.[61] Gerade die Tübinger und Heidelberger Erfahrungen mit dem College-Gedanken hätten deutlich gezeigt, so der Berliner Germanist weiter, dass derartige Einrichtungen auch „in einer der Bedingungen der deutschen Universität angemessenen Weise möglich [seien]“.[62]

Die Bedeutung, die im Rahmen der Weilburger Arbeitstagungen den universitären Verhältnissen in England und in ganz besonderem Maße in den Vereinigten Staaten beigemessen wurde, veranschaulichen auch die Vorträge dreier britischer und vier amerikanischer Professoren, die über anglo-amerikanische Erfahrungen mit dem *studium generale* berichteten.[63] Speziell die amerikanischen Referenten machten deutlich, dass *General Education* in den USA nicht allein als ein Instrument der Allgemeinbildung, sondern dezidiert auch als Ausdruck der amerikanischen Demokratie verstanden werde:

> In den Vereinigten Staaten sehen wir das Studium Generale als denjenigen Teil der Gesamtausbildung an, der, im Unterschied zur Spezial- und Berufsausbildung, bei den Studenten vorzüglich solche Fähigkeiten und Werte, dasjenige Verständnis und diejenige Haltung zu entwickeln versucht, die es ihm ermöglichen, ein wirklicher und verantwortlicher Staatsbürger zu werden und gleichzeitig ein volles und sinnvolles Dasein in einer freien Gesellschaft zu führen.[64]

Folgt man diesem Verständnis, dann war mit dem *General Education*-Modell in den USA ein demokratie- und gesellschaftspolitischer Anspruch verbunden, der nun nach 1945, nicht zuletzt dank der Vermittlung amerikanischer Bildungsexperten in ähnlicher Form auch von deutscher Seite diskutiert und partiell übernommen wurde.[65]

61 Ebd., S. 34.

62 Ebd.

63 Vgl. ebd., S. 109–144.

64 Ebd., S. 116.

65 Vgl. hierzu Carl Friedrich von Weizsäckers Ausführungen in der Denkschrift über die Arbeiten und Ziele des Kongresses für studentische Gemeinschaftserziehung und Studium Generale (1950), in: Neuhaus 1961, S. 371; vgl. Tenbruck/Treue 1952, S. 46 f.

8. *Hinterzartener Arbeitstagungen* (1952)

Eine zentrale Rolle spielte das Thema *studium generale* auch auf den beiden kurz hintereinander folgenden *Hinterzartener Arbeitstagungen* vom August 1952 (Hinterzarten I).[66] Ähnlich wie die Weilburger Konferenzen gingen auch diese Zusammenkünfte auf eine gemeinsame deutsch-amerikanische Initiative zurück.[67] Gegen Ende 1951 hatte die WRK und der ein Jahr zuvor gegründete Hochschulverband eine beratende Kommission für Hochschulreformfragen angeregt, deren Leitung im Frühjahr 1952 dem Freiburger Historiker Gerd Tellenbach übertragen worden war. *In der gleichen Zeit*, so Tellenbach,

> machte namens der amerikanischen Hohen Kommission Mr. [Julius J.] Oppenheimer [der als HICOG-University Advisor bereits an der Ausrichtung der Weilburger Arbeitstagungen federführend beteiligt gewesen war, S.P.] den Vorschlag einer Hochschultagung im Sommer 1952. Er bot großzügige Hilfe bei der Finanzierung an; aber diese Tagung solle, anders als die bekannten, vorher von Mr. Oppenheimer veranstalteten Tagungen über das Studium Generale, ausdrücklich unter deutscher Leitung und in deutscher Verantwortung stattfinden.[68]

Insgesamt nahmen rund 150 Personen an den beiden Hinterzartener Arbeitstagungen teil, die unter dem Motto *Probleme der deutschen Hochschulen* standen. Nach der Intention der Organisatoren sollten die Beratungen nicht nur auf die Krise der Hochschulen als solche, sondern auch auf die mit den bisherigen Reformbemühungen verbundenen Schwierigkeiten hinweisen. Diese Zielsetzung verdeutlicht ein neues Problembewusstsein in der Hochschulfrage. Auf Seiten der WRK und des Hochschulverbandes hatte sich offenkundig die Erkenntnis durchgesetzt, dass der nach 1945 zunächst eingeschlagene Weg der Rückbesinnung mit Blick auf die aktuellen und künftigen Anforderungen an die deutschen Hochschulen nicht mehr lageadäquat war:

> Die entscheidenden veränderten und hochgesteigerten Ansprüche, die also in Forschung und Lehre an die Hochschulen gestellt werden müssen, vermögen diese jedenfalls in

66 Vgl. Tellenbach 1952; im Folgenden beziehe ich mich auf den entsprechenden Abdruck bei Neuhaus 1961, S. 400–433.

67 Vgl. ebd., S. 629 f., Anm. 26: „Die Hinterzartener Arbeitstagungen wurden veranlaßt durch die voneinander unabhängigen Bestrebungen der Westdeutschen Rektorenkonferenz und des Hochschulverbandes einerseits, der amerikanischen Hohen Kommission andererseits."

68 Tellenbach 1952, S. 1.

ihrer derzeitigen sachlichen und personellen Ausstattung und mit den gegenwärtigen Methoden ihrer Selbstverwaltung nicht zu erfüllen.[69]

9. Fazit

Wie lässt sich der amerikanische Einfluss auf den westdeutschen Hochschulreformdiskurs im ersten Nachkriegsjahrzehnt abschließend bewerten? Insgesamt betrachtet war für diesen Zeitraum das Spannungsverhältnis zwischen restaurativen und reformorientierten Kräften bestimmend. Zunächst blieb der gegen Ende der 1940er Jahre auf deutscher Seite sichtbar gewordene Wille dominant, an die vermeintlich unbelastete Universitätstradition der Zwischenkriegszeit anzuknüpfen. Allerdings konnte die Analyse der oben skizzierten Konferenzen, Tagungen und Beschlüsse verdeutlichen, dass entgegen aller restaurativen Grundtendenz einzelne Reformaspekte amerikanischer Provenienz den Reformdiskurs durchaus mitbestimmten. Hierzu zählten vor allem die Frage nach Einführung eines *studium generale* und des College-Systems, der Auf- und Ausbau demokratiepolitisch relevanter Disziplinen wie der Sozial-, Politik- und Amerikawissenschaft sowie die soziale Öffnung der Hochschulen. Das besondere amerikanische Interesse an diesen Fragen zeigte sich gerade während der HICOG-Periode bis 1955 auch darin, dass wichtige Hochschulkonferenzen der frühen fünfziger Jahre, wie beispielsweise die *Weilburger Arbeitstagungen* (1950) oder die *Konferenz von Hinterzarten* (1952), unter maßgeblicher organisatorischer, personeller und finanzieller Beteiligung der amerikanischen Hohen Kommission stattfanden.[70]

Ungedruckte Quellen

München, Archiv des Instituts für Zeitgeschichte (IfZ)

OMGUS (Office of Military Government for Germany United States)

5/299-3/29: Some Ideas Concerning the Reform of the Universities (11.9.1946).

5/308-1/11: Comments (o. Datum).

5/308-1/11: Rektorenkonferenz zu Heidelberg vom 25. bis 27.11.1946, Protokoll der 1. Sitzung vom 25.11.1946

5/299-3/29: Paty, Raymond/Cottrell, Donald: Certain Problems in the Reorganization of Higher Education in Germany (25.4.1947).

69 Ebd., S. 3.

70 Vgl. Paulus 2010, S. 147–156.

Literaturverzeichnis

Behal Michael/Baur, Nina (1998): Studium generale, studium sociale: Das Leibniz-Kolleg 1948–1998, Tübingen.

Carpenter, Marjorie (1952): Studium Generale (General Education) in Amerika, in: Tenbruck, Friedrich/Treue, Wilhelm: Studium generale. Bericht über zwei Weilburger Arbeitstagungen. 30. August bis 1. September und 3. bis 15. September 1951, o.O., S. 116–119.

Defrance, Corine (2007): Die Westalliierten als Hochschulreformatoren (1945–1949). Ein Vergleich, in: Franzmann, Andreas/Wolbring, Barbara (Hg.): Zwischen Idee und Zweckorientierung. Vorbilder und Motive von Hochschulreformen seit 1945, Berlin, S. 35–46.

Fuchs, Walter Peter (1952): Studentische Gemeinschaften. Zum Thema, in: Tenbruck, Friedrich/Treue, Wilhelm: Studium generale. Bericht über zwei Weilburger Arbeitstagungen. 30. August bis 1. September und 3. bis 15. September 1951, o.O., S. 30–34.

Füssl, Karl-Heinz (1997): Restauration und Neubeginn. Gesellschaftliche, kulturelle und reformpädagogische Ziele der amerikanischen „Reeducation“-Politik nach 1945, in: Aus Politik und Zeitgeschichte 6, S. 3–14.

Heinemann, Manfred (1987): Bildung und Wissenschaft im Rahmen der Kultur- und Sicherheitspolitik der Westalliierten. Erfahrungen der Nachkriegszeit, in: Knipping, Franz/LeRider, Jacques (Hg.): Frankreichs Kulturpolitik in Deutschland 1945–1950. Ein Tübinger Symposium, 19. und 20.9.1985, Tübingen, S. 35–53.

Heinemann, Manfred (1996): Vom „Studium Generale“ zur Hochschulreform. Die „Oberaudorfer Gespräche“ als Forum gewerkschaftlicher Hochschulpolitik 1950–1968, Berlin.

Heinemann, Manfred (1997): Süddeutsche Hochschulkonferenzen 1945–1949, Göttingen, S. 88–121.

Killy, Walther (1952): Das College, in: Tenbruck, Friedrich/Treue, Wilhelm: Studium generale. Bericht über zwei Weilburger Arbeitstagungen. 30. August bis 1. September und 3. bis 15. September 1951, o.O., S. 34–37.

Krüger, Gerhard (1949): Das Leibniz-Kolleg der Universität Tübingen. Ein Erfahrungsbericht in Gemeinschaft mit Assistenten des Instituts, Tübingen.

Lange, Gunter (1998): Magna Charta der Reform: 50 Jahre „Blaues Gutachten“, in: DUZ. Das unabhängige Universitätsmagazin 54 H. 23, S. 10–13.

Lange-Quassowski, Jutta B. (1981): Amerikanische Westintegrationspolitik, Re-education und deutsche Schulpolitik, in: Heinemann, Manfred: Umerziehung und Wiederaufbau. Die Bildungspolitik der Besatzungsmächte in Deutschland und Österreich, Stuttgart, S. 53–67.

Mälzer, Moritz (2016): Auf der Suche nach der neuen Universität. Die Entstehung der „Reformuniversitäten“ Konstanz und Bielefeld in den 1960er Jahren, Göttingen, S. 23–38.

Müller, Winfried (1997): Die Universitäten München, Würzburg und Erlangen nach 1945. Zur Hochschulpolitik in der amerikanischen Besatzungszone, in: Lanzinner, Maximilian/Henker, Michael (Hg.): Landesgeschichte und Zeitgeschichte. Forschungsperspektiven zur Geschichte Bayerns nach 1945, Augsburg, S. 53–87.

Neuhaus, Rolf (Bearb.) (1961): Dokumente zur Hochschulreform 1945–1959, Wiesbaden.
Oppenheimer, Julius J. (1952): Die Notwendigkeit des Studium Generale in der heutigen Welt, in: Tenbruck, Friedrich/Treue, Wilhelm: Studium generale. Bericht über zwei Weilburger Arbeitstagungen. 30. August bis 1. September und 3. bis 15. September 1951, o.O., S. 16–19.
Paulus, Stefan (2010): Vorbild USA? Amerikanisierung von Universität und Wissenschaft in Westdeutschland 1945–1976, München, S. 33–156.
Radde, Gerd (1973): Fritz Karsen. Ein Berliner Schulreformer der Weimarer Zeit, Berlin.
Schneider, Ullrich (1983): Hochschulreform, Studium Generale und das Collegium Academicum Heidelberg, in: Bildung und Erziehung 36, S. 55–67.
Schwartz, Otto (Hg.) (1953): Probleme der deutschen Hochschulen. Die Empfehlungen der Hinterzartener Arbeitstagungen im August 1952 (Schriften des Hochschulverbandes 3), Göttingen.
Schweitzer, Hartmut (1967): Kollegienhaus in der Krise. Bericht über das Experiment einer neuen studentischen Gemeinschaftsform. Eine Analyse des Collegium Academicum der Universität Heidelberg, Heidelberg.
Steffens, Gerd (1985): Collegium Academicum 1945–1978. Zur Lebensgeschichte eines ungeliebten Kindes der Alma Mater Heidelbergensis, in: Buslmeier, Karin/Harth, Dietrich/Jansen, Christian (Hg.): Auch eine Geschichte der Universität Heidelberg, Mannheim, S. 381–410.
Strunz, Giesela (1999): American Studies oder Amerikanistik? Die deutsche Amerikawissenschaft und die Hoffnung auf Erneuerung der Hochschulen und der politischen Kultur nach 1945, Opladen, S. 101–104.
Studienausschuß für Hochschulreform (1948): Gutachten zur Hochschulreform, Hamburg (‚Blaues Gutachten‘).
Tellenbach, Gerd (1952): Probleme der deutschen Hochschulen. Über die Hinterzartener Arbeitstagungen im August 1952, in: Mitteilungen des Hochschulverbandes 8, S. 1–6.
Tenbruck, Friedrich/Treue, Wilhelm (1952): Studium generale. Bericht über zwei Weilburger Arbeitstagungen. 30. August bis 1. September und 3. bis 15. September 1951, o.O.
Tent, James F. (1982): Mission on the Rhine. Reeducation and Denazification in American-occupied Germany, Chicago.
Zook, George F. (1946): Der gegenwärtige Stand der Erziehung in Deutschland. Bericht der amerikanischen Erziehungskommission, München (= Veröffentlichung der deutschen Pädagogischen Arbeitsstelle Nr. 1)

David Phillips

The British and Reform Proposals for the German Universities, 1945–1948

1. The British View of the German University

No lasting reform of the universities ... is likely to come about on the sole initiative of the universities themselves.[1]

This unpromising judgement on the ability of German universities to reform was at the forefront of a report written by a group of eminent British university teachers after an officially sanctioned visit to the British Zone of occupied Germany in the first half of January 1947. Their verdict on what needed to be done to restore higher education in Germany to its former high standing was based on a profound understanding of the development of higher education in Germany since the time when the German university provided a model that was much admired and envied in England and elsewhere in Europe and beyond.

The distinguished poet, man of letters, and school inspector Matthew Arnold had encapsulated in one sentence what it was that attracted attention to the German concept of the university in the nineteenth century: 'The French university has no liberty, and the English universities have no science; the German universities have both'.[2] That was the crux of the attraction: unimpeded freedom to pursue scholarship *(Lehr- und Lernfreiheit)* and the symbiosis of teaching and research *(Lehre und Forschung)*. Up until 1826, England had had only the Universities of Oxford and Cambridge, and during much of the nineteenth century they remained relatively sleepy institutions, with a dry focus on theology and classics. But the German university had developed apace: it was the model for the modern university and students from Europe and the United States strove to spend time sitting at the feet of a leading German professor to soak up the latest thinking in the sciences and the arts. And in Great Britain there was considerable enthusiasm for what had been achieved in Germany in education generally, and not least in higher education.[3]

1 AUT Report 1947, p. 203–222.

2 Arnold 1868, p. 232.

3 For a historical account of the attractiveness of German education to British observers, see Phillips 2011.

But while there was enthusiasm for the German idea of a university – especially in its Humboldtian humanistic concept, but also in its embrace of new technologies – there was concern about the too close relationship with the state and about the political acquiescence of the professoriate, from the time of the 1848 'parliament of professors', through pre-First World War support for militarism, to the fatal distortion of the model under the National Socialists. How did it come about that so many qualified academics – Heidegger among them – could contribute specious sycophantic text and put their names in such numbers to something as obnoxious as the 1933 vote of allegiance to Hitler, the *Bekenntnis der Professoren und der deutschen Universitäten zu Adolf Hitler?*

In an account of higher education in Nazi Germany, a philosophy professor at the London School of Economics concluded that the problems were deep-seated, and that their solution would be urgent, given the fact that Germans would "resort to every device to mitigate the conditions that will be imposed on them by the victorious Allied Nations":

> For a long time Germany was regarded by many as the best-educated country in the world. Yet the Germans as a whole have easily surpassed the Huns in every form of crime. Evidently the 'humanities' has not made them humane; the pursuit of science has not made them impartial and objective; and the cultivation of philosophy has not taught them to take things philosophically – to see things *sub specie aeternitatis*. Perhaps all this is not so surprising, when it is remembered that education is commonly identified with knowledge, and that knowledge is for the most part treated as an instrument. [...] But it is unfortunately a fact that knowledge does not of itself improve character or impart any genuine wisdom in life. And any system of education that confines itself entirely to imparting knowledge, without attempting to cultivate wisdom, must needs fall short of the highest aim of a good education.[4]

And so an interpretation of *Wissenschaft* that prized knowledge for its own sake was seen as a major criticism. In addition the professoriate was criticised for a fatal lack of *Zivilcourage*. Robert Birley, Educational Adviser to the Military Governor of the British Zone, was once challenged by the philosopher Nikolai Hartmann with the remark "You seem to think that all the Professors at Göttingen were Nazis", to which Birley responded: "The charge against the Professors at Göttingen is something quite different. It is that they were quite ready to accept a régime, the whole policy of which they knew to be founded on academic nonsense". Hartmann apparently

4 Wolf 1944. Born in Russia, Abraham Wolf (1876–1948) was Professor of Logic and Scientific Method at the London School of Economics.

replied: "To that charge. Mr Birley, we have no answer".[5] Here are the beginnings of a series of arguments that would emerge during the Occupation in favour of a *studium generale.*

2. Wartime Planning for Education in the British Zone

In the extensive wartime planning in London for what would need to take place once Germany was defeated there was an assumption that some kind of German government would be in place: the eventual determination that there would be an 'unconditional surrender' caused a rapid rethinking of the scale of responsibilities that the Allies would face in an occupied Germany. Even so, it was anticipated – until a very late stage – that some kind of German administrative structure would be in place to facilitate the implementation of policy. In the event, the occupying forces found a *tabula rasa* as far as regional or local government structure was concerned. At the 'fighting-in' stage from the autumn of 1944 occupying forces had perforce to identify German civilians willing as an emergency measure to assume the role of mayor or to be appointed to other official posts in local government. The British military formed 'detachments' that could assume control of civilian affairs in localities of various sizes, and so the first individuals responsible for educational matters were army officers who were mostly not trained for the particular tasks in hand. Eventually qualified officers were found who could be sent to Germany with the specific brief to control the opening of schools and universities and to supervise the work of newly appointed German officials. In the early months these British officers had little guidance from the highest authorities and so had to feel their way in Germany, relying on pragmatic solutions to immediate problems. Their main concern was physical reconstruction: identifying usable buildings, replacing shattered glass, providing basic furniture and equipment, and not least finding teaching staff. They were impeded by strict non-fraternisation rules and by the rigours of the denazification processes that had to be put in place.

Each university or university-equivalent institution had assigned to it a British university control officer who oversaw its reopening and ensured that denazification procedures were adhered to, that student admissions were properly managed, and that buildings and equipment were made available. The individuals in these posts were extraordinarily young: among those I was able to contact in the early 1980s the average age on being sent to Germany to take responsibility for a university was 35 (the youngest was 32). For the *Rektoren* of the institutions concerned to be answerable to these young people was quite a facer for them. Almost without

5 Birley 1978, p. 55.

exception the university officers could speak fluent German and knew the country well. Members of Education Branch of the Control Commission (British Element) were generally highly regarded, but those in charge of universities were egregiously competent and respected representatives of the occupying power who did much to promote an atmosphere of forward-looking potential rather than recrimination for the past.

Educational policy for the Zone came to consist of three fundamental strands: denazification, re-education, and democratisation. The key text which was to guide those charged with implementation was that contained in the Potsdam Agreement of August 1945: "German education shall be so controlled as completely to eliminate Nazi and militarist doctrines and to make possible the successful development of democratic ideas."[6]

Three categories indicating degree of involvement with the *Nationalsozialistische Deutsche Arbeiterpartei* (NSDAP) had been established during wartime planning. These were the 'white', 'grey', and 'black' lists. The 'grey list' ('persons against whom there are reasonable positive grounds of suspicion') included all university professors, directors of institutes and *Kuratoren* appointed to their official posts under the National Socialist regime. The day-to-day procedures for denazification were conducted by means of a questionnaire, known among the occupying forces simply as the *Fragebogen*, which all those seeking employment were required to complete. The whole process was fraught with problems, not least because initially it was in the hands of British personnel (seconded police officers) without the necessary language skills and background knowledge.

'Re-education' was equally problematic. There is something fundamentally objectionable in the very notion of being 're-educated', and this was especially so in the case of the established German professoriate. It was a concept disliked by members of the British Education Branch of the Control Commission. The first post-war (1945–1949) *Rektor* of the University of Cologne, Joseph Kroll, dismissed in retrospect and in egregiously arrogant fashion the idea of 're-educating' the German people. He recalled in 1967:

> Die Re-education war ein törichtes Programm, in der eine komische Anmaßung der Sieger steckte. Den Nationalsozialismus mit seinen verstiegenen Ideologien trieben die Deutschen mit allem Eifer sich selbst aus. Nach dem entsetzlichen Ende des Krieges brauchten die Deutschen dazu keinen Helfer, der Nationalsozialismus hatte sich selbst umgebracht. Von den wirren Ideologien des Hitlerismus abgesehen, nach welchen Vorbildern hätten die Alliierten es wagen können, uns umzuerziehen? Woher hätten sie nach ihren eigenen Kriegsuntaten und bei ihrer durch Morgenthau-Plan und Demontage

6 Protocol of the Proceedings of the Berlin Conference 1947, Section II A 7.

> bekundeten Nachkriegsgesinnung die innere Berechtigung zur 'Education' der Deutschen nehmen sollen? Ernsthaft betrieben, hätte sie die Re-education zu einer fürchterlichen Blamage geführt.[7]

The assertion that the Germans rather than the Allies 'drove out' National Socialism is extraordinary and demonstrates – aside from the lack of logic in his argument – the extent to which some form of 're-education' was deemed necessary in the case of senior academics like Kroll.

And 'democratisation' was all well and good provided everyone understood what was meant by it. 'Democracy' was so overused that it would evoke considerable cynicism in those at the receiving end of lectures on the subject. It is said that at one four-power meeting those present were asked to define the term. The British member observed that all that could be concluded from the definitions was that democracy was that which four powers could agree to inflict on a fifth.

In the foreground to these policy strands was the fundamental belief that the German people would have to take responsibility for their future, would have to solve problems for themselves. The obvious pragmatism of such an approach to the role of occupier in Germany was typically British, and much effort was put into what an eminent political scientist of the day called "gentle advice and quiet suasion" — in effect "leading by example".[8]

3. The *AUT Report*

One of the earliest British officers to work on university matters in the British Zone was Major James Mark (1914–2001). He had studied German at the University of Cambridge (where he gained a PhD) and later in Munich and Münster. He served with the British army's Intelligence Corps and when the War ended went to Germany, as he put it, "to see if I could find something useful to do"[9] before he was demobilised. At this stage all of the universities were closed and were facing immense challenges relating to both human and physical resources.

In July 1945, Mark visited the six universities of the Zone, reporting in detail on the conditions he encountered. In February 1946, he wrote three articles on universities in Germany for a British newspaper, based on his now extensive knowledge of the situation in higher education. By this stage, all six universities had been reopened, together with the technical universities *(Technische Hochschulen)*

---

7 Van Dijk 2010, p. 271.

8 Barker 1948.

9 Mark 1946.

of Aachen, Braunschweig and Hannover, and the academies in Düsseldorf (clinical medicine) and Hannover (veterinary medicine). This in itself was a remarkable achievement. The universities had suffered considerable bomb damage: while Göttingen was 'nearly intact', Kiel had 'not one of its original buildings intact'. Mark listed the principal problems as finding new buildings or making repairs to existing premises, reassembling books and equipment, and finding and denazifying teaching staff. And so physical reconstruction and manpower were the preoccupation of the early phase of the occupation. But Mark also highlighted some matters of concern that would not be resolved quickly.

The first of these was denazification:

> Purging the staff presents peculiar difficulties. In the first place, more stringent standards must be applied to men in teaching posts. In the second place, although it is relatively easy to find and dismiss the minority of active Nazis, there is a larger class of men who either swam with the stream or yielded to the pressure put upon university lecturers and joined some party organisation in order to be left in peace. Judging their cases is far more difficult.[10]

By this stage, some 30 percent of the teaching staff had been dismissed, but Mark was clearly concerned that there were many academics still in post whose past made them unsuitable to continue as university teachers. The dilemma here was serious, and uncomfortable compromises had to be reached. If the only scientifically qualified person available for an indispensable post in, say, a university clinic, was technically in a category requiring dismissal, what was it right to do? Geoffrey Bird, a young control officer responsible for the University of Göttingen, recalled that because the seconded police officers working in Public Safety Branch had limited knowledge of German and of Germany,

> they sometimes found it difficult to appreciate the significance of the difference between active and passive membership of Nazi organisations. They were inclined to oppose the appointment of professors who I felt were, in spite of previous technical membership of such organisations, genuine in their desire to co-operate in rebuilding the university as a democratic and socially responsible and influential institution. If the appointment of everyone who had been technically a member of a Nazi organisation had been disallowed there would have been very few qualified university teachers left.[11]

10 Mark 1946.

11 Bird 1978, p. 148.

Mark was optimistic about the potential of the universities to move on from the failings of the past:

> Apart from the searchings of individual consciences, there are signs of an impulse to analyse the reasons for the failure of the universities against Nazism – not so much in actual political opposition to it as in the education of an intelligentsia which could have made impossible its coming to power. Behind this impulse is the desire to remedy so far as possible the evils and weaknesses revealed.
> [...]
> Both the future relationship of the university to the State and the type of education it should try to give are already being discussed.[12]

In his third article, Mark addressed the question of the relationship of the university to the state. The 'independence of opinion' in the universities had probably been harmfully affected by the closeness of state control: so too had 'the intellectual maturity and critical ability' of the students. He felt that the universities were now likely to press for greater autonomy.

Mark could identify two desiderata in terms of the content of university education: (1) "it should be based on a stable standard of values"; (2) "something should be done to counter its increasing specialisation and to give the students a more general culture". On the latter wish for change, he outlined what was in the minds of those in favour of reform: "The measures proposed [...] range from compulsory lectures on general cultural subjects in the student's first terms to a general preliminary course".[13] Here again was a nod in the direction of a *studium generale.*

When Mark returned to London he worked in the Control Office, the body in charge of German affairs, eventually becoming Private Secretary to Lord Pakenham, who at the time had ministerial responsibility for policy on Germany. In the summer of 1946, Mark persuaded the (British) Association of University Teachers (AUT) to send a representative to a higher education conference in the Zone: from that visit (by Lord Chorley) emerged a recommendation to put together an AUT delegation to report on the German universities. In the report he wrote following his visit to Germany, Chorley says he was informed that in several universities the senates were "dominated by small and reactionary cliques of elderly professors" (This was amended in the published version, where the professors are described as "not men of the world, nor of a progressive outlook.").[14] The professoriate was not 'ideally

12 Mark 1946.

13 Mark 1946.

14 Phillips, op. cit., 231.

suited' to the challenge of rebuilding the German universities. In conclusion, he thought that a delegation of the AUT could be of potential value to both the Control Office and the German universities: such a delegation would also consider what might be done to develop relations between British and German universities. The AUT delegates went far beyond this basic brief. What they did instead was to pick up on major themes that had been discussed in policy-making circles during the War.

Politically, the AUT delegation was clearly left-leaning. The United Kingdom now had a Labour government, capitalising on its unexpected but substantial victory in the 1945 general election to implement a programme of social change, including giving effect to the 1944 Education Act and founding a ground breaking national health service. Against this background of rapid reform in health and welfare and education, the mood in the UK was ripe for radical thinking. The delegation was led by E.R. Dodds, the eminent Regius Professor of Greek at the University of Oxford, and its members – all of whom except one were German speakers – included Roy Pascal, Professor of German at the University of Birmingham and an avowed Marxist, the academic lawyer and Labour politician Lord Chorley, and the leading left-wing sociologist T.H. Marshall.[15] Dodds espoused radical/socialist views and was not afraid of confrontation. He had been expelled from his school in Belfast for 'gross, studied and sustained insolence to the headmaster' and as an undergraduate at Oxford he had had been required to interrupt his studies as a result of his support for the 1916 Easter Rising in Ireland. He had worked with Marshall during the War in the Foreign Office Research Department (FORD) where – in 1941 – he prepared a lengthy memorandum on the German university, applying his considerable skills of textual analysis to the task. A policy of free places in secondary schools and university scholarships could be secured with the support of the industrial working class. The university of the future would have to connect to politics and the demands of a planned economy: The contemporary world has no room either for a university which concentrates exclusively on the training of future researchers or for one whose sole aim is to impart traditional culture to the gentleman amateur. The university of the future can and should continue to train researchers and impart culture; but if it is to survive it must also (a) provide society with practising specialists in many increasingly differentiated fields, and in numbers corresponding to the social demand, (b) provide the State with citizens conscious of their social responsibility and capable of applying an independent intelligence to contemporary social and political problems. Failure to satisfy these conditions was slowly killing the Weimar university before Hitler assassinated it.

---

15 In 1949, Marshall succeeded Robert Birley as Educational Adviser to the Military Governor, General Sir Brian Robertson.

In the same year Dodds published a pamphlet in which he analysed the National Socialist approach to education.[16] His work at FORD also involved chairing a committee on the school textbooks that would be needed in a future Germany, and on drawing up the black, grey and white categories into which individuals in Germany would be placed following the cessation of hostilities. There were also lists of people who could be used to start the future regeneration of educational institutions in Germany. So involved was Dodds in the detailed task of visualising what would need to be done in a defeated Germany that he was approached to head what would become Education Branch of the British Element of the Control Commission for Germany, a role he declined. It was not surprising, then, that as President of the Association of University Teachers Dodds would lead a delegation to investigate the state of universities in the British Zone.

The AUT delegation undertook its investigation from 3 to 15 January 1947. The dates are significant, and not just because the delegates were visiting Germany during one of the coldest winters on record. The principal significance is that from 1 January 1947 – far too early in the views of most Education Branch members – responsibility for education was passed to the German authorities, as one of the 'dereserved' subjects. The Allies retained a veto, but effectively decision-making in educational affairs was now vested in the German *Länder*. This makes the statement that no reform of universities could be expected to come solely from the universities problematic – from where should any reform initiatives come? There was no central government in Germany, and the western Allies at least had relegated their authority in line with a general principle that an occupying power could not continue to exercise absolute authority – especially when the exercise of such authority would demonstrate to the people that use of autocratic power was a pragmatically justifiable way of governing. The paradox here was one that occupied the minds of the best people responsible for education in the Zone.

The Report as published in *The Universities Review* in May 1947 was outspoken in its criticism. The German universities would not be able to reform themselves for two principal reasons:

i. The German universities are at present controlled, as far as internal affairs are concerned, by groups of senior professors whose average age is high, whose academic ideals were formed under conditions very different from to-day's, and whose capacity for responding to new circumstances is therefore likely to be in general small;

16 Dodds's memorandum is contained in Dodds Papers additional, Bodleian Library, Oxford. His 1941 pamphlet is Minds in the Making. For full details of Dodds's work on education in Germany, see Phillips 1986, 'War-time Planning for the 'Re-education of Germany' and 2019, 'Dodds and Educational Policy for a Defeated Germany'.

ii. the social structure of the universities is bound up with that of the secondary schools, and both of them with the traditional structure of German society as a whole, so that reform of the educational system is unlikely to be brought about save in the context of a much wider movement of social reform.[17]

These basic criticisms are echoed in Ernest Barker's judgement, on the basis of his experience as a visiting professor at the University of Cologne:

> Perhaps [the Cologne professors] were more apt than we are in England to learn for the sake of learning. Perhaps they are less ready than we are to learn in order to serve the community by our learning, No doubt there is room for reform in Cologne, and in other German universities. Professors dig themselves – at any rate some of them – too deeply into their studies, and confine themselves too much to solemn lectures *ex cathedra*. Students, too, are drawn from too narrow a social circle.[18]

Here is a dilemma. One of the attractions of the German model of a university was precisely the depth of scholarship of the professoriate. German professors had been regarded as exemplars of deep understanding of their subjects. And now that depth of research-based knowledge was being levelled against them. Dodds described in a letter to his wife an encounter in Göttingen with Max Pohlenz, the distinguished classicist: "On seeing me the old man plunged at once into an eager discussion of Greek philosophy, exactly as if all that has happened since 1933 were an irrelevant and essentially unimportant interruption to our real business of scholarship. I suspect this is a common attitude with the older men – delightful but also irresponsible."[19]

The first section of Part I of the AUT report headed 'Statement of the Problem' concluded that the careers of younger university teachers should be furthered, that the universities should be brought 'into closer touch with public opinion', and that steps should be taken to ensure that 'the influence of the best foreign opinion' should impact university life in Germany. A further six sections dealt with material needs, denazification, the constitution of the universities, staff questions, the student body, and 'a possible international approach'. Part II (only two-and-a-half pages) dealt with what was intended as a principal part of the original brief for the Delegation's investigation, contacts between British and German universities.

The main recommendations in Part I were:

---

17 AUT Report 1947, 205.

18 Barker, loc. cit.

19 Dodds 1947, Dodds Papers additional.

- There was danger in neglecting the material needs of the universities: 'no policy of political re-education' could succeed without provision of 'the minimum material facilities'.
- The too slow denazification procedures should be hastened and improved.
- University councils should be established with an academic and a non-academic element so that the gap between the universities and the outside world could be bridged.
- The power and status of the non-professorial teaching staff should be enhanced.
- The social composition of the student body was a major problem. Broadening the social base could be achieved by means of free secondary education and competitive entrance examinations. 'Social studies' should be promoted; chairs of social and political science should be established; non-specialist lecture courses should be introduced.
- An international educational commission should be appointed "charged to examine fundamental problems of the German educational system and to advise the Occupying Powers with a view to the adoption of a common policy". [20]

This final recommendation was preceded by a statement reflecting the tone with which the Report had started:

> In conclusion, we wish to make it clear that we do not regard our recommendations and suggestions as being more that palliatives for the long-standing and deep-seated disorder of German academic life which reaches back to the nineteenth century.[21]

Lod Pakenham thought the Report was 'excellent', and Birley called it 'of remarkable value'. Some three years later he reflected: "I think it must be admitted that [the appointment of the AUT Delegation] was a mistake. The report was an admirable one, but the German universities naturally reacted against one produced by a delegation of foreigners".[22] And in 1963 he was to describe the Report as "the biggest mistake we made in the educational field in Germany".[23]

The drafting of the Report was largely the work of Pascal and Dodds, and it is not surprising that Walter Hallstein, the then *Rektor* of Frankfurt University, could write of its "klassenkämpferische Tönung".[24] Its main effect, however, was to kickstart a process of serious thinking about university reform. In the year following its

20 AUT Report 1947.
21 AUT Report 1947.
22 Birley 1950, p. 41.
23 Birley 1963, p. 12.
24 Hallstein 1948. For further detail on reactions to the Report, see Phillips 1983.

publication, Birley proposed to the Military Governor the setting up of a university commission that was to produce a report regarded as a key text in the history of university reform in Germany, the so-called 'Blue Report'.

4. The *Studienausschuß für Hochschulreform* and its Report

Robert Birley, the headmaster of Charterhouse, a leading UK independent school, had been appointed to the new post of 'Educational Adviser' to the Military Governor, General Sir Brian Robertson. He had already established himself as a leading figure in British education and was well connected with 'the great and the good' in public life. There was some controversy about his appointment, and questions were asked in the House of Commons: in particular it was seen as odd that a Labour government would choose someone of a conservative bent from the independent sector. (Charterhouse was General Robertson's old school.) Birley was urbane, sophisticated, and scholarly, with a great deal of charm and charisma, and part of his task in Germany was to stimulate and encourage, to 'get people on side', a role which certainly suited his particular talents.

One of his most significant policy achievements in Germany was to persuade General Robertson to set up a commission to report on university reform. It was to be a German commission (in contrast to the AUT Delegation) and it was to act in much the same way that a Royal Commission would in the United Kingdom. (A cynical view would be that Royal Commissions undertake lengthy investigations and produce great reports which are then quietly shelved by governments content simply to be perceived to be doing something.). Much was made of the fact that the commission would be from within Germany, though there would be two independent foreign members. Its chairman was to be Dr. Henry Everling (1873–1960), the general director of the *Großeinkaufs-Gesellschaft Deutscher Konsumgenossenschaften* in Hamburg and an SPD politician. Among the eleven members were Katharina Petersen of the Ministry of Education in Hannover, the renowned classicist Bruno Snell of Hamburg University, and the physicist Carl Friedrich von Weizsäcker. The foreign members were Lord Lindsay, Master of Balliol College, Oxford, and Jean Rudolf von Salis of Zürich. Two of the German members have been identified in retrospect as unsuitable appointments: Friedrich Drenckhahn of the *Pädagogische Hochschule* in Kiel and Otto Gruber of the *Technische Hochschule (TH)*, Aachen. Drenckhahn had written National Socialist articles on mathematics teaching, while Snell had been an overly enthusiastic *Rektor* of the TH Aachen under the Nazis, which would have made him unappointable if proper checks had been made.[25] That said, however, they both made full contributions to the work of the Commission.

Lord Lindsay was highly qualified to join the Commission. The head of Birley's former Oxford College, he was a figure of enormous standing in British academia. Isaiah Berlin said of him that "if some enormous injustice were committed in England, as it were a Dreyfus case, and a voice were needed to command immense moral authority, he had such a one and perhaps nobody else in my time did."[26] Von Salis described him during the Commission's work as its "cultural conscience" *(unser bildendes Gewissen)*. In his memoirs he says – somewhat bizarrely – that Lindsay was "the spiritual exemplar of the British Labour Movement" *(in ihm lernte ich den geistigen Typus der britischen Labour-Bewegung kennen)*.[27] At the same time that he was serving on the Commission, Lindsay was deeply involved, in his seventieth year, with plans for a new higher education institution in England, the University College of North Staffordshire (now the University of Keele), whose first Principal he became on retiring as Master of Balliol. In the context of the Commission's eventual recommendations on a *studium generale*, Lindsay's plans for the new university college are significant. The college's most distinguishing and innovative feature was the introduction of a 'foundation year', during which new students would study a wide range of subjects before focussing on their main specialism(s). Here was a British example of a *studium generale* in embryo and Lindsay would speak of the idea with great authority and not a little passion.[28]

The Commission *(Studienausschuß für Hochschulreform)* began its work in April 1948. Its first major task was to send out a questionnaire with a very short timeframe for responses. This elicited complaints; nevertheless, there were some 130 detailed replies – so detailed, in many cases, that they defied normal statistical analysis.[29] The very first question was „Halten Sie eine Reform der Hochschule für notwendig und möglich?". This created a problem, since there was no easy way in a short response to differentiate between 'notwendig' (*necessary*) and 'möglich' (*possible*). My analysis of the responses (undertaken in the early 1980s) indicated "yes" (96), "no" (11), "equivocal" (13), "no direct response or no answer at all" (12). On that basis some 72 per cent of those who responded thought that reform was either

25 For details, see Phillips 2018, p. 243–244.

26 Quoted in Davis 1963, p. 266.

27 Salis 1978, p. 327.

28 For full details on Lindsay's role on the Commission, see Phillips 1980.

29 For full details of the Commission and its work, see Phillips 1995. The Commission's papers are preserved in the library of the Deutsche Hochschulrektorenkonferenz (HRK). The Commission's report had habitually been referred to by the blue of its cover (Blaues Gutachten).

necessary or possible or both. This at least indicated that there was an appetite for change.

The Commission held eight plenary meetings between 21 April and 27 October 1948. In between there were *inter alia* many visits to universities and other *Hochschulen*, and discussions with individuals and groups. After much drafting and redrafting, the chapters of the Commission's report, following an introductory section, were these:

- *Hochschule und Staat*
- *Hochschulverfassung*
- *Studentenschaft*
- *Studium generale*
- *Examina*
- *Technische Hochschulen*
- *Pädagogische Hochschulen*
- *Erwachsenenbildung*
- *Beziehungen zum Ausland.*

Though the final text was the agreed (unanimous) product of the thinking of all members of the Commission, individual members took responsibility for drafting versions of each section on which consensus would eventually be agreed. Weizsäcker took responsibility for the introductory parts and for the section on *studium generale;* Bruno Snell drafted the part on *Hochschule und Staat;* Lindsay contributed to drafts of the the introduction and the section on *Erwachsenenbildung.* Everling drafted the *Schlußwort.* There was a press conference on 30 November, and so it had taken the Commission a little over six months to complete its task. Unfortunately, when the *Gutachten* appeared in print it included the admonition: "Als Handschrift gedruckt. Nachdruck, auch im Auszug, verboten". This had been inserted in pre-publication versions and had inadvertently been left in the text sent to the printers. This caused a flurry of uncertainty among those wishing to write about the Report and its findings and imagining that they were not allowed to quote from it. An English translation was published the following year.[30]

The Commission made some 100 recommendations. Among them were:

1. The establishment of two new university bodies: an advisory council *(Hochschulbeirat)* which would form a link with the public; and a university council *(Hochschulrat)*, which would be responsible for the running of the university, including the allocation of funds. Funds would come in the form of a block grant from the state.

30 University Reform in Germany.

2. A *studium generale* should be introduced at all universities and *Technische Hochschulen.*
3. Chairs of social studies should be established.
4. Teacher training institutions should be affiliated to universities or *Technische Hochschulen.*
5. New university teaching posts should be established *(Studiendozent, Studienprofessor).*
6. The abolition of fees at school and at university should be aimed at, and the *Abitur* requirements should be made higher; there should be a comprehensive scholarship system.
7. Student (residential) accommodation should be furthered.
8. Adult education should be promoted.
9. Relations with institutions in other countries should be renewed and strengthened.

A common theme among the recommendations was the opening-up of higher education: encouraging students from the working class, broadening the curriculum, encouraging younger staff, and involving those outside the university in university governance. In these various ways the Commission was developing the general tenor of the AUT delegation's findings, but in a style that would carry more weight among academics and others who would be responsible for future higher education policy. A General Secretary of the *Westdeutsche Rektorenkonferenz* calculated in 1962 that of the fourteen basic proposals of the *Studienausschuß* ten had been fully or partially adopted.[31]

The Commission's thoughts on the possibility of a *studium generale* involved abolishing the thirteenth school year so that students would devote the first year of university study to the 'basic sciences' *(die Grundwissenschaften humanistisch-philosophischer und sozialwissenschaftlich-historischer Richtung)*, students' continuing to attend lectures outside their specialist area in their second year, and special attention being paid to education for citizenship. Collaboration in study groups was envisaged, as were the submission of papers and discussion of the content of lectures within the *studium generale.*

The Commission's questionnaire had asked for comments in ways that anticipated its thinking in terms of the judgement that the universities had become *Fachschulen* (with a concomitant loss of their duty in something as broad as *Menschenbildung*), that the boundaries between individual faculties should be loosened, and that the education of students to engage with the state, the people, and humanity generally was an achievable aim:

31 Fischer 1962, 30.

> 1(3) Wie kann einem Zerfall der Hochschule in Fachschulen und der damit drohenden Auflösung der Menschenbildung begegnet werden?
> 1(8) Wie ist das Zusammenwirken von Lehre, Forschung und Leben über die Grenzen der einzelnen Fakultäten hinaus zu gewährleisten?
> 111(3) Wie denken Sie sich die Erziehung der Studenten zur verantwortungsvollen Mitarbeit am Staat, an Volk und Menschheit?

The responses from individuals and groups were generally positive. *Justizrat* August Adenauer (brother of Konrad Adenauer), for example, responded very enthusiastically in view of his awareness of students' shortcomings:

> Es ist dafür zu sorgen, daß allgemeinbildende Vorlesungen historischer, geographischer, rechtsphilosophischer, literarischer, sprachlicher, wirtschaftswissenschaftlicher und metaphysischer Art so gehalten werden, daß die Studierenden sie neben den Fachvorlesungen in allen Semestern auch besuchen können. Es ist eine erhebliche vertiefte Allgemeinbildung zu erstreben. Die Kenntnisse dieser Art sind bei vielen Examenskandidaten nach meiner Erfahrung buchstäblich unter dem Nullpunkt.[32]

Dr. Eduard Brenner (English) of Erlangen proposed *Aufbauvorlesungen*, one or two of which should be followed by all students throughout their studies and which would be examinable, and he added:

> Darüber hinaus müßten die Professoren die Fächer lehren, die allgemeinbildenden Wert haben, diese in einer Form darbieten, die den Studenten zur Verantwortlichkeit gegenüber Staat, Volk und Menschheit erzieht.[33]

Professor von Hippel (law) of Cologne suggested *eine Art Propädeutik*,

> in welcher jeder Student in die weltanschaulichen (Theologie, Philosophie, Moral), geschichtlichen und rechtlichen Grundlagen der europäischen und Menschheitskultur eingeführt und mit ihnen verbinden würde.[34]

By June 1949, a *studium generale* was being tried out at the University of Bonn and extended at the *Technische Hochschule* in Braunschweig. Meetings had been held between the *Land* authorities and the universities to co-ordinate plans for

32 Blaues Gutachten-Archiv, HRK.
33 Blaues Gutachten-Archiv, HRK.
34 Blaues Gutachten-Archiv, HRK.

the *studium generale* in all universities in the British Zone.[35] The concept seems to have captured the imagination of academics of all persuasions, and since it was consonant with the occupation aims (way beyond the original aims of re-education) to encourage new ways of thinking within a context of open debate and unprejudiced inquiry, its positive reception would have been very gratifying to those like Birley and Lindsay who had set so much store by 'gentle advice and quiet suasion'.

In setting up the *Studienausschuß* and facilitating its report, Birley had achieved one of his principal aims as Educational Adviser to the Military Governor, namely to encourage German solutions to German problems in education. The slow beginnings during the early years when reconstruction was the preoccupation had given way to serious policy-making debate with a lasting effect.

Someone who had read Dodds's 1941 Memorandum on the German University was the émigré German economist Adolf Löwe (1893–1950), the author of *The Universities in Transformation* (1940). Dodds had sought Löwe's opinion on his text. He concurred with Dodds's left-wing view that the cultural, political, and economic future of a democratic Germany was 'bound up with the rule of the working class'. But things would have to change in Britain before Dodds's vision of the working class of Germany being helped to power might be realised. As to the future of the universities, he argued:

> You cannot revive the cultural mission of higher education unless you have a positive cultural creed. It is at this point where I feel the urgent need for Britain to put her own house in order first. I sincerely believe that, deep down under the surface of complacency and superficial talk, this country [i. e. Britain] still has all the prerequisites for a cultural mission. But all this is not visible today, neither in the universities nor in the speeches of our leading men. The flame must burn much more brightly and hotly before it can warm up the icy atmosphere of a Germany broken internally and externally.[36]

Löwe pinpoints the dilemma that faced the western occupying powers. Germany was in desperate need of change; that change should be encouraged on the basis of the widespread democratisation of its institutions. But on questions of equity in education it was clear that the British and their closest ally the United States had not solved the many problems that existed in their own countries: even to hint at change of the kind that had not be implemented in their own countries would rightly have been seen as disingenuous. Proposals for radical reform would founder on this fundamental dilemma. Birley was correct to argue that the AUT Report

35 Control Commission for Germany 1949, p. 28–29.

36 Löwe to Dodds, 26 July 1940, Dodds Papers, Bodleian Library, box 3.

had a negative effect because it came from 'a delegation of foreigners'. And so the setting-up of a German commission was a clever idea at a time when the initial phase of 'reconstruction' had made a lot of progress and the eventual founding of the Federal Republic was in sight.

By means of an approach based on persuasion and encouragement, facilitated and supported by a remarkable group of Education Branch officers who were well-informed and sympathetic to the urgent needs of the German universities, the British made the most of the difficult task of managing their role as occupiers. Through the work that led to the publication of the *Gutachten zur Hochschulreform* they created a starting point that had something of a lasting impact on the university reform debate in Germany.

References

Arnold, Matthew (1868): Schools and Universities on the Continent, London.

AUT Report (1947): The Universities of the British Zone of Germany, in: The Universities Review, 15/3, p. 203–222.

Barker, Ernest (1948): Life and Learning in Cologne: A Professor's Testimony, in: Times Educational Supplement. 17 April.

Bird, Geoffrey (1978): The Universities, in: Arthur Hearnden (ed.): The British in Germany. Educational Reconstruction after 1945, London, p. 146–157.

Birley, Robert (1950): Education in the British Zone of Germany, in: International Affairs 16/1, p. 32–44.

Birley, Robert (1963): British Educational Control and Influence in Germany after the 1939–45 War, n.p.

Birley, Robert (1978): British Policy in Retrospect, in: Arthur Hearnden (ed.): The British in Germany. Educational Reconstruction after 1945, London, p. 46–63.

Davis, H.W. Carless: A History of Balliol College, Oxford 1963.

Fischer, Jürgen (1962): Hochschulrevolution oder Hochschulreformen? in: Deutsche Universitätszeitung I, p. 28–32.

Hallstein, Walter (1948): Deutsche Universitäten in englischer Sicht, in: Göttinger Universitäts-Zeitung March/April 1948.

Mark, James (1946): Universities in Germany I, II, III, in: Manchester Guardian 2, 7 & 12 February.

Phillips, David (1980): Lindsay and the German Universities: An Oxford Contribution of the Post-War Reform Debate, in: Oxford Review of Education 6/1, p. 91–105.

Phillips, David (1983): Zur Universitätsreform in der Britischen Besatzungszone 1945–1948, Köln/Wien.

Phillips, David (1986): War-time Planning for the 'Re-education' of Germany: Professor E.R. Dodds and the German Universities, in: Oxford Review of Education 12/2, p. 195–208.

Phillips, David (1995): Pragmatismus und Idealismus. Das 'Blaue Gutachten' und die britische Hochschulpolitik in Deutschland 1948, Köln/Weimar/Wien.

Phillips, David (2011): The German Example. English Interest in Educational Provision in Germany Since 1800, London.

Phillips, David (2016): British University Officers in Germany after the War, in: David Phillips (ed.): Investigating Education in Germany. Historical Studies from a British Perspective, London, p. 122–137.

Phillips, David (2018): Educating the Germans. People and Policy in the British Zone of Germany, 1945–1949, London.

Phillips, David (2019): Dodds and Educational Policy for a Defeated Germany, in: Christopher Stray/Christopher Pelling/Stephen Harrison (eds.): Rediscovering E.R. Dodds: Scholarship, Education, Poetry, and the Paranormal, Oxford, p. 244–263.

Protocol of the Proceedings of the Berlin Conference, Berlin, 2nd August, 1945, London 1947.

Salis, Jean Rudolf von (1978): Grenzüberschreitungen. Ein Lebensbericht, Zweiter Teil, 1939–1978, Zürich.

Studienausschuß für Hochschulreform (1948): Gutachten zur Hochschulreform, Hamburg ('Blaues Gutachten').

University Reform in Germany (1949). Report by a German Commission, London.

Van Dijk, Saskia (2010): 'Entnazifizierungsklüngel' – die Personalpolitik der Universität zu Köln in der Nachkriegszeit, in: Jost Dülffer/Margit Szöllösi-Janze (eds.): Schlagschatten auf das 'braune Köln', Köln, p. 26–286.

Wolf, Abraham (1944): Higher Education in Nazi Germany, London.

Chen Hongjie, Shen Wenqin

The rise of general education in Chinese universities

Native tradition and Western influences

Although China has had a long tradition of higher education, the emergence of modern universities in China was the result of imitation of the West.[1] By the end of the 19th century, the first group of Western-influenced universities in China were established. In 1905, the Qing government finally abolished the imperial examination system which lasted for more than 1,300 years, as officials believed that a modern school system could not be established concurrently with an imperial examination system. As a result, the traditional education system, which perpetuated an esteemed social class of bureaucratic elites, ended. With the collapse of the Qing Dynasty in 1912, the Republic of China was formally established, ending over 2,000 years of imperial rule. Under the leadership of the first Minister of Education of the Republic of China, Cai Yuanpei, a series of modern education laws and regulations were established, laying the foundation for the development and emergence of modern higher education. Over the next 30 years, higher education developed rapidly despite a weak economic foundation and political instability. By 1949, 205 higher education institutions were established in China, including 124 public universities, 60 private higher education institutions, and 21 religious colleges and universities. According to estimations, 255,000 students graduated from university between 1911 to 1949.[2]

Since 1949, China's higher education has followed the Soviet Union as an example and formed a professional talent training model. As a whole, higher education aims to properly train professionals for all kinds of occupations. After the 1980s, with the reform and development of Chinese society and higher education, under the environment of market economy, the over-specialized training model faced challenges; hence, broadening of majors and knowledge base became the direction of reform. At the same time, the concept of general education has attracted growing attention, and Chinese universities have begun to vigorously promote general education, forming a general education movement with a wide range of influence. The rise of this movement is due to the international influence on the one hand, and the local tradition and demand for China's higher education reform on the

1 Hayhoe 1986.

2 Huo 1999, p. 288.

other.[3] This chapter will review the practices and concepts of general education in Chinese universities since the 1980s, and analyze the unique features and problems of general education in China from the dual perspectives of local traditions and external influences.

1. The background of general education movement in China

After 1949, China began to fully learn from the Soviet Union's professional education model, and the Western general education model was fiercely criticized. In 1953, then Deputy Minister of Higher Education Zeng Zhaohuan, who obtained his Ph.D. in the United States, pointed out in an article:

> Some university teachers have a strong worship of American ideas, blindly worship Europe and the United States, and do not humbly learn from the advanced experience of the Soviet Union. Therefore, in the education system, they maintain a 'generalist' education with a large number of schools and an unclear development direction, and oppose the adjustment of schools and departments.[4]

In the 1980s, China's higher education began to undergo comprehensive reform. One of the core goals of the reform was to abandon the Soviet-style specialized education model. In 1981, Peking University made the decision to implement "Several Opinions on Improving Teaching and Teaching Quality". This decision requires students to take some elective courses and some common courses. In addition, it requires humanities and social science students and science and engineering students to choose courses from each other's disciplines. Since 1981, Peking University has officially adopted a system of common elective courses. These courses are called "common elective courses" in the teaching management system of Peking University. More importantly, Peking University introduced the credit system this year, and students must take 32–44 credits of common compulsory courses to graduate.

In 1982, Peking University announced the first school-wide teaching plan after the reform and opening up. According to this teaching plan, the prescriptive curriculum of Peking University includes politics (12 credits for students who major in language and science, 12–24 credits for students in Humanities), 16 credits for English, and 4 credits for physical education. Specifically, humanities students need to take one or two natural sciences courses, whereas science students need to take

3 Huang 2018.

4 Zeng 1953, p.11.

one or two humanities courses. In 1986, the political course was divided into three parts, and the number of courses was increased, including scientific socialism, socialist issues in China, history of the Chinese Communist Party, and aesthetics. This teaching plan reveals that under the influence of the socialist university model, non-professional courses, especially politics, sports, and English courses, have always occupied a certain proportion of undergraduate courses.

In 1988, Peking University conducted an extensive and in-depth investigation of the undergraduate education at that time. On this basis, the university proposed the policy of "strengthening the foundation, diminishing the major, teaching students in accordance with their aptitude, and training students on different tracks." This policy text is often quoted by education reformers until today. The reform of Peking University represented the direction that many universities tried to adopt at that time, that is, abandoning the strict and planned professional training model, broadening the knowledge base of students, cultivating 'wide-caliber' talents, and providing students with autonomy in choices and a wide range of employment opportunities.

After the 1990s, one of the hot spots of reform was the 'cultural quality education', which was a continuation of the reforms in the 1980s. In 1995, the Ministry of Education formally proposed the 'cultural quality education' policy and mandated universities to implement this policy. At that time, Zhou Yuanqing, director of the Higher Education Department of the Ministry of Education, pointed out in his speech that correcting the previous practice of the Soviet model, which focused too much on specialized education, is necessary.[5]

In the view of the education authorities at that time, the purpose of strengthening the cultural quality education of college students was to enable college students to acquire basic knowledge and accomplishments related to humanities, social sciences, natural sciences, culture, and art, which are disciplines outside their majors. College graduates were expected to be well-rounded individuals. In 1999, the Ministry of Education approved 53 colleges and universities to establish 32 national cultural quality education centers for college students. These cultural quality education centers often become the management institutions for general education courses in various colleges and universities. In 2005, the government added 101 new Cultural Quality Education Centers.

Cultural quality education is, in fact, a Chinese version of general education, and its purpose is basically the same as general education. In the words of two researchers: "Cultural quality education is Chinese, and general education is American."[6] In line with the concept of cultural quality education, the Ministry of Edu-

---

5 Zhou 1996.

6 Yang/Yu 2007, p. 6.

cation promulgated and implemented the third revised undergraduate professional catalog in 1998. The revision work was carried out in accordance with the principle of standardization and broadening. As a result, the number of majors has been reduced from 504 to 249, which has changed the educational model that overemphasized specialization in the past.

2. The rise of China's general education movement

Starting from 2000, Chinese universities began to set up specialized general education institutions in an attempt to institutionalize this education model. In 2001, Peking University launched the "Yuanpei" program. The plan clearly stated its objectives: "to implement general education in the first two years, and to implement broad professional education in the last two years, and at the same time comprehensively reform the learning system, and implement a free elective system under the supervision of teaching plans and tutors." The Yuanpei Program also gives students a high degree of freedom to choose their majors and encourages students to choose majors according to their own interests.[7] The Yuanpei Project is the first institutionalized general education program in mainland China; hence, it is often regarded as a landmark starting point in the Chinese general education movement.

Since then, Zhu Kezhen College of Zhejiang University (2000), Fudan College (2005), Kuang Yaming College of Nanjing University (2006), Yuanpei College of Peking University (2007), Liberal Arts College of Sun Yat-sen University (2009), and other institutions have followed suit. All elite colleges and universities hope to institutionalize general education through the establishment of institutions. Fudan College, established in 2005, is the university's teaching, research, and management organization for general education, and is responsible for the education and teaching management of the first-year and some second-year undergraduate students of the university. The college has offices for teaching, student work, and tutors, as well as several residential colleges. Qin Shaode, then Secretary of the Party Committee of Fudan University, stated that as the basic unit of student management, the residential college is a product of the combination of the Chinese tradition and the Western model. It inherits the tradition of ancient Chinese academies on the one hand, and draws on the experience of Western colleges on the other hand.[8] Another scholar who participated in Fudan's general education reform also pointed

7 Wang 2015, p. 4–6.

8 Qin 2006.

out that Fudan's residential college reform is "obviously imitating the College of American universities."[9]

Hence, general education has further spread in elite universities. Before 2000, the number of elite universities participating in general education was limited. After 2000, more elite universities in China such as Tsinghua University, Fudan University, Nanjing University, and Sun Yat-sen University initiated the reform of general education.

The reform of general education gradually spread to science and technology universities, and universities such as the Beijing Institute of Technology and Shanghai Jiao Tong University began to initiate general education reform. The "Regulations on Elective Courses of General Education for Undergraduates" promulgated by Beijing Institute of Technology in 2003 require undergraduates in the field of information science, natural sciences, and engineering to take at least six credits of general education courses before they can graduate. Some science and engineering universities have not established special general education institutions, but they have set up committees to manage general education. For example, Shanghai Jiao Tong University established the "Shanghai Jiao Tong University General Education Steering Committee" in 2007. The committee has one chairman, two vice-chairmen, and several members. The committee is responsible for the investigation, coordination, and planning of the general education reform of the university. In 2007, Shanghai Jiao Tong University pointed out that each major can designate 1–2 general education courses as the credits required by students. In 2009, Shanghai Jiao Tong University began to offer core courses of general education for undergraduates on the basis of general elective courses. By 2016, the university has built several general education core courses. The university has different requirements for general education credits for different majors. For example, science and engineering students generally require certain humanities and social sciences, but mathematics and logic students are exempted, whereas humanities and social sciences require certain mathematics and logic courses. According to the 2016 syllabus, undergraduates majoring in Chinese language and literature need to complete six credits of general education courses in the humanities, four credits of general education courses in social sciences, nine credits of general education courses in natural sciences and engineering, and three credits of courses in mathematics and logic. To promote the development of general education, Shanghai Jiao Tong University has adopted a protective strategy for the humanistic disciplines such as literature, history, and philosophy. These disciplines gained support from the university although they were not highly ranked.[10] In 2010, Beijing University of Aeronautics and Astronau-

9 Ren 2012, p. 3.

10 Interview with a middle-level administrator of Shanghai Jiao Tong University, April 18, 2016.

tics began to carry out general education at the Institute of Humanities and Social Sciences. In 2012, general education was extended to all humanities students, and five general education cores were established: the history of Chinese civilization and culture, the history of Western civilization and culture, art history and modern art, the study of Chinese classics, and the study of Western classics, which were mandatory courses. In 2013, the school established a General Education Curriculum Construction Committee, which is fully responsible for the construction of general education courses for the whole school. General education began to spread to science and engineering students.[11]

In terms of the reform of general education, Peking University, Fudan University, and other comprehensive universities with a strong humanistic scholarship have taken greater steps and invested greater efforts than science and technology universities.

3. General Education and Chinese Tradition

Liberal education or general education is considered a unique tradition of higher education in the West, especially in the United Kingdom and the United States.[12] However, scholars believe that similar educational traditions exist in the non-Western world. Since the beginning of the Republic of China, Chinese scholars have tended to believe that the Western concept of liberal education derived from ancient Greece has a counterpart in ancient China. For example, Guo Bingwen used the concept of liberal education to describe education in the Zhou Dynasty in his doctoral dissertation *The Chinese System of Public Education* at Columbia University Teachers College, which was completed in 1914.[13] Du Zuozhou and Jiang Qi, two education researchers in the Republic of China, believed that Confucius was the representative of the Chinese version of the concept of liberal education, "The education advocated by Confucius is almost the same as the education in Athens"[14]. In their opinion, Confucius, like Plato and others in ancient Greece, valued the cultivation of character and opposed vocational training. From a comparative perspective, the era of Confucius was very similar to that of Plato in Athens. For example, they were divided into different vassal states and into two classes of scholar-officials and common people. These "situations are similar to Athens". Moreover,

11 BUAAGECCC 2015.

12 Shen 2016.

13 Kuo 1915.

14 Du/Jiang 1933, p. 5.

Confucius' educational thoughts dominated China for thousands of years, and only began to decline after the founding of the Republic of China.[15]

Another scholar, Chen Bingquan, believed that Confucius represented the educational spirit of the Eastern Zhou Dynasty. This education was a model of generalist education in both ideas and practices, and he believed that the education at that time had already covered the content equivalent to today's humanities, natural sciences, and social sciences.[16]

Professor Li Hongqi, who studied the history of ancient Chinese education for a long time in the past few decades, also pointed out that traditional Chinese education is essentially general education.[17] This view is adopted by Western scholars. De Bary also pointed out that the traditional Chinese classic education is similar to the current American general education model, which is based on core courses. In addition, he mentioned that Zhu Xi's emphasis on "learning for self-formation"[18] is consistent with the Western tradition of "learning for learning's sake."[19] Donald N. Levine, an American sociologist who served as the dean of the Undergraduate College of the University of Chicago, pointed out that only two special civilizations in history value liberal arts education and general education, namely ancient Greece and ancient China.[20]

Wilkinson compared the Confucian education tradition with the Victorian public school education in England. Both types of education focus on the cultivation of the ruling class. At the same time, these two education traditions emphasize the amateur spirit, pursuit of aesthetics, and the devaluing of business. Among China's education systems, academies are considered the institutions that best reflect the tradition of general education.[21] Qian Mu pointed out that "The system of Academies are the best institutions in China's traditional education system. Private lectures and training of generalists are the most valuable practices in our traditional education."[22] In addition, the imperial examination system strengthened the tradition of general education in the form of classic education. Overall, China has a strong tradition of advocating cultural education and depreciating vocational education. This tradition lasted until the establishment of the Republic of China.[23]

15 Du/Jiang 1933, p. 6.
16 Chen 1971.
17 Li 1995.
18 De Bary 2007, p. 18.
19 De Bary 2014, p. 109.
20 Levine 1984.
21 Wilkinson 1963.
22 Qian 1998, p. 1.
23 Schulte 2013.

4. General education and policy transfer

In the 1980s, the Chinese higher education community's reflection on over-specialization was based on practical needs and was inspired to some extent by the Western model, especially the American model. After 2000, some best practices in British undergraduate education, such as tutor system, honor degree, and residential college system, were introduced in China. In this sense, China's general education reform is rooted in its own cultural traditions on the one hand, and is a process of policy learning and policy transfer on the other hand.

Zhang Guangdou, vice president of Tsinghua University, was invited by the United States to give lectures in the United States from August 6 to October 4, 1979. In his return report, he noted that American science and technology universities attach great importance to the value of humanities and social sciences in the education of engineering students. Approximately one-fifth of the total credits of engineering program were in the field of humanities and social sciences.[24] In 1980, Qian Zhirong, a scholar of Chinese descent who was a professor at Johns Hopkins University published an essay entitled "Characteristics of American University Curriculum," which mentioned the characteristics of general education in American universities.[25] From April to June 1981, Zhang Peigang and Lin Shaogong of Huazhong University of Science and Technology went to the United States to attend academic conferences and visit American universities. In their report after returning to China, they mentioned Harvard University's 1945 "General Education in a Free Society" report, and noted that American undergraduates need to study certain humanities and social science courses regardless of their majors.[26] When Zhang Peigang was visiting Harvard University, he asked Dwight Perkins, then head of the Department of Economics, for a report on Harvard University's 1979 curriculum reform. This report was soon translated into Chinese and published.[27]

Some university teachers who visited the United States in the early 1980s also paid great attention to the American curriculum and undergraduate training model, and realized from the comparison the shortcomings of the over-specialization of Chinese undergraduate courses. During his visit to the University of Wisconsin, Jiang Genghe analyzed in detail the curriculum of the electrical and computer engineering department of the University of Wisconsin, and pointed out that the university's undergraduate education cultivated "generalists with a certain professional direction."[28] In 1982, several university teachers from Huazhong Institute

24 Zhang 1980.

25 Qian 1980, p. 94 f.

26 Zhang/Lin 1982.

27 Zhao 1982.

28 Jiang, 1981 p. 65.

of Technology who studied in the United States wrote in an article that China's mechanical engineering curriculum was "established in the same way as the Soviet Union in the 1950s. [...] The students who are trained in this model have a narrow range of knowledge and cannot meet the needs of future development."[29]

Based on observations in the United States, they suggested broadening the curriculum of the mechanical engineering major.[30]

The second wave of general education reform began in the 1990s. Intellectual elites and the government jointly promoted the concept and system construction of general education during this period.[31] During this period, the idea and practice of general education in the United States became more known to the Chinese. In 1999, Peking University finally proposed the reform idea of "general education in the first two years, and broad-based professional education in the last two years." General education has become a well-known concept and has been accepted by education policymakers. Peking University divides "general courses" into five basic fields, namely "Mathematics and Natural Sciences," "Social Sciences," "Philosophy and Psychology," "History," and "Language, Literature, and Art." The number of general education courses reached more than 300. Each bachelor's degree graduate must take at least 16 credits of general courses and at least 2 credits in each of the five fields. This model is undoubtedly influenced by Harvard University. Professor Li Ke'an, who was the dean of Peking University at the time stated clearly that Peking University's general elective course system "was formulated by studying the core curriculum system of Harvard University and taking into account the actual situation of Peking University."[32]

Before 2000, the general education reforms of Chinese universities mainly referred to the experience of the United States when drawing lessons from foreign experience. In 2000, especially since 2005, some systems of British undergraduate liberal arts education, such as the residential college system, tutorial system, and honorary degree system, have regained the attention of education reformers and have been introduced into China's undergraduate education. Unlike general education, which focuses on knowledge, the tradition of liberal education takes into account both dimensions of mental training and character formation, and pays more attention to nurturing students' personality through residential colleges and tutorial systems.

In 2005, Fudan University began to establish a residential college system and established four colleges, and students were required to study at the college in the first year. Xi'an Jiaotong University introduced the residential college system in

29 Cheng et al. 1982, p.75.

30 Cheng et al. 1982.

31 Li Manli 2006.

32 Li Ke'an, 2006 p. 6.

2005. By 2014, it had built eight colleges. In 2008, Shantou University established a residential college after their officials visited Cambridge University, Princeton University, and Harvard University. In 2012, Fudan University further promoted the reform of the residential college systems and required students to stay in colleges for four years.

In 2011, Soochow University established the Jingwen residential college on the basis of the model of the residential college system in Cambridge, Harvard, Yale, and other famous foreign universities. The college selects approximately 100 students from various majors every year. The students selected for Jingwen College live together in the college dormitory. The college is a small community. In addition to the student dormitory, various amenities, such as tutor's office, books, reading room, coffee bar, meeting room, study room, laundry room, and kitchen are offered to students. Every student selected into the college has a dual identity: as a member of Jingwen College and as a student majoring in different fields. Their professional studies are mainly supervised by disciplinary-based colleges, whereas their study and life outside of disciplines are mainly supervised by residential colleges.

In 2014, Tsinghua University established *Xinya College*. All students who were selected for *Xinya College* broke the boundaries of the department and moved into the residential colleges, which were defined as learning and living community. However, due to the original spatial structure of the colleges, the reform of residential colleges is difficult. Take Peking University as an example; although Yuanpei College also claims to implement a residential college system, the college is merely a simple transformation of the original dormitory and does not have the multiple functions of Oxford and Cambridge colleges.

At the same time as the reform of residential colleges, Peking University introduced a tutor system for undergraduates. Famous professors from various departments were selected to serve as tutors for undergraduates of Yuanpei College. These professors often undertake heavy research tasks; hence, finding sufficient time to mentor undergraduate is difficult for them. A student from Yuanpei College pointed out in an interview that the benefits that undergraduates receive from the tutor system are largely dependent on students themselves. If students can contact their tutors more actively, then they will gain more benefits.[33]

33 Interview with a graduate of Yuanpei College, 2016.

5. Conclusion and reflection: The Institutionalization of the general education model

Institutionalization has to go through three stages. In the third stage, the purpose of actors adopting innovation is not to imitate, but innovation itself has become a norm. Complete institutionalization means that the innovation has been taken for granted.[34]

From the perspective of institutionalization, general education has now become an officially promoted education model in China. Many universities have set up special general education courses. In this sense, general education has been institutionalized at the organizational level. In addition, "the combination of general education and professional education in undergraduate education" has been included in China's 13th Five-Year Plan and has become a national policy. However, at the cognitive and normative level, general education in China has not yet been institutionalized. Many students lack understanding of what general education is, and many university teachers and administrators still have reservations about the necessity and value of general education. In the process of pursuing general education curriculum reform, Chinese universities often adopt a top-down decision-making model. Faculty members play a small role in this process. Therefore, faculty members' understanding and participation in general education are low.[35] After 1949, China's higher education has implemented the professional and specialization model in undergraduate education for a long time. Although the reform of general education has been gradually carried out and deepened in the past 20 years, broad consensus on whether to implement general education and how to implement general education is lacking. The influence of the Soviet model on China's higher education is ingrained, and the mindset that undergraduate education should first be professional education remains deeply rooted. The effectiveness and quality of general education courses are widely questioned. The stereotype of general education courses as "water courses" (wet course) is difficult to get rid of. Therefore, to improve the effectiveness and quality of general education courses, a paradigm transformation from introductory courses to courses with cognitive challenges and cultural depth is needed.[36]

Chinese universities continue to face structural and institutional obstacles when implementing general education. As mentioned above, the reform of general education in Chinese universities has been greatly influenced by the United States

34 Tolbert/Zucker 1999.

35 Liao 2012.

36 Xing, 2013.

and has borrowed from the United States in many aspects. However, the organizational structure of Chinese universities and that of American universities have many substantial differences. For example, unlike American universities, the professional orientation of undergraduate education in China is strong. American universities do not offer law and medicine programs at the undergraduate level, and some elite universities do not offer business administration programs. However, at the undergraduate level in China, law, medicine, and business administration are among the majors with the largest number of enrollees. From the perspective of higher education philosophy, Chinese universities promote general education for cultivating interdisciplinary and innovative talents, and the civic dimension of general education is missing or ignored.

We agree with Kathryn Mohrman, Shi Jinghuan and Li Manli that "general education in China is both a long tradition and a concept derived from the West"[37]. The emphasis on humanistic literacy, the cultivation of personality, and the cultivation of the whole person have deep historical origins in China. However, the curriculum model and organizational model of general education are inspired by Western models, especially the United States model.

Given that China has a long tradition of humanism and classic education, general education has been supported by many scholars, including scientists. In fact, many advocates of general education are scientists, such as Yang Shuzi, Yang Fujia, and Qian Zhirong. In a sense, the concept of "cultural quality education" (*wenhua suzhi jiaoyu*) can be regarded as a modern echo of traditional humanism. The influence of humanism is also reflected in China's translation of related Western concepts. For example, the term liberal education is often translated as "humanities education."[38] In addition, the ancient academy (Shu Yuan) tradition provided inspiration for the experiments of residential colleges, which is a manifestation of the influence of native traditions.

Although the reform of China's general education model has been deeply influenced by the United States, China's model is different from the United States in many aspects. Chinese universities do not emphasize the connection between general education and civic education. In terms of structure, China still does not have the type of higher education institution similar to small American liberal arts colleges. Law and medical majors are set up at the undergraduate level, and they occupy a relatively large proportion in Chinese universities. Furthermore, as a large country of higher education, China also hopes to be able to put forward its own higher education concepts and ideas. It is in this context that the concept of "cultural quality education" was put forward. In addition to the American tradition,

37 Mohrman et al. 2012, p. 24.

38 Huang 2007.

the British undergraduate education tradition has an impact on China's general education reform, especially in terms of tutorial system and residential college system.

Although the concept of general education has been widely accepted in China, the concept of liberal education or liberal education has gradually entered the discussion and discourse of undergraduate education as an imported product. However, for most Chinese scholars, the concept of liberal education is still unfamiliar and incomprehensible. How to effectively integrate Western liberal education concept into China's higher education system remains a major challenge. Nicholas B. Dirks, the former president of Berkeley, pointed out that in the process of China's transition to a knowledge-based economy, the undergraduate education of Chinese universities should indeed combine general education with professional education. However, there is a certain tension between the concept of liberal education in the West and the current political system in China.[39]

If a Chinese model of general education exists, then this model is a combination of traditional humanism, socialism, and Anglo-American models. The influence of traditional humanism is reflected in the concept of humanistic quality courses and the emphasis on character formation. Political public courses such as Marxism-Leninism and Deng Xiaoping Theory reflect the socialist tradition. The curriculum model of the distributed compulsory system originates from the United States, whereas the tutorial system and residential colleges system reflect British influence.

References

Beijing University of Aeronautics and Astronautics General Education Curriculum Construction Committee (BUAAGECCC) (2015): Beihang University General Education White Paper. Beijing.

Chen, Bingquan (1971): General Education. Taipei.

Cheng, Shangmo/Jin, Mengshi/Pan, Yanqiang/Wu, Kecheng/Zhang, Yizeng/Sun, Jian/Liu, Zaihua/Huang, Yuying (1982): About Mechanical Engineering Education in the United States, in: Higher education research 1, p. 76–80.

De Bary, William Theodore (2007): Confucian Tradition and Global Education, New York/ Hong Kong.

De Bary, William Theodore (2014): The Great Civilized Conversation. Education for a World Community, New York.

Dirks, Nicholas B. (2016): The Liberal Arts and the University. Lessons for China in the History of Undergraduate Education in the USA and at the University of California, in:

39 Dirks 2016.

Kirby William/van der Wende, Marijk (ed.): Experiences in Liberal Arts and Science Education from America, Europe, and Asia: A Dialogue across Continents, New York, p. 109–125.

Du Zuozhou, Jiang Qi (1933): General Education. Shanghai.

Hayhoe, Ruth (1986): Penetration or Mutuality? China's Educational Cooperation with Europe, Japan, and North America, in: Comparative Education Review 30/4, p. 532–559.

Huang, Futao (2018): Transfers of General Education from the United States to East Asia: Case studies of Japan, China, and Hong Kong, in: The Journal of General Education 66/1–2, p. 77–97.

Huang, Wansheng (2007): University Philosophy and Humanities, in: Open Times 1, p. 50–67.

Huo, Yiping (1999): Higher Education in Modern China. Shanghai.

Jiang, Genghe (1981): How to look at "Generalist" Education and "Professional" Education. From the Curriculum Setting of the Department of Electrical and Computer Engineering at the University of Wisconsin, in: Higher Education Research 4, p. 67–74.

Kuo, Ping Wen (1915): The Chinese System of Public Education. New York.

Levine, Donald N. (1984): The Liberal arts and the Martial Arts, in: Liberal Education 70/3, p. 235–251.

Li, Hongqi (1995): Traditional Chinese Academy Education. Pre-Liberal Education with Liberal Education Effects, in: General Education Quarterly 2, p. 19–41.

Li, Ke'an (2006): "Yuanpei Program" and General Education, in: Fudan Education Forum 1, p. 5–7.

Li, Manli (2006): Reflections on the Construction of General Education Concepts and Systems in Chinese universities 1995–2005, in: Peking University Education Review 4/3, p. 86–99.

Liao, Xuehong (2012): Excellence Through General Education: The Status of General Education Reform in Chinese Universities. Unpublished doctoral dissertation, UCLA.

Mohrman Kathryn/Shi, Jinghuan/ Li, Manli (2012): General Education Grounded in Tradition in a Rapidly Changing Society, in: Peterson, Patti McGill: Confronting challenges to the Liberal Arts Curriculum. Perspectives of Developing and Transitional Countries, New York, p. 24–47.

Qian, Mu (1998): Xinya Yi Duo. Taiwan.

Qian, Zhirong (1980): The Characteristics of the Curriculum of American Universities, in: Science and Technology Review 1, p. 94–95.

Qin, Shaode (2006): Learning and Exploration: Fudan's Understanding and Practice of General Education, in: China Higher Education 15, p. 31–33.

Ren, Junfeng (2012): General Education in Fudan: Dilemma and Way Out, Wenhui Daily, March 26, 2012.

Schulte, Barbara (2013): Unwelcome Stranger to the System: Vocational Education in Early Twentieth-Century China, in: Comparative Education 49/2, p. 226–241.

Shen, Wenqin (2016): Liberal Education Traditions in the United Kingdom and United States: an Historical Perspective, in: Higher Education Forum 13, p. 25–42.
Tolbert, Pamela S./Zucker, Lynne G. (1999): The Institutionalization of Institutional Theory, in: Clegg, Stewart R. /Hardy, Cynthia Hardy (eds.): Studying Organization. Theory & Method 1, London, p. 169–184.
Wang, Wanyng (2015): Yuanpei Program in Peking University. Berlin/Heidelberg.
Wilkinson, Richard H. (1963): The Gentleman Ideal and the Maintenance of a Political Elite: Two Case Studies: Confucian Education in the Tang, Sung, Ming and Ching Dynasties; and the Late Victorian Public Schools (1870–1914), in: Sociology of Education 37/1, p. 9–26.
Xing, Jun/ Ng, Pak-Sheung/ Cheng, Chloe (Eds.) (2013): General Education and the Development of Global Citizenship in Hong Kong, Taiwan and Mainland China: Not Merely Icing on the Cake. New York/ NY/Abingdon.
Yang Shuzi/Yu Dongsheng (2007): Comparison of Cultural Quality Education and General Education, in: Higher Education Research 6, p.1–7.
Zeng Zhaolun (1953): The Improvement of Higher Education in the Past Three Years. People' Education 1, p. 11–15.
Zhang, Guangdou (1980): The Experience of Visiting the United States, in: Journal of Educational Research 1, p. 3–8.
Zhou, Yuanqing (1996): Strengthen Cultural Quality Education and Improve the Quality of Higher Education, in: Teaching and Textbook Research 1, p. 4–7.
Zhang, Peigang/Lin, Shaogong (1982): The Development Trends and Characteristics of American Economics and Management Disciplines. Also on the Reform of China's Economics and Management Majors, in: Higher Education Research 2, p. 64–73.
Zhao, Wang (1982): The Harvard University School of Arts and Science Report on Common Basic Courses, in: Higher Education Research 2, p. 73–83.

Studium generale: Verschiebungen. Verwissenschaftlichung der Gesellschaft und Vergesellschaftung der Universität

Rita Casale

Studium exemplare statt studium generale

Die Kritik des Sozialistischen Deutschen Studentenbundes am Blauen Gutachten

1. Idee und Form der Universität

Die wiederkehrenden Diskussionen nach 1945 über die Idee des *studium generale* sind ideengeschichtlich Ausdruck eines Ringens um eine Idee der Universität, die in der bekannten Spätschrift Immanuel Kants von 1798 in dem Streit der unteren Fakultät (der philosophischen) mit den oberen Fakultäten (Jurisprudenz, Theologie und Medizin) ihre erkenntnistheoretische Begründung erhält und in den Universitätsschriften von Wilhelm von Humboldt ihre Gestalt annimmt. In der jüngst durchgeführten Untersuchung zur „Geschichte des *studium generale* in der BRD nach 1945"[1] wird das *studium generale* als *pars pro toto* für die Idee und die gesellschaftliche Funktion der Universität betrachtet. 1995 verweist Philipps in seiner Studie zum *Blauen Gutachten* darauf, dass Friedrich Paulsen in *Die deutschen Universitäten und das Universitätsstudium* (1902) die Universität mit dem *studium generale* gleichsetzt. Im Gegensatz zum *studium particulare* sei von Paulsen die Universität als allgemeines Studium bezeichnet worden. Die moderne Bedeutung von *studium generale* sei im *Wörterbuch der Pädagogik* (1971) von Wilhelm Helmann auf 1949 datiert worden. Es beschreibe Kurse allgemeinerer Art.[2] Während in dieser Datierung die Idee der Universität und das Format des *studium generale* zumindest chronologisch voneinander unterschieden werden, d. h. das *studium generale* auf ein Lehrformat reduziert wird, hat die oben erwähnte Untersuchung gezeigt, dass Debatten über die Form und die Funktion des *studium generale* eine unmittelbare Auseinandersetzung mit der Idee der Universität implizieren. Was unter *studium generale* verstanden wird, welches Format es annimmt, lässt sich nicht von einer bestimmten Vorstellung von Universität trennen.

Der in diesem Beitrag behandelte Fall will exemplarisch an einer bestimmten ‚historischen Episode' den Zusammenhang zwischen der Idee der Universität und der Form von Forschung und Lehre eruieren. 1961 äußert sich der Sozialistische

---

1 DFG-Projekt „Studium generale in der BRD nach 1945" (PN 351258276). Die in diesem Beitrag hervorgehobene Bedeutung des Zusammenhangs von Erziehung und *studium generale* verdanke ich einem Hinweis von Elena Tertel.

2 Philipps 1995, S. 61, 62.

Deutsche Studentenbund (SDS) in einer Denkschrift mit dem Titel *Hochschule in der Demokratie* kritisch zur Funktion und Bedeutung des *studium generale*, die repräsentativ vom Studienausschuss für Hochschulreformen 1948 im sogenannten *Blauen Gutachten* formuliert wurden.[3] Die Kritik bezieht sich explizit auf die darin enthaltene Idee der Universität, die wissenschaftsgeschichtlich und gesellschaftstheoretisch erläutert wird. Das vom *Blauen Gutachten* empfohlene *studium generale* wird auf eine wertorientierte Revision der neuhumanistischen Idee der Universität und auf eine „reaktionäre Vermassungskritik"[4] zurückgeführt, die der Krise des idealistischen Wissenschaftsverständnisses nicht Rechnung trage. Stattdessen legen die Autoren der *Denkschrift* von 1961 den Vorschlag einer neuen Studienordnung – das *studium exemplare* – vor, deren Kern die fachliche Kooperation ist.

2. *Studium generale*

Der Studienausschuss registriert 1948 in seinem Gutachten den Bedarf einer Reform der Universität und sucht dafür Alternativen zu den Vorschlägen der Besatzungsmächte. Er erkennt die Notwendigkeit einer politischen und sozialen Öffnung der Universität, zugleich erinnert er an die europäische Tradition der deutschen Universität und hält am Elite- und Ausleseprinzip fest. Dabei wird zwischen einer praktischen Ebene (soziale Öffnung der Universität), für die Reformen erforderlich sind, und einer im Kern gesunden ideellen Ebene (wissenschaftliche Erforschung der Wirklichkeit im Dienst am Menschen) differenziert.[5] Die Vermittlung von ideeller und praktischer Zielsetzung wird durch vier Vorschläge konkretisiert, zu denen eine explizite Empfehlung zur Einrichtung eines *studium generale* gehört:

> 1. Weitergehende Erleichterung des Studiums für Unbemittelte;
> 2. Förderung des Kontakts der Hochschule mit allen Schichten der Gesellschaft durch einen Hochschulrat;
> 3. Verbreiterung des Lehrkörpers;
> 4. Förderung der Erziehung und der Einheit der Bildung durch ein „studium generale".[6]

---

3 Im Januar 1948 wurde vom Militärgouverneur für die britische Besatzungszone in Deutschland ein Ausschuss berufen, der sich mit der Erstattung eines Gutachtens über die Notwendigkeit und Möglichkeit einer Hochschulreform befasste. Zur Entstehung und zum Kontext des *Blauen Gutachtens* siehe Philipps 1995.

4 Nitsch/Gerhardt/Offe/Preuß 1965, S. 330.

5 Studienausschuß 1948, S. 2.

6 Ebd.

Die Einrichtung eines *studium generale* als Universitätsprogramm wird als zentrale Maßnahme zur gesellschaftlichen Erneuerung der Universität nach dem Zweiten Weltkrieg angesehen, zu deren Aufgaben für den Studienausschuss nicht nur Forschung und Lehre gehören, sondern auch die Erziehung der zukünftigen Elite. Mit der Einführung der Erziehung als dritte Säule neben Forschung und Lehre wird beabsichtigt, die Humboldt'sche Idee der Universität zugleich zu bewahren und zu reformieren.[7] Der Einführung des *studium generale* wird eine doppelte Aufgabe zugewiesen, eine sozialisatorische und eine erkenntnistheoretische. Sozialisatorisch habe es einen Erziehungsauftrag zu erfüllen, der als Leerstelle im Bildungskonzept der neuhumanistischen Universitätsidee angesehen wird.[8] Gemeint sind die staatsbürgerliche Erziehung und die Befähigung zu einer akademischen Lebensführung.[9]

Erkenntnistheoretisch habe das *studium generale* die Einheit der Bildung zu gewährleisten, die von der wachsenden Spezialisierung der Wissenschaften und vom Triumph der Technik bedroht sei. In diesem Sinne habe es die Aufspaltung der Hochschule in hochspezialisierte Fachschulen zu konterkarieren.[10]

Im *Blauen Gutachten* wird darauf verzichtet, einen konkreten Vorschlag für die Gestaltung des *studium generale* zu formulieren, zugleich wird jedoch festgehalten, dass „die Vorlesungen für Hörer aller Fakultäten" als Programm für die institutionelle Einrichtung des *studium generale* an der Universität nicht ausreichend seien. Gedacht wird vor allem an die Einrichtung von Colleges und an ein Studienprogramm für allgemeinbildende Fächer bzw. Grundwissenschaften, das in Verbindung mit den Studentenvertretern, Altakademikern und berufenen Vertretern des öffentlichen Lebens für Studierende aller Fakultäten einzuführen sei.

In der Forschungsliteratur zur neueren Geschichte des *studium generale* wird das *Blaue Gutachten* als das zentrale bildungspolitische Dokument in der unmittelbaren Nachkriegszeit betrachtet. Wie aber schon Stefan Paulus 2010 in seiner Studie zur Amerikanisierung der Universität und der Wissenschaft in Westdeutschland für die Jahre von 1945–1976 rekonstruiert hat, ist die Position, die im *Blauen Gutachten* formuliert wird,

> das Ergebnis eines komplexen Diskurses zwischen deutschen und anglo-amerikanischen Stellen [...], dessen Verlauf sich über die Schwalbacher Richtlinien bis hin zum Paty-Cottrell-Report, den beiden ERAB-Memoranden (September/November 1946) und

7 Hinsichtlich der Position des *Blauen Gutachtens* spricht Margherita von Brentano von einer „konservativ-reformatorischen Tendenz", die die gesamten bildungspolitischen Diskussionen der 1950er und 1960er Jahre prägt (Brentano1967).

8 Wolbring 2014, S. 208.

9 Studienausschuß 1948, S. 82.

10 Ebd., S. 117.

schließlich den ersten Marburger Hochschulgesprächen (Juni 1946) zurückverfolgen läßt.[11]

Für das im Zusammenhang mit dem *Blauen Gutachten* formulierte Verständnis des *studium generale* als erzieherische Maßnahme zur akademischen Lebensführung sind vor allem die Marburger Hochschulgespräche von historischer Relevanz,[12] insbesondere der Bericht über das Gespräch vom 23.5.1948. Hier kommen die Topoi zur Sprache, die jene „konservativ-reformatorische" Rhetorik der 1950er Jahre prägen wird: die Rettung des Abendlandes, der Rekurs auf die europäische Tradition, der Erziehungsauftrag der Universität. Neben Forschung und Lehre habe die Hochschule

> 1. [...] auch den Auftrag, die ihr anvertraute Jugend zu erziehen. In der gegenwärtigen Krise, die die gesamte Kulturwelt, in besonderer Schärfe aber Deutschland erfasst hat, kommt diesem Auftrag erhöhte Bedeutung und Dringlichkeit zu.
> 2. [...] Es ist für die Bewahrung des abendländischen Geistes und für das Schicksal unserer Kultur schlechthin entscheidend, daß Staat und Gesellschaft die Idee der Erziehung zur Wissenschaftlichkeit anerkennen und die Fähigkeit der Hochschule, sie zu verwirklichen, erhalten und stärken.
> 3. Die Hochschule muß den sittlichen und religiösen Kräften Raum zur Entfaltung geben, die den Charakter im Geiste unserer abendländischen Tradition zu formen berufen sind.[13]

Diese bewahrende Revision der Idee der Universität ist im Kontext einer allgemeineren Rehabilitierung des Erziehungsbegriffs zu verorten, die unterschiedlich begründet wurde. Sie ist zweifellos auf den Einfluss des vom Pragmatismus geprägten Programms der amerikanischen Militärregierung zur *Re-education* der Zivilgesellschaft zurückzuführen,[14] sie findet sich aber auch bei Autoren wie Theodor W. Adorno, Max Horkheimer oder Alexander Mitscherlich im Zeichen einer neuen Aufklärung oder wie bei Hannah Arendt als Korrektiv zur amerikanischen

11 Paulus 2010, S. 140.

12 Sie wurden von dem amerikanischen Universitätsoffizier Edward Hartshorne in Zusammenarbeit mit dem ersten Marburger Rektor der Nachkriegszeit, dem Philosophen Julius Ebbinghaus, initiiert. Anwesend waren Vertreter von 25 Hochschulen aus den westlichen Besatzungszonen und aus der Schweiz, Ministerialbeamte, Publizisten, Wissenschaftler wie Alfred Weber, Alexander Mitscherlich und der Jurist und Rektor der Universität Frankfurt Walter Hallstein.

13 Neuhaus 1961, S. 261–262.

14 Unter dem Einfluss des Pragmatismus steht z. B. die Gleichsetzung von Bildung und Erziehung, die Saul Robinsohn, von 1964 bis 1972 Direktor des 1963 gegründeten Max-Planck-Instituts für Bildungsforschung, erst Ende der 1960er Jahre in seiner Schrift zu Bildungsreform als Revision des Curriculums (1967) formuliert hat.

Reformpädagogik. Bezogen auf die Universität wird Erziehung von konservativ-liberalen Vertretern als das Medium zur Bewahrung des „gesunden Kerns" gern gesehen. Die Zerstörung des akademischen Lebens während des Kriegs, die Sorge vor den Gefahren einer Wiederherstellung alter, überlebter Gemeinschaftsformen,[15] die soziale Umschichtung der Studentenschaft: All dies ließ Autoren wie Karl Jaspers oder Hermann Heimpel an jener wissenschaftlichen Mündigkeit und am geistesaristokratischen Habitus zweifeln, die der Einheit von Forschung und Lehre zugrunde liege. Diese neue Lage der Universität stellt für die liberal-konservativen Autoren einen weiteren zentralen Aspekt der humboldtschen Idee der Universität in Frage: Die Gemeinschaft der Lehrenden und Lernenden. Diese könne nicht mehr zur Bedingung der Freiheit und der Einheit von Forschung und Lehre gemacht werden.[16]

In der *Denkschrift* des SDS wird Bezug auf eine Rede genommen, die Heimpel zur Eröffnung der ständigen Konferenz der Kultusminister und der Westdeutschen Rektorenkonferenz vom 19. bis 22. Oktober 1955 in Bad Honnef gehalten hat. In dieser Rede weist der Mediävist explizit darauf hin, dass es sich bei dem neuen Universitätsauftrag nicht – wie in den Marburger Hochschulgesprächen – um Erziehung zur Wissenschaftlichkeit, sondern um Erziehung in pädagogischer Hinsicht handelt:

15 Zum Erziehungsauftrag der Universität wird auch die Förderung der Bildung von studentischen Gemeinschaften gezählt, die sich vom Geist der farbentragenden und schlagenden Verbindungen der Vergangenheit unterscheiden mussten (vgl. den Bericht der westdeutschen Rektorenkonferenz in München am 21.4.1949, den Hinweis in dem Bericht der Westdeutschen Rektorenkonferenz in Tübingen am 11.10.1949 auf die Entschließung des Großen Senats der Universität Tübingen zur Gründung studentischer Gemeinschaften, den Hinweis auf die studentischen Verbindungen in der westdeutschen Rektorenkonferenz in Marburg am 3.5.1952, die Empfehlung der Westdeutschen Rektorenkonferenz für die politische Bildung und Erziehung an den Universitäten und Hochschulen in Göttingen am 6.1.1954, Neuhaus 1961, S. 37–40, 50–51; siehe dazu Wolbring 2014, S. 207 f.). In der Reaktion auf den Fragebogen, der im Vorfeld zur Vorbereitung des *Blauen Gutachtens* u. a. den Hochschulen gesendet wurde, antwortet Hans-Georg Gadamer, seit 1947 Professor an der Wolfgang-Goethe-Universität in Frankfurt am Main: „Das Verhältnis zwischen Erziehung und Unterricht an den deutschen Universitäten [hat sich] in den letzten Jahrzehnten grundlegend geändert. Durch den Wegfall der studentischen Verbindungen ist die studentische Selbsterziehung im wesentlichen ausgefallen, und die Universität muß darauf bedacht sein, hier einzutreten" (zitiert nach Philipps 1995, S. 28).

16 Jaspers 946/2016, S. 191. Auch der Mathematiker Heinrich Behnke plädiert für die Erziehung der intellektuellen Jugend und betrachtet zugleich mit Skepsis die Verlagerung einer solchen Aufgabe in einen universitären Kontext. Verstehe man, im Sinne des *Blauen Gutachten*, das *studium generale* als eine Art staatsbürgerlicher Erziehung sei der prädestinierte Ort dafür nicht die Universität, sondern das Gymnasium. Angesichts dessen, dass zur deutschen Universität „die deutsche höhere Schule" (Behnke 1950, S. 370) gehöre, sei das *studium generale* in der Oberprima zu verorten.

> Indem dabei Erziehung nicht gemeint ist als die im Sinne des Idealismus wirkende Menschenformung durch die wissenschaftliche Wahrheit selbst, sondern indem unter Erziehung verstanden wird eine außerhalb der Wissenschaft erstrebte pädagogische Einwirkung auf die Studenten, liegt in dieser Hinzufügung eines besonderen Erziehungsauftrages zu den alten Hochschulaufgaben der eigentliche revolutionäre Kern aller Hochschulreformen.[17]

Die Denkschrift des SDS nimmt explizit den konservativen Charakter einer solchen Reform ins Visier, die im *Blauen Gutachten* im Sinne Heimpels als „bewahrende Reform" empfohlen wurde. Der Universität solle „energisch das Recht abgesprochen werden, ihre Studenten auf ein verbindliches Erziehungsleitbild zu verpflichten".[18]

3. Die Kritik des Sozialistischen Deutschen Studentenbundes am *studium generale*

Gegründet 1946, war der politische Studentenverband aus Westdeutschland und West-Berlin bis Mai 1960 der Hochschulverband der Sozialdemokratischen Partei Deutschlands. Auf der IX. Bundesdelegiertenkonferenz des Sozialistischen Deutschen Studentenbunds (SDS) in Marburg vom 27. bis 29. Oktober 1954 wird der Auftrag für eine Denkschrift mit dem Titel *Hochschule in der modernen Gesellschaft* beschlossen. „Nach langjähriger Arbeit in Arbeitskreisen in Berlin, Freiburg, Frankfurt und Göttingen legte der Berliner Hochschularbeitskreis am 8. Oktober 1961 – während des Trennungsprozesses von der SPD – auf der XVI. ordentlichen Delegiertenkonferenz des SDS in Frankfurt eine 180 Seiten starke Denkschrift *Hochschule in der Demokratie* vor."[19] Verfasser der vorgelegten Hochschulschrift sind Uta Gerhardt, Wolfgang Nitsch, Claus Offe und Ulrich K. Preuß. Die Arbeit wird einige Jahre später in einer wissenschaftlich weiter ausdifferenzierten und begrifflich revidierten Fassung unter dem Titel *Hochschule in der Demokratie. Kritische Beiträge zur Erbschaft und Reform der deutschen Universität* mit einem Vorwort von Jürgen Habermas (1965) erscheinen.[20]

---

17 Heimpel 1956, S. 8.

18 SDS 1961, S. 24.

19 Fichter/Lönnendonker 2021, S. 185.

20 Themen der Denkschrift waren die „Wissenschaft als Arbeitsprozess in der Hochschule", der „Begriff des Studiums", der „Bildungs- und Erziehungsanspruch der Hochschule", die „Ziele und Schwerpunkte des Studiums", die „Gliederung des Studiums", die „Arbeitsformen" der Hochschule, die „Akademischen Freiheiten und die soziale Demokratie", die „Verfassungswirklichkeit der Hochschule", die „Verfassungsideologie der deutschen Universität", „Thesen zur Demokratisierung der Hochschule", die „soziale Lage der Studentenschaft" und die Einführung eines „Studienhonorars".

Im Unterschied zu Humboldts Idee der Universität, die der Idee der Erkenntnis und der Freiheit verpflichtet ist, sieht der SDS die Aufgabe der Universität, der Tradition der Aufklärung folgend, in ihrem Dienst für die Gesellschaft. Die gesellschaftliche Funktion der Universität wird zu ihrer Idee. Wissenschaft habe nicht nur im Sinne der Aufklärung nützlich für die Gesellschaft zu sein, sie bilde nach dem Zweiten Weltkrieg eher einen unmittelbaren wirtschaftlichen Faktor und bestimme die Modalitäten der Vergesellschaftungsprozesse:

> In der jüngsten Vergangenheit erging an die Universität immer wieder die Aufforderung, sich als Institution in der Gesellschaft zu begreifen. Ein solches Selbstverständnis muß die Erkenntnis einschließen, daß die Universität von der Gesellschaft ausschließlich nach ihrer Leistung eingeschätzt wird und daß ihr konkrete Aufgaben gestellt werden. Bei dem gegenwärtigen Stand der industriellen Entwicklung sind dies: erstens, die Erarbeitung verwertbarer Forschungsergebnisse und zweitens, die Ausbildung wissenschaftlich qualifizierter Fachleute. Diese Aufgabenstellung zieht die liebgewordene Fiktion einer zweckfreien Forschung als einer Leistung „spielerischer Muße" grundsätzlich in Zweifel. Die Universität tritt in die Nähe eines für den Markt arbeitenden Produktionsbetriebs. Damit müssen aber auch jene Leitbilder überprüft werden, die die deutsche Universität zu Beginn des 19. Jahrhunderts geistig und organisatorisch geprägt haben.[21]

Idee und Funktion der Universität werden in Anlehnung an die – vor allem soziologischen – Analysen von Max Horkheimer und Helmut Schelsky neu bestimmt. Eine breitere Auseinandersetzung mit den veränderten erkenntnistheoretischen Voraussetzungen der Idee der Universität wird erst in der Überarbeitung von *Hochschule in der Demokratie* von 1965 stattfinden. Sie stellen aber, wenn auch implizit, den theoretischen Hintergrund der Kritik an dem Format des *studium generale* dar, das im *Blauen Gutachten* 1948 empfohlen wird und das in der *Denkschrift* des SDS Gegenstand der Kritik wird. In den Schriften Horkheimers zur Universität (1953) wird gezeigt, dass sich die Funktion und die Idee der Universität sowie ihre möglichen Studien- und Lehrformate seit Ende des 19. Jahrhunderts nicht getrennt von der wachsenden – auch in ökonomischer Hinsicht – Bedeutung der Naturwissenschaften und von der damit verbundenen Krise des Idealismus betrachten lassen. Sie werden in Beziehung zu einem spezifischen Modus der Vergesellschaftung gesetzt, den Horkheimer und Adorno als „verwaltete Welt" bezeichnen.[22] Das Ganze, das der idealistischen Philosophie zugrunde liegt und zur Voraussetzung der

---

21 SDS 1961, S. 3.

22 Siehe dazu die Aufzeichnungen des Rundfunkgesprächs von Adorno/Horkheimer/Kogon 1950/1989; Horkheimer 1953, S. 34.

Identität von Sache und Geist dient,[23] ist für Horkheimer als eine nach der Logik kapitalistischer Produktionsverhältnisse durchrationalisierte Totalität zu begreifen. Gegenüber einer solchen Form der Vergesellschaftung hilft für Horkheimer ein *studium generale*, das von Jaspers' Idee des Universums als Kosmos ausgeht,[24] nicht. Weder befähigt es zur Kritik noch liefert es einen Beitrag für eine Erziehung zur Humanität,[25] worin der Universitätsauftrag nach 1945 für ihn besteht:

> Es gibt nicht eine Art Dachorganisation der Wissenschaft, die das durch den Rationalisierungsprozeß Getrennte durch einen weiteren Schritt der Rationalisierung künstlich wieder zusammenbringt. Auch ein reformiertes Studium Generale [...] wird uns hier nicht helfen. Die Welt, in der wir heute leben, ist kein Kosmos; sie ist nicht universal, sondern bis in ihr innerstes Gefüge durchfurcht von Widersprüchen [...].[26]

Die Skepsis gegenüber einer universalistischen Idee der Universität als *universitas litterarum*, deren sich widerspiegelnde Einheit ihr Fundament einerseits in einer kosmologischen Auffassung der Welt, andererseits in einer die Welt erschließenden *scientia prima* hat, mündet in den Schriften Horkheimers nicht in eine Verabschiedung von der Philosophie und in eine Aberkennung ihrer aufklärerischen Bedeutung. Als ihr Gegenstand wird aber nicht mehr die Welt betrachtet, sondern die „verwaltete Welt", d. h. die Gesellschaft unter Berücksichtigung ihrer spezifischen Produktionsverhältnisse. Diese sachliche Verschiebung von der Welt als gemeinsamem Universum zur Gesellschaft führt bei den Vertretern der Kritischen Theorie zu einer Kritik an der Philosophie oder den Geisteswissenschaften als Dachorganisation (d. h. als Grundlage für ein *studium generale*) und zu einem Plädoyer für ein dialektisches Verhältnis des Besonderen zum Allgemeinen, d. h. in dem hier behandelten Zusammenhang zu einem Plädoyer für ein dialektisches Verhältnis eines spezifischen Fachs zu seinen Grenzen.

Auch die Analysen, die Helmut Schelsky in seinem 1963 erschienenen Werk *Einsamkeit und Freiheit. Idee und Gestalt der deutschen Universität und ihrer Reformen* formuliert und die 1961 den Autoren der *Denkschrift* in einer verschriftlichen Fassung schon bekannt waren, gehen von einem veränderten erkenntnistheoretischen Verständnis im Vergleich zu dem, was von Humboldts Idee der Universität vorausgesetzt wird, und von einer neuen gesellschaftlichen Funktion der Naturwissenschaften aus. Die radikale Veränderung der wissenschaftlichen Erkenntnis

---

23 Horkheimer 1953, S. 37.

24 Siehe zu Jaspers Idee des *studium generale* Dingler/Tertel 2020.

25 Horkheimer 1953, S. 9, S. 38.

26 Ebd., S. 12, siehe auch S. 37. Kritisch zum Format des *studium generale* äußert sich Adorno auch in einem Zeitungsartikel von 1956 (Adorno 1956).

erfordert für Schelsky eine strukturelle Reform der Universität.[27] Ein grundlegender Beitrag dazu sei noch nicht geleistet worden. Weder reiche es aus, sich auf den „gesunden Kern" zurückzubesinnen, wofür das *Blaue Gutachten* plädiert, noch könne die Universität reformiert werden, ohne die veränderten ideellen und institutionellen Bedingungen zu berücksichtigen.[28] Die Notwendigkeit einer Universitätsreform wird von Schelsky aus der veränderten Natur der Wissenschaft abgeleitet. Dem Paradigma der experimentellen Naturwissenschaften folgend, sei die wissenschaftliche Erkenntnis zu einer „Technik" geworden.[29] Dementsprechend gäbe es keinen Unterschied mehr zwischen Wissenschaft als Erkenntnis und Wissenschaft als Anwendung. Die Wissenschaft wird als eine Praxis verstanden, die zugleich gesellschaftlich geprägt und gesellschaftlich prägend ist. In der Passage aus Schelskys Universitätsschrift, die in der *Denkschrift* des SDS 1961 zitiert wird, wird dieser doppelte Prozess mit zwei Bezeichnungen charakterisiert: Vergesellschaftung der Wissenschaft und Verwissenschaftlichung der Gesellschaft.

> Die Wissenschaften haben sich in den letzten 150 Jahren nicht nur in ihrer Wissensstruktur und der daraus fließenden Organisation gewandelt, sie haben vor allem auch ihr Verhältnis zur Praxis, zum bürgerlichen und beruflichen Leben, entscheidend gegenüber der in der Universität Humboldts und Fichtes angenommenen Beziehung verändert. Die neuen Formen des naturwissenschaftlichen und späterhin auch des sozialwissenschaftlichen Wissens haben mit der in ihrem Wesen liegenden technischen Dimension der ‚Anwendung' die gesamte menschliche und soziale Praxis einer derartigen Umgestaltung und Bearbeitung unterworfen, daß wir von einer Verwissenschaftlichung aller Praxis, einer Verwissenschaftlichung der Gesellschaft sprechen müssen. Rückwirkend, aber auch aus dem eigenen Wesen einer zunehmend arbeitsteiligen und rationalen Verwaltung und Wirtschaft entstehend haben Staat, Wirtschaft und Gesellschaft immer neue Bedürfnisse an die Wissenschaft und an die Hochschulen herangetragen, so daß umgekehrt ebenso die Vergesellschaftung der Wissenschaft und der Universität erfolgt ist.[30]

Der hier beobachtete doppelte Prozess verändert für Schelsky die Idee, die Organisation und die Funktion der Universität. Bezogen auf das *studium generale* unterscheidet sich die Position Schelskys nicht grundsätzlich von Horkheimers skeptischer Haltung. In Anlehnung an die Vertreter der Kritischen Theorie betrachtet Schelsky das *studium generale* als die Reduktion von Bildung als eine Ideologie,

27 Schelsky 1963, S. 191.

28 „Die Besatzungsmächte selbst haben kaum zu einer ideellen und institutionellen Reform der deutschen Universität beigetragen" (ebd., S. 177).

29 Ebd., S. 186 f.

30 Ebd., S. 204.

der ihr Fundament entzogen worden ist und die an der Universität als Kulturindustrie praktiziert wird.[31] Bis 1952 sei im *studium generale* eine propädeutische Ergänzung zum Lehrplan gesehen worden, die vor allem auf die Studienanfänger gerichtet gewesen sei. Eine solche Universitätsreform, die schon Ende der 1950er Jahre auf keine große Resonanz mehr gestoßen sei,[32] wird von Schelsky sowohl in Verbindung mit der während der Weimarer Republik angestrebten Universitätsreform gebracht als auch auf einen gewissen Einfluss[33] der angelsächsischen Reformanregungen zurückgeführt.

In Anlehnung an die geschilderten Analysen Horkheimers und Schelskys setzen sich die Autoren der *Denkschrift* mit der Idee der idealistischen Universität auseinander. Gegenstand der Analyse sind vor allem drei Aspekte: die Autonomie der Universität, die Einsamkeit und Freiheit und die Einheit von Forschung und Lehre. Das Prinzip der Autonomie wird historisch kontextualisiert und zugleich als Rechtfertigung der angeblichen Neutralität der Ordinarien kritisiert;[34] das Prinzip ‚Einsamkeit und Freiheit' wird auf die soziale Ideologie der idealistischen Universität reduziert; die Einheit von Forschung und Lehre wird noch zwar für notwendig gehalten und zugleich revidiert. Die Vergesellschaftung der Wissenschaft führe zu einer Pädagogisierung der Universität, die sich allerdings von der vom preußischen Kultusminister Carl Becker angestrebten Reform in der Weimarer Republik[35] unterscheidet. Die Universitätslehre widme sich nicht mehr ausschließlich der Exposition der Forschung wie in der Humboldt'schen Vorstellung von Universität, sondern sie diene der Ausbildung der Studierenden, sie solle nicht nur zur Forschung, sondern vor allem zum Beruf befähigen. Bildung wird also in der pädagogisierten Universität zur Ausbildung, Lehre zum Unterricht:

> Sobald sich das Studium, sei es auch nur im Sinne einer wissenschaftlichen Vorbildung, unmittelbar auf eine spätere Berufstätigkeit richtet, die heute immer spezialistisch sein muß, tritt notwendig die Forderung, bestimmte berufsdienliche Kenntnisse und intellektuelle Fähigkeiten zu erwerben, an den Studierenden heran. Das Studium wird Unterricht, und es entfaltet sich wiederum das System der reglementierten Fachleistungen, das in den Universitäten außerhalb Deutschlands nie in dem Maße wie bei uns verschwunden war. [...].[36]

31 Ebd., S. 228.

32 Siehe dazu auch Anger 1960, S. 263 f.

33 Siehe den Beitrag von Phillips in diesem Band.

34 SDS 1961, S. 7.

35 Siehe auch Nitsch/Gerhardt/Offe/Preuß 1965, S. 328. Zur Pädagogisierung der Universität im Sinne Beckers siehe Casale/Dingler 2020, S. 84 f.

36 SDS 1961, S. 7. S. 207–208.

Die Vertreter des SDS halten also an der Einheit von Forschung und Lehre fest und erkennen zugleich deren gesellschaftlich notwendige und bereits vollzogene Entkopplung. Hiermit führen sie eines der zentralen Argumente einer späteren Empfehlung des Wissenschaftsrats ein, das auch seitens der Studierenden stark kritisiert werden sollte. 1966 wird der Wissenschaftsrat in den *Empfehlungen zur Neuordnung des Studiums an den wissenschaftlichen Hochschulen* eine Differenzierung des Studiums in ausbildende und wissenschaftliche Studiengänge vorschlagen.[37]

Nach der Auseinandersetzung mit den Prinzipien, die der humboldtschen Idee der Universität zugrunde liegt, wenden die Autoren der *Denkschrift* ihren Blick auf die unterschiedliche Funktion des Studiums in der mittelalterlichen, frühneuzeitlichen (Artistenfakultät) und in der neuzeitlichen Universität. In der Artistenfakultät der mittelterlichen Universität habe das *studium generale* einen propädeutischen Charakter, während ihm in der klassischen, d. h. humboldtschen Universität keine vorbereitende Funktion zugeschrieben worden sei. Sachkundig stellen die Autoren fest, dass im Unterschied zur Schule in der neuzeitlichen Universität die wissenschaftliche Mündigkeit der Studierenden vorausgesetzt gewesen sei. Das Studium habe hiermit an der Universität unmittelbar einen forschenden Charakter erhalten:

> Gemäß dem klassischen Selbstverständnis der Universität Humboldts und Fichtes sollte in ihr allein die in ‚Einsamkeit und Freiheit' geübte und erlernte Beschäftigung mit der wissenschaftlichen Erkenntnis eine veredelnde Wirkung bei der Formung der menschlichen Persönlichkeit hervorbringen: ‚Bildung des Menschen durch Wissenschaft; durch eine Wissenschaft, welche nicht als ausgebreitetes Dogma, sondern als Einheit von Forschung und Lehre besteht' [...]. Das Studium wurde verstanden als ein ständiger Prozeß der freien individuellen Selbstentfaltung, zur Selbsterkenntnis des Menschen durch die schöpferische Methode des Erkennens der Welt, ein Prozeß, der auf sokratische Weise vom Lehrer in Gang zu setzten sei. Für den spekulativen Idealismus führt der freie Durchbruch des höheren Geistes der wissenschaftlichen Erkenntnis selbst zur erfüllten Individualität, als Teilhabe am Selbstvollzug des Absoluten [...]. In diesem Prozess stehen sich Professoren und Studenten nicht wie Erzieher und Erziehungsobjekte gegenüber, sondern die akademischen Lehrer sind Fragende und Suchende wie ihre Studenten, mit denen sie in einem produktiven Dialog der Kritik und Selbstkritik stehen. In bewußter Abwendung von der alten zunftmäßig-patriarchalischen Universität, dem schulmäßigen *studium generale* der Artisten-Fakultät mit ihren unmündigen Zöglingen, behandelte die klassische Universität ihre Studenten hartnäckig – im Zweifelsfalle auch gegen ihren Willen – als erwachsene Menschen. Sie ist ihrem Grundgedanken gemäß verpflichtet, daran festzuhalten, soll nicht die Freiheit der Wissenschaft selbst Schaden nehmen. [...] Mit der Methode der Bildung war auch die Stellung des Studenten in der Wissenschaft eindeutig

37 Wissenschaftsrat 1966, S. 30.

und dauerhaft festgelegt. Die Selbstentfaltung der Persönlichkeit durch den höheren Geist der wissenschaftlichen Erkenntnis vollzieht sich auf höchst individuelle Weise, weshalb die akademische Freiheit des Studiums seine Grundvoraussetzung ist. Die Aufgabe des *studium generale*, der pädagogischen Vorbereitung zum Studium, übernahm die höhere allgemeinbildende Schule, während der Begriff der Pädagogik für die Hochschule der erwachsenen Studenten als nicht sachgemäß erschien.[38]

Die Stärkung des ausbildenden Charakters der Universität nach 1945 führt aber für die Vertreter des SDS zu einer Pädagogisierung,[39] die sich nicht nur auf die Infragestellung der Einheit von Forschung und Lehre begrenzt, sondern insbesondere auch den erziehenden Charakter der Lehre und der Universität im Allgemeinen betrifft. Damit sind die verschiedenen Formate des *studium generale* gemeint, das nach 1945 als entscheidende Hochschulreform betrachtet worden sei.

Der Analyse der neuen Pädagogisierung der Universität folgt eine differenzierte Erörterung des unterschiedlichen kulturellen und politischen Hintergrunds des Gebrauchs des Erziehungsbegriffs im akademischen Kontext der Nachkriegszeit. Die unterschiedlichen Erziehungsvorstellungen werden wie folgt plastisch zusammengefasst:

Die allgemein-menschliche Erziehung zu allseitiger Entwicklung der menschlichen Person durch Pflege des Musischen, der Leibesübungen und der Geistesbildung.
Eine akademische Standes-Erziehung in Anknüpfung an entleerte und formalisierte bildungshumanistische Traditionen oder Erziehungsziele der Korporationen.
Die demokratische Gemeinschaftserziehung, unter Übernahme angelsächsischer Traditionen, zur Einübung partnerschaftlicher, sozialer Verhaltensweisen.
Pflege der Allgemeinbildung durch *studium generale* als spezifische Form der Erwachsenenbildung als Fortsetzung der bildungshumanistischen Tradition des deutschen Gymnasiums, aber einschließlich politischer Bildung.
Politische Bildung als Weiterentwicklung der ‚Staatsbürgerkunde' in der Schule, zur Wissensvermittlung, verbunden mit der Erzeugung politischen Engagements.[40]

Der Rekurs auf das erste Leitbild – „Die allgemein-menschliche Erziehung zu allseitiger Entwicklung der menschlichen Person durch Pflege des Musischen, der Leibesübungen und der Geistesbildung" – wird als eine ältere Form der Pädagogisierung der Universität interpretiert, die auf die von Carl Becker während der Weimarer Republik angestrebte Reform zurückgeführt wird. Als Alternative zur

38 SDS 1961, S. 19.
39 Zur gegenwärtigen Bedeutung einer Pädagogisierung der Universität siehe Groppe 2016.
40 Ebd., S. 22.

Spezialisierung befürwortete Becker die Renaissance einer humanistischen Idee des Ganzen. Die neue humanistische Bildung hat beim Ausleseverfahren demokratisch zu sein, aber bei dem Ziel, zu dem erzogen werden soll, aristokratisch zu bleiben.[41]

Das zweite Leitbild – das Modell des College – oder Heimuniversität – stellt für die Autoren der Denkschrift den bisher konsequentesten Angriff auf die Mündigkeit der Studierenden und auf die akademische Freiheit dar. Die College-Erziehung entspreche einer Gesellschaftsordnung, in der sich ein homogenes soziales Erziehungsleitbild aufgrund eines einheitlichen Menschenbildes durchgesetzt habe (z. B. das des ‚gentleman' im alten England oder das Menschenbild der sowjetischen Universität).[42]

Das dritte Leitbild – Pflege der Allgemeinbildung durch das *studium generale* als spezifische Form der Erwachsenenbildung – wird auf den Reformvorschlag des *Blauen Gutachtens* bezogen. Dieser Vorschlag bringe das geistige Vakuum zum Ausdruck, das nach dem Nullpunkt von 1945 entstanden sei. Die vom Studienausschuss angestrebte Reform stehe für die Unfähigkeit, die Universität ideell zu erneuern. Statt eine neue Idee der Universität zu entwickeln, habe der Studienausschuss sich für eine konservative Wertorientierung als Leitbild entschieden.

Das letzte Leitbild sieht eine politische Bildung der Studierenden vor, um sie zu demokratisieren, und ist vor allem geprägt von den Vorstellungen der Alliierten einer *Re-education* der Zivilgesellschaft.[43] Kritisiert wird diesbezüglich die Betrachtung der politischen Bildung als isolierte Erziehungsaufgabe und nicht als

---

41 Becker 1930, S. 34.

42 SDS 1961, S. 23. Zum englischen und amerikanischen Modell des College und dessen Einfluss auf die Diskussionen über Hochschulreformen in der unmittelbaren Nachkriegszeit siehe Wolbring 2014, S. 224 f. In der Überarbeitung der *Denkschrift* des SDS von 1965 wird bezüglich der Notwendigkeit einer Gemeinschaftserziehung in Kollegienhäusern nach dem englischen Modell auf die Anregungen des Wissenschaftsrates zur Gestalt neuer Hochschulen von 1962 hingewiesen (Nitsch/Gerhardt/Offe/Preuß 1965, S. 325). Der Wissenschaftsrat empfiehlt 1962 die Einrichtung von Kollegienhäusern, die den Studierenden die Wege zur Selbsterziehung im Zusammenleben ermöglichen sollten. Sie sollten zum Mittelpunkt der akademischen Studien- und Lebensgemeinschaft werden und einen festen Platz in der Konzeption der Universität und ihrer Organisationsform haben. Die Kollegienhäuser sind vor allem für die Studierenden der Anfangssemester gedacht, mit Club- und Diskussionsräumen, einem Versammlungsraum für gemeinsame Veranstaltungen, Hausbibliothek, Garten- und Sportanlagen (Wissenschaftsrat 1962, S. 76–79). Kritisch richten sich die Analysen von Nitsch, Gerhardt, Offe und Preuß auch gegen den Plan von Rothe zur Gründung einer Universität in Bremen als „Heimuniversität", die sie mit der Formulierung „Hochschule als Erziehungsanstalt" bezeichnen (Nitsch/Gerhardt/Offe/Preuß 1965, S. 329).

43 Siehe dazu Zook 1946. In der Überarbeitung der Denkschrift von 1965 wird dieses Leitbild ausführlicher und differenziert behandelt und auch mit den Bestrebungen unterschiedlicher Gremien in Verbindung gebracht. Explizit erwähnt werden die Überlegungen zur politischen Bildung der Hinterzartener Hochschulkonferenz von 1952 und des SDS (Nitsch/Gerhardt/Offe/Preuß 1965, S. 339).

„Bestandteil einer umfassenden Demokratisierung des Hochschul- und Bildungswesens".[44]

Trotz der Unterschiede der Leitbilder und der kulturellen Vorstellungen, die sie beeinflussen und die sie zugleich transportieren, gehen alle von Studierenden als unmündigen Individuen aus, die es zu erziehen gilt. Demensprechend werden sie durch das Studium nicht zur Kritik befähigt, sondern in eine bestimmte Weltanschauung eingeführt.

Die Einwände der *Denkschrift* richten sich gegen die Vorstellung dieser neuen pädagogisierten Bestimmung der Universität und heben den autoritären Charakter eines *studium generale* hervor, das – wie im *Blauen Gutachten* explizit formuliert – im Zusammenhang mit der Erziehung als gegenwärtiger Aufgabe der Universität gedacht wird:

> Wegen der autoritären Wirkungen des gegenwärtigen Lehrbetriebs der Universität und angesichts des immer stärker betonten einseitigen Erziehungsanspruchs besteht jedoch nicht die Chance, daß ein Studium generale mit weltanschaulichen Vorzeichen den Charakter einer offenen kritischen Auseinandersetzung zwischen den einzelnen akademischen Lehrern und unter den Studenten erhielte. Die popularisierte, notwendigerweise oberflächliche Vermittlung eines Grundbestandes an ‚Bildungswissen', etwa in einem Lehrgang in den Anfangssemestern (‚studium fundamentale'), ermöglicht auch kaum eine kritische Haltung der Studenten gegenüber dem Stoff und den darin verborgenen weltanschaulichen Vorentscheidungen.[45]

Ein *studium generale*, das als weltanschauliche Orientierung gedacht wird, mache aus der Allgemeinbildung eine Ideologie, die zur „Dekoration" und Herrschaft diene. Basierend auf „nutzlosen" Fächern wie Philosophie, Geschichte und Kunst, solle das *studium generale* zu einem Habitus erziehen, der die fehlende Geistesaristokratie zu kompensieren habe. Die Beschäftigung mit den ‚interessenlosen' Fächern verleihe einen „äußerst nützlichen Glanz", der es der zukünftigen Elite erlaube, sich von den unteren Stufen der Bildungshierarchie zu distanzieren.[46]

Die Kritik am *studium generale* als Erziehung beinhaltet für die Vertreter der SDS keine Ablehnung der Einführung eines neuen Studienformats an sich. Statt eines *studium generale* oder *studium fundamentale* schlagen sie ein *studium exemplare* vor, das das Problem der wachsenden Spezialisierung der Wissenschaften in erkenntnis- und gesellschaftstheoretischer Hinsicht berücksichtigt:

---

44 Nitsch/Gerhardt/Offe/Preuß 1965, S. 340.

45 SDS 1961, S. 28.

46 Ebd., S. 29.

> Es ist verfehlt, die geistige Allgemeinbildung gegen die angeblich ‚ungeistige' Spezialisierung auszuspielen. Ein solches Urteil wird abgegeben auf Grund eines heute nicht mehr möglichen Begriffs der Einheit der Wissenschaften im Sinne der idealistischen Philosophie.[47]

Das in der *Denkschrift* vorgeschlagene Format des *studium exemplare* setzt die Mündigkeit der Studierenden voraus und zugleich plädiert es für die Intensivierung des Betreuungsverhältnisses. Das vorgesehene Verhältnis zwischen Lehrenden und Lernenden wird durchgängig als wissenschaftlich vermittelt gedacht. Als Bezugspunkt eines solchen Modells gilt das Studienformat, das vom Friedrich-Meinecke-Institut der Freien Universität Berlin (FU) mit der Bezeichnung *studium exemplare* in den frühen 1960er Jahren durchgeführt wird. An der FU wird unter dem Einfluss der Ford-Stiftung das *studium generale*, ausgehend von einem Fach, weiter und anders gedacht.

4. *Studium exemplare*

Das *studium exemplare* ist eine Hochschulreform, die auf Pläne aus einer Denkschrift der Ford-Stiftung von 1959 zurückzuführen ist.[48] Die Durchführung einer solchen Hochschulreform, die vor allem in einer Intensivierung von Forschung und Lehre bestehen soll,[49] wird in den Jahren 1960 bis 1963 von der Ford-Stiftung finanziert[50] und zuerst im Fach Geschichte etabliert. Der große Erfolg der Reform, die in einer ersten Phase als ein Experiment eingeleitet wird, lässt sich sowohl an der hohen studentischen Teilnahme am *studium exemplare*[51] als auch an den

---

47 Ebd. S. 38.

48 FU Berlin, UA, AA, 31, S. 1; FU, Berlin, UA, KUR, 7, S. 7.

49 „Die Vorschläge beruhten auf dem Bestreben, Lehre und Forschung zu intensivieren durch Koordinierung der Einzeldisziplinen des Faches und eine engere Zusammenarbeit zwischen Lehrkräften und Studenten. Besonderes Gewicht wurde dabei auf Förderung in unterrichtlicher Hinsicht gelegt, auf eine nachdrückliche Anleitung zu wissenschaftlichem Arbeiten, um begabten Studenten weiterzuhelfen und ihre Auslese zu erleichtern. Die Vorschläge gingen davon aus, daß grundlegende Fragen der allgemeinen Geschichte und ihrer historischen Bezüge entweder an der historischen Entwicklung einer Landschaft verdeutlicht werden, oder aber, daß ein solcher Kurs ein größeres Forschungsproblem insbesondere der außerdeutschen Geschichte in den Mittelpunkt der Orientierung stellen sollte" (ebd.).

50 Ergebnisprotokoll der 13. Sitzung des Ford-Komitees am 1.8.1960 (FU, Berlin, UA, AA, 37); Ergebnisprotokoll der 15. Sitzung des Ford-Komitees am 30.1.1961 (FU, Berlin, UA, AA, 61); Friedrich-Meinecke-Institut, Bericht vom 14.11.1963 (FU, Berlin, UA, AA, 89).

51 Siehe dazu den Bericht des Friedrich-Meinecke-Instituts vom 28.5.1962 über die Erfahrungen bei der Durchführung des *studium exemplare* im Zeitraum von 1960–1962. Das Angebot wurde von den

studentischen Leistungen der Teilnehmenden ablesen. Darüber hinaus wird der Erfolg in den Berichten des Friedrich-Meinecke-Instituts durch die außerordentlich positiven Äußerungen der ausländischen Wissenschaftler zur wissenschaftlichen Urteilsfähigkeit der deutschen Studierenden belegt.[52] Das Experiment, das sich als Hochschulreform etabliert, wird schon bald von anderen Fächern übernommen. Bei den Protokollen der Ford-Stiftung ist der Fall der Romanistik genannt.[53] Universitätsgeschichtlich lässt sich das Experiment hinsichtlich seines didaktischen Formats in der Tradition der Studienreise verorten. Thematisch hat es sogenannte „historische Landschaften"[54] zum Gegenstand, die interdisziplinär (d. h. in historischer, rechtlicher, kunstgeschichtlicher, geographischer und ökonomischer Hinsicht) erkundet werden. Das gesamte Format des *studium exemplare* beinhalt die thematische Fokussierung einer exemplarischen historischen Landschaft (z. B. Luxemburg, Belgien, die Niederlande, Mainfranken, Ostfalen, Provence, London/Oxford) durch eine Ringvorlesung, eine Hauptvorlesung, ein Oberseminar, eine zweiwöchentliche Exkursion, ein Colloquium und Übungen. Die Exkursion wird als „das Herzstück des Studium exemplare" betrachtet,[55] dessen Ziel die Befähigung zur Forschung sei.[56] Die Dauer des gesamten Formats erstreckt sich über zwei Semester. Eine thematisch einschlägige Bibliografie wird schon vor Beginn des Semesters zur Verfügung gestellt, die Studienreise findet nach dem Besuch der Ringvorlesung, der Fachvorlesung, des Oberseminars bzw. der Übungen und des Praktikums statt. Das Colloquium dient als Vorbereitung für die Exkursion und als Nachberatung. Im Zentrum der Nachberatung im Colloquium stehen Fragen, die während der Exkursion offengeblieben seien. Bezüglich des Oberseminars und der Übungen finden sich in der Dokumentation der Veranstaltung Überlegungen,

---

Studierenden stark wahrgenommen. Die Teilnehmer und Teilnehmerinnen des *studium exemplare* hatten das Anfangssemester schon absolviert. Von 800 Studierenden der Geschichte gab es 120 Meldungen für das *studium exemplare*. Es gab für die Exkursionen nur 50 Plätze. Die Zahl von 50 wurde für sehr aufwendig gehalten. Stattdessen wurde vorgeschlagen, zwei Gruppe zu bilden (jeweils 30 Studierende) (FU, Berlin, UA, KUR, 7, S. 3–4).

52 „Die im Rahmen des Studium exemplare betriebene Intensivierung des Lehr- und Forschungsgebiets hat zu sehr guten, teilweise zu unerwarteten reichen Ergebnissen geführt. Das läßt sich an den angeregten dann von den Studenten selbständig weitergeführten Untersuchungen ablesen, die schon in mehreren Fällen die Grundlage für Staatsexamens und Doktorarbeiten abgegeben haben. Der Lehrerfolg spricht auch aus dem Urteil deutscher und ausländischer (Oxford, London, Lüttich, Brüssel, Gent, Utrecht, Nijmegen) Fachkollegen, die sich außerordentlich anerkennend über Studenten des Friedrich-Meinecke-Instituts gezeigten Kenntnisse und über ihr kritisches Urteilsvermögen geäußert haben" (FU, Berlin, UA, KUR, 7, S. 3–4). Siehe dazu den Bericht des Friedrich-Meinecke-Instituts vom Februar 1961 (FU, Berlin, UA, AA, 89).

53 Ergebnisprotokoll der 22. Sitzung des Ford-Komitees am 7.6.1962 (FU, Berlin, UA, AA, 54).

54 FU, Berlin, UA, AA, 89, S. 1–2.

55 FU, Berlin, UA, AA, 89, S. 4.

56 Ebd., S. 6.

die den Ersatz des Formats des Oberseminars durch Übungen betreffen. Im Unterschied zum Oberseminar würden Übungen es ermöglichen, kleinere Gruppen von Studierenden zu bilden und dadurch eine aktivere Partizipation der Teilnehmenden zu gewährleisten.[57] Bei der Organisation der Studienreise wird die Bedeutung der Kontaktaufnahme mit ausländischen Wissenschaftlern hervorgehoben. Dafür wird der Besuch einschlägiger Vorträge bzw. Vorlesungen für erforderlich gehalten.

Im Zusammenhang mit der Bedeutung und der Funktion, die dem *studium generale* nach 1945 zugeschrieben werden, sind bei dem Format des *studium exemplare* drei Elemente besonders zu unterstreichen: Die Bedeutung der Fachlichkeit, der Forschungscharakter und die Dethematisierung einer angeblichen Erziehungsfunktion des Studiums.[58] Die Interdisziplinarität wird im Modus der Exemplarität ausgelegt, die eine fachspezifische Kenntnis der zu behandelnden Problematik voraussetzt. Daraus folgend wird das *studium exemplare* nicht als Propädeutikum gesehen. Als dessen Voraussetzung wird Fachlichkeit und nicht eine wertorientierte allgemeine Bildung bedacht. Die Relevanz der Spezialisierung wird anerkannt und zugleich interdisziplinär aufgefasst. Universitäre Bildung wird nicht als Erziehung, sondern als Forschung konzipiert, die von der Mündigkeit der Studierenden ausgeht.[59] Bei der Lektüre eines „Merkblatts für Exkursions-Teilnehmer Mainfranken" gewinnt man den Eindruck, dass die Geselligkeit der Studierenden als selbstverständlich angenommen wird, jedenfalls bildet sie nicht das Ziel der gemeinsamen Forschungsreise. Festgelegt wird dabei eher minutiös die Zuständigkeit der einzelnen Studierenden für die Übernahme eines ausführlichen Tagesprotokolls während der Exkursion.[60] Als Bedingung für den Erfolg der experimentellen Reform wird ein intensives Betreuungsverhältnis betrachtet. Die ideale Zahl der Gruppe der Studierenden darf 30 Teilnehmende bei den Studienreisen nicht überschreiten. Die dafür vorgesehene Zahl der Dozierenden umfasste bei der Exkursion 1960 in Franken 2 Professoren, 2 Dozenten, 1 Wiss. Rat, 1 Assistent; bei der Exkursion 1960

57 Als Verbesserungsvorschlag wurde in einer Besprechung von Dozenten und Studenten Folgendes genannt: „Wegfall eines besonderen Oberseminars zugunsten von kleineren Arbeitsgemeinschaften im Stil einer Übung im Rahmen des sogenannten Praktikums [...]" (FU, Berlin, UA, AA, 89, S. 6.).

58 Davon auszunehmen ist die Durchführung einer historisch-politischen Vortragsreihe, die das Friedrich-Meinecke-Institut gemeinsam mit der Berliner Historischen Gesellschaft veranstaltet; siehe dazu den Antrag von Hans Herzfeld vom Friedrich-Meinecke-Institut bei der Sitzung des Ford-Komitees am 30.1.1961 (FU, Berlin, UA, AA, 61, S. 4).

59 1967 kritisiert Jürgen Habermas die Empfehlungen zur Neuordnung des Studiums (1966) des Wissenschaftsrates, die der „bildenden Kraft" der Studierenden misstrauen und ihnen die damit verbundene Form einer „antizipierte[n] Mündigkeit" absprechen (Habermas 1967, S. 94).

60 FU, Berlin, UA, AA, 89. Von der Liste der vorgesehenen 18 Protokollanten sind 14 Frauen. Die ausführlichen Tagesprotokolle der Studierenden bilden u. a. die Vorlage für den Bericht der Vertreter des Friedrich-Meinecke-Instituts gegenüber dem Komitee der Ford-Stiftung.

in Oxford/London 1 Professor, 1 Dozent, 1 Assistent; 1962 in Belgien/Holland: 3 Professoren, 1 Dozent, 2 Wiss. Räte und 1 Assistent.[61]

Die experimentelle Hochschulreform wird akademisch hochrangig vertreten, d. h. jeweils durch den Rektor der Universität und den Direktor des Friedrich-Meinecke-Instituts, und bei der Durchführung von Ordinarien hauptverantwortlich getragen. Das *studium exemplare* wird von ihnen als besonders geeignete Maßnahme zur Begabtenförderung angesehen.

Der explizite Bezug auf das *studium exemplare* des Friedrich-Meinecke-Instituts impliziert nicht, dass die Autoren der Denkschrift *Hochschule in der Demokratie* das dort durchgeführte Experiment gänzlich übernehmen. Das *studium exemplare* der FU dient ihnen eher als Anlass zur Konzeption einer neuen Studienordnung, die der Spezialisierung der Wissenschaften Rechnung trägt. Das äußert sich aber weder in einer affirmativen Annahme einer arbeitsteiligen Spezialisierung noch in deren Ablehnung zugunsten einer allgemeinen Bildung. Zur Spezialisierung wird ein dialektisches Verhältnis von Allgemeinem und Besonderem, von Fachlichkeit und Interdisziplinarität vorgeschlagen. Die Interdisziplinarität, die seit den 1960er Jahren den Platz der allgemeinen Bildung im theoretischen Verständnis und in der curricularen Ausrichtung des *studium generale* einnimmt,[62] wird exemplarisch gedacht, d. h. in Bezug auf einen spezifischen wissenschaftlichen Gegenstand. Heute würde man diese Art von Exemplarität wissensgeschichtlich in Zusammenhang mit einem ‚epistemologischen Ding' bzw. der erkenntnistheoretischen Konstruktion eines wissenschaftlichen Gegenstandes bringen.[63]

In der *Denkschrift* des SDS wird das ganze Studium als *studium exemplare* in drei Studienabschnitten konzipiert. In der *Einführung in das Studium* wird die beispielhafte Einführung in die Methodik und in die wissenschaftliche Problematik einer Fachrichtung am Stoff einiger weniger Fachgebiete in den Mittelpunkt gestellt. Für das *Hauptstudium* wird eine Erweiterung des Studiums auf mehrere Fachgebiete des gewählten Hauptfaches und auf Nebenfächer, ein Einblick in Wissenschaften mit einem andersartigen theoretisch-methodologischen Fundament und ein Studium mit neuen Fächerkombinationen vorgesehen. Für das Ende des Studiums wird eine *Spezialisierung* geplant, die sich von einer fachlichen Expertise unterscheidet. Stattdessen wird sie als „Erfassung der Totalität des konkreten Objekts über das Spezialfach" begriffen.[64]

---

61 FU, Berlin, UA, KUR, 7, Bericht vom 28.5.1962, S. 2.

62 Auch hier wird Bezug auf die Ergebnisse des Forschungsprojekts zur „Geschichte des Studium Generale nach 1945 in der BRD" genommen, die in einer weiteren Publikation vorzulegen sein wird.

63 Siehe dazu Casale 2020 und den Beitrag von Anselm Haverkamp in diesem Band.

64 SDS 1961, S. 53.

5. Verwissenschaftlichung der Gesellschaft, Vergesellschaftung der Wissenschaft

Die Betrachtung des *studium exemplare* als ein alternatives Modell zum *studium generale* ist in den Kontext einer Problematisierung der Idee und Funktion der Universität einzuordnen, die Gegenstand der Reformdiskussionen der 1950er Jahre und der Reformbestrebungen der 1960er Jahre ist. Das Plädoyer des Sozialistischen Deutschen Studentenbunds für die Einführung eines *studium exemplare* beinhaltet sowohl eine Kritik an dem erzieherischen Charakter der Konzeption des *studium generale*, die das *Blaue Gutachten* empfiehlt, als auch die Auseinandersetzung mit einem Wissenschaftsverständnis, das in epistemischer Hinsicht aus der idealistischen bzw. transzendentalen Begründungslogik abgeleitet wird.

Beide Elemente, die Kritik an einem restaurativen Erziehungsprogramm und die Feststellung eines epistemischen Bruchs, gehören zu einer Konstellation, die mit der doppelten Formulierung „Verwissenschaftlichung der Gesellschaft, Vergesellschaftung der Wissenschaft“ hier bezeichnet wird.

Unter Berücksichtigung der gesellschaftlichen Entwicklungen der nordamerikanischen Gesellschaft hat Max Weber schon Anfang des 20. Jahrhunderts in dem Vortrag *Wissenschaft als Beruf* auf das Phänomen einer *Vergesellschaftung der Wissenschaft* hingewiesen.[65] Im Zentrum von Webers Beobachtungen stehen die wachsende ökonomische Bedeutung der Naturwissenschaften und die daraus entstehende wissenschaftliche Spezialisierung als zentraler Faktor einer arbeitsteiligen Gesellschaft.

Mit *Verwissenschaftlichung der Gesellschaft* wird in den 1960er Jahren wiederum der Prozess der Rationalisierung der unterschiedlichen Lebensbereiche charakterisiert. Dieser doppelte Prozess – Verwissenschaftlichung der Gesellschaft und Vergesellschaftung der Wissenschaft – ist für die Idee und Funktion der Universität in sozialer und in erkenntnistheoretischer Hinsicht folgenreich. Die Rationalisierung der gesellschaftlichen Organisation macht eine breitere wissenschaftliche Qualifizierung der Bevölkerung erforderlich.

Die angestrebte Öffnung der Universität nach dem Zweiten Weltkrieg gegenüber Schichten, die traditionell keinen Zugang zur akademischen Welt hatten, ist nicht nur politisch motiviert, sie ist ökonomisch notwendig. Der Erziehungsauftrag, den die liberalen Konservativen als dritte Aufgabe der Universität propagieren, will auf die neue soziale Komposition der Studentenschaft reagieren, die aus dem Prozess der Verwissenschaftlichung der Gesellschaft entsteht.

Als Alternative zu einem *studium generale*, das die neue akademische Jugend zu einer vergangenen Welt erziehen sollte, schlagen die Autoren der Denkschrift des

65 Weber 1919/2002, S. 476–477.

SDS eine Demokratisierung der Universität vor, die in neuen kooperativen Formen der Wissensproduktion und der Wissensvermittlung ausprobiert werden sollte. Als Gegenentwurf zu einem *studium generale*, das von einer philosophischen Einheit der Wissenschaften ausgeht, empfehlen sie ein *studium exemplare*, dessen Ausgangspunkt weder das Allgemeine noch das Besondere ist, sondern spezialisierte wissenschaftliche Produktion.

In dem spezialistischen Wissen kommt jener doppelte Prozess der Verwissenschaftlichung und der Vergesellschaftung zum Ausdruck, dessen Analyse und Kritik die Konzeption von neuen Formen der Interdisziplinarität abverlangt. Ihr Gegenstand ist der Produktionscharakter der Wissenschaft selbst, d. h. ihre poietische Funktion.

Ob die Politisierung der Universität der 1970er Jahre statt zu einer Demokratisierung der Universität zu einer geschichtslosen Modernisierung der Wissenschaft geführt hat, ob sich die Vergesellschaftung der wissenschaftlichen Produktion zu einem lediglich profitorientierten Transfer wissenschaftlicher Erkenntnisse realisiert hat, ist nicht der Untersuchungsgegenstand dieses Beitrags.

Die Absicht, die damit verfolgt worden ist, besteht eher darin, einen begrifflichen Knoten in der jüngeren Wissenschaftsgeschichte der Universität sichtbar zu machen, der für eine neue Renaissance allgemeinbildender Studien von Relevanz ist. Ihr Stoff sind Dinge, Prozesse, Strukturen, die hinsichtlich des geschilderten doppelten Prozesses der Verwissenschaftlichung und der Vergesellschaftung einen exemplarischen Charakter haben.

Ungedruckte Quellen

Berlin, Archiv der Freien Universität Berlin (FU Berlin, UA)

FU, Berlin, UA, AA, 37: Ergebnis-Protokoll der 13. Sitzung des Ford-Komitees (1.8.1960)

FU, Berlin, UA, AA, 61: Ergebnis-Protokoll der 15. Sitzung des Ford-Komitees (30.1.1961)

FU, Berlin, UA, AA, 89:

Bericht des Friedrich-Meinecke-Instituts der Freien Universität Berlin über das „Studium exemplare", Abt. Mittelalter im Sommersemester 1960: Erforschung Mainfranken als historischer Landschaft (Februar 1961)

Bericht des Friedrich-Meinecke-Instituts der Freien Universität Berlin über das „Studium exemplare", Abt. Mittelalter im Sommersemester 1963: Erforschung Ostfalens als historischer Landschaft (14.11.1963)

FU, Berlin, UA, KUR, 7: Bericht des Friedrich-Meinecke-Instituts

Bericht des Friedrich-Meinecke-Instituts der Freien Universität Berlin über die Erfahrungen bei der Durchführung des „Studium exemplare" am Friedrich-Meinecke-Institut der Freien Universität Berlin 1960–1962 (28.5.1962)

Bericht des Friedrich-Meinecke-Instituts der Freien Universität Berlin über das „Studium exemplare“ im Wintersemester 1961/62 und die Studienreise nach Belgien und Holland vom 24.4. und 8.5.1962 (30.5.1962)

FU, Berlin, UA, AA, 54: Ergebnis-Protokoll der 22. Sitzung des Ford-Komitees (7. Juni 1962)

FU, Berlin, UA, AA, 31: Bericht des Friedrich-Meinecke-Instituts der Freien Universität Berlin über die Erfahrungen bei der Durchführung des „Studium exemplare“ am Friedrich-Meinecke-Institut der Freien Universität Berlin 1960–1963 (11.3.1964).

Literaturverzeichnis

Adorno, Theodor W./Horkheimer, Max/Kogon, Eugen (1950/1989): Die verwaltete Welt oder: Die Krise des Individuums. Aufzeichnung eines Gesprächs im Hessischen Rundfunk am 4. September 1950. Abgedruckt in: Horkheimer, Max: Gesammelte Schriften. Bd. 13: Nachgelassene Schriften 1949–1972, Frankfurt am Main, S. 121–142.

Adorno, Theodor W. (1956): Zum Deutschen Volkshochschultag 1956 – Ersatz für das „Studium Generale“?, in: Die Zeit, 11. Oktober 1956.

Anger, Hans (1960): Probleme der deutschen Universität. Bericht über eine Erhebung unter Professoren und Dozenten, Tübingen.

Becker, Carl Heinrich (1930): Das Problem der Bildung in der Kulturkrise der Gegenwart, Leipzig.

Behnke, Heinrich (1950): Erziehung und Bildung der intellektuellen Jugend. Das studium genereale, in: Frankfurter Hefte (Sonderdruck).

Brentano, Margherita v. (1967): Politikum wider Willen – zur gegenwärtigen Lage der Universität, in: Leibfried, Stephan (Hg.): Wider die Untertatenfabrik. Handbuch zur Demokratisierung der Hochschule, Köln, S. 373–383 (zuerst erschienen in: magnum 59, November 1966).

Casale, Rita/Dingler, Catrin (2020): Der „gesunde Kern“ der Universitätsidee, in: Geiss, Michael/Reh, Sabine (Hg.): Konservatismus und Pädagogik im Europa des 20. Jahrhunderts (= Jahrbuch für Historische Bildungsforschung 26), Bad Heilbrunn, S. 83–98.

Casale, Rita (2020): Die Durchsetzung eines spezifischen Paradigmas von ‚Forschung‘ in der Erziehungswissenschaft aus der Perspektive einer historischen Epistemologie, in: Zeitschrift für Pädagogik 66/2020, H. 6, S. 807–822.

Dingler, Catrin/Tertel, Elena (2020): „Eine solche Zeitschrift brauchen wir“. Karl Jaspers’ Universitätsidee und die Gründung der Zeitschrift *Studium Generale*, in: Göllnitz, Martin/Krämer, Kim (Hg.): Hochschulen im öffentlichen Raum. Historiographische und systematische Perspektiven auf ein Beziehungsgeflecht (= Beiträge zur Geschichte der Universität Mainz, N.F. 17), Göttingen S. 347–374.

Fichter, Tilman P./Lönnendonker, Siegward (2021): Genossen! Wir haben Fehler gemacht. Der sozialsozialistische Deutsche Studentenbund 1946–1970: Der Motor der 68er Revolte. Marburg.

Groppe, Carola (2016): Die deutsche Universität als pädagogische Institution. Analysen zu ihrer historischen, aktuellen und zukünftigen Entwicklung, in: Blömeke, Sigrid/Caruso, Marcelo/Reh, Sabine/Salaschek, Ulrich/Stiller, Jurik (Hg.): Traditionen und Zukünfte. Beiträge zum 24. Kongress der Deutschen Gesellschaft für Erziehungswissenschaft, Opladen, S. 57–76.
Habermas, Jürgen (1967): Zwangsjacke für die Studienreform. Die befristete Immatrikulation und der falsche Pragmatismus des Wissenschaftsrates, in: Leibfried, Stephan (Hg.): Wider die Untertanenfabrik. Handbuch zur Demokratisierung der Hochschule, Köln: Pahl Rugenstein Verlag 1967, S. 86–96.
Heimpel, Hermann (1956): Probleme und Problematik der Hochschulreform. Einleitung zu der von der Ständigen Konferenz der Kultusminister und von der Westdeutschen Rektorenkonferenz vom 19. bis 22. Oktober 1955 in Bad Honnef abgehaltenen Hochschulreformtagung, Göttingen.
Horkheimer, Max (1953): Gegenwärtige Probleme der Universität, Frankfurt am Main.
Jaspers, Karl (1946/2016): Die Idee der Universität, in: Ders.: Schriften zur Universitätsidee, hg. v. Oliver Immel, Basel, S. 103–202.
Neuhaus, Rolf (1961) (Hg.): Dokumente zur Hochschulreform: 1945–1959, Wiesbaden.
Nitsch, Wolfgang/Gerhardt, Uta/Offe, Claus/Preuß, Ulrich K. (1965): Hochschule in der Demokratie. Kritische Beiträge zur Erbschaft und Reform der deutschen Universität, Berlin.
Paulus, Stefan (2010): Vorbild USA? Amerikanisierung von Universität und Wissenschaft in Westdeutschland 1945–1976 (Studien zur Zeitgeschichte; Bd. 81), München.
Philipps, David (1995): Pragmatismus und Idealismus. Das ‚Blaue Gutachten' und die britische Hochschulpolitik in Deutschland 1948, Köln/Weimar/Wien.
Robinsohn, Saul B. (1967): Bildungsreform als Revision des Curriculum, Neuwied.
Schelsky, Helmut (1963): Einsamkeit und Freiheit. Idee und Gestalt der deutschen Universität und ihrer Reformen, Hamburg 1963.
Sozialistischer Deutscher Studentenbund (SDS) (1961): Hochschule in der Demokratie. Denkschrift des Sozialistischen Deutschen Studentenbundes, Frankfurt/Main.
Studienausschuß für Hochschulreform (1948): Gutachten zur Hochschulreform, Hamburg (‚Blaues Gutachten').
Wissenschaftsrat (1962): Anregungen zur Gestalt neuer Hochschulen, Tübingen.
Wissenschaftsrat (1966): Empfehlungen zur Neuordnung des Studiums an den wissenschaftlichen Hochschulen, Bonn.
Weber, Max (1919/2002): Wissenschaft als Beruf, in: Ders.: Schriften 1894–1922, hg. v. Dirk Kaesler. Stuttgart, S. 474–511.
Wolbring, Barbara (2014): Trümmerfeld der bürgerlichen Welt. Universität in den gesellschaftlichen Reformdiskursen der westlichen Besatzungszonen (1945–1949), Göttingen (Schriftenreihe der Historischen Kommission bei der Bayerischen Akademie der Wissenschaften; Bd. 87).
Zook, George F. (1946): Der gegenwärtige Stand der Erziehung in Deutschland. Bericht der Amerikanischen Erziehungskommission, hg. v. Die Neue Zeitung, München.

Barbara Wolbring

Demokratisierung durch Wissenschaft

Die Veränderung der Diskurse über die Bildungswirkung von Wissenschaft nach dem Zweiten Weltkrieg

„Auch als Universität haben wir 1933 unsere Würde verloren“[1], bekannte der Heidelberger Philosoph Karl Jaspers 1946. Weder die Institution noch ihre Repräsentanten und Angehörigen hatten sich den „Gewaltakten“ der Politik aktiv widersetzt, sondern sich – wenn auch innerlich widerstrebend – ausgeliefert. Als Konsequenz seien die Universitäten zu höheren Schulen herabgesunken, zu Zertifikate vergebenden Fachschulen.

Jaspers selbst hatte den Verlust der Professur hinnehmen müssen, weil er sich von seiner jüdischen Frau nicht trennte. Er war Gegner des Nationalsozialismus, hatte sich nicht angepasst, doch aktiven Widerstand hatte auch er nicht geleistet. Als ein Bollwerk gegen den Nationalsozialismus hatten sich weder die Institution Universität noch die Professoren als ihre Vertreter erwiesen. Wenn auch mit graduellen Unterschieden, waren viele auf die neue Linie eingeschwenkt, hatten sich der Diktatur und der Ideologie gebeugt bzw. sogar mitgemacht – so schon im Frühjahr 1933 bei der Entlassung jüdischer und sozialdemokratischer Kollegen. Einige hatten das Freiwerden von Stellen sogar als Karrierechance wahrgenommen. Die Professoren hatten nicht anders reagiert und sich nicht anders verhalten als der Rest der Bevölkerung – und darin lag das Versagen „in dem Augenblick, wo es gegolten hätte, ihrer stolzen Tradition nun einmal wirklich Ehre zu machen“, wie der Schweizer Theologe Karl Barth 1947 konstatierte.[2]

Diese Anklage ist nur verständlich vor dem Hintergrund des hohen Anspruchs an Bildung und ihre Repräsentanten, der trotz eines Niedergangs weiterhin bestand. Aus dieser Anklage spricht die Enttäuschung über den offenkundig nicht eingelösten Anspruch des Bildungskonzepts, das im Neuhumanismus des frühen 19. Jahrhunderts ausgeformt worden war. Es bezog sich neben Inhalten und Kenntnissen in den Bereichen Kunst, Literatur, Geschichte und Musik auf ein beständiges Interesse am Sich-Weiterentwickeln und Perfektionieren der Persönlichkeit, für das Wissenschaft als nie abgeschlossener Prozess des Suchens und In-Frage-Stellens

---

1 Jaspers 1946, S. 7–40; wieder in: Ders. 1986a, S. 231.

2 Briefwechsel zwischen Karl Barth und Erich von Holst 1947, S. 4. Ganz ähnlich urteilte der britische Germanist Samuel Dickinson Stirk, der die letzten Jahre der Weimarer Republik und die Machtergreifung als Lektor an der Universität Breslau miterlebt hatte (Stirk 1946).

prototypisch stand. Dieses Bildungskonzept hatte Welterklärung mit Erziehungsanspruch durch die „Selbstkonstruktion des Subjekts“ verbunden und so eine quasireligiöse Aufladung erfahren.[3] Bildung wurde Religionsersatz und innerweltliche Erlösungshoffnung einer bürgerlichen Elite, die es trotz der grundsätzlichen sozialen Offenheit und der damit verbundenen Verheißung der Möglichkeit sozialen Aufstiegs in der sich zunehmend klassenmäßig abschließenden Gesellschaft des 19. Jahrhunderts[4] als soziales Distinktionsmittel einsetzte.[5]

Den Gebildeten, und innerhalb dieser Gruppe in besonderem Maße den Professoren als Metaelite, wurde eine über das unmittelbare Fachgebiet hinausreichende Autorität und Deutungskompetenz zugesprochen, aufgrund derer Fritz K. Ringer sie als „Mandarine“ bezeichnet hat. Ihre Vorrangstellung und Autorität seien allerdings bereits vor dem Ersten Weltkrieg im Niedergang befindlich gewesen. Der Nationalsozialismus habe das Mandarinentum der Gebildeten endgültig diskreditiert und beendet.[6] Aleida Assmann sieht in stärker normativer Wendung die mit dem Bildungsbegriff verbundene Fortschrittsidee durch den Nationalsozialismus endgültig zerstört. Die Bildungsidee könne nicht mehr Element gelebter Tradition sein, sondern lediglich erinnerter Teil der deutschen Geschichte.[7]

Demgegenüber geht dieser Beitrag trotz einer Abschwächung von einem Fortbestehen des Deutungsmusters Bildung und insbesondere akademischer Bildung nach dem Zweiten Weltkrieg aus, bei dem es sich auch nicht nur um ein kurzfristiges Aufflackern gehandelt hat.[8]

Wie die Universität als Organisation wurde das Konzept von Bildung zwar als anschlussfähig und insofern als „intakt“, jedoch keineswegs als unbeschädigt angesehen. Es galt vielmehr als durchaus reformbedürftig. Trotz des Versagens der Repräsentanten des Bildungskonzepts, so die Ausgangsthese, wurde die Bildungsidee nach 1945 nicht grundsätzlich in Frage gestellt. Vielmehr sollten Reformen diese Bildungsidee erneuern und für die Demokratie fruchtbar machen.

Der folgende Beitrag schildert ausgehend vom bürgerlichen Bildungsideal und der Kritik an Universität und Professoren als dessen herausgehobenen Repräsentanten den Diskurs über eine inhaltliche Reform des Bildungsprogramms. Dabei setzte man zunächst auf die (Wieder)-Herstellung einer verloren geglaubten Einheit der Wissenschaften und der Fächer. Dass Universität eine *universitas* der Fächer und des Wissens herstellen müsse, führte zu Reformansätzen, die vereinbar waren mit Forderungen insbesondere der angelsächsischen Besatzungsoffiziere nach einer

3 Tenorth 2010, S. 119–134.
4 Gall 1995, S. 1–21.
5 Koselleck 1990, S. 11–46.
6 Ringer 1983.
7 Assmann 1993, S. 111.
8 Zum Forschungsstand Schulz 2005, insb. S. 40–45; Kroll 2003, S. 87–92.

Stärkung der Erziehungsfunktion der Universitäten gegenüber der Betonung von Wissenschaft und Forschung. Das *studium generale* als curriculare Übersetzung dieses Konzepts wurde so zur Chiffre für ein fachübergreifendes Bildungskonzept, das am bürgerlichen Bildungsideal anknüpfte mit dem Ziel einer demokratischen Transformation der gesellschaftlichen Eliten.

Der Beitrag verfolgt weiter den Formwandel des Bildungskonzepts[9] seit den 1950er Jahren, denn trotz einer sich bald einstellenden Ernüchterung über die Wirkung der *studium generale*-Programme wurde das Ziel der Bildungswirkung des universitären Studiums und die Hervorhebung von dessen gesellschaftlicher Relevanz nicht aufgegeben.

1. Die Universität als Zentralinstanz des bürgerlichen Bildungsideals

Über die Theoretiker der Universitätsreform im frühen 19. Jahrhundert - Fichte, Schelling, Schleiermacher und nicht zuletzt Wilhelm von Humboldt - ist die Institution Universität eng verknüpft mit dem neuhumanistisch-idealistischen Bildungsideal. Bildung ist demnach eine auf Formung der eigenen Persönlichkeit gerichtete, grundsätzlich lebenslange Tätigkeit. Der prozessuale Aspekt der Bildung ist verknüpft mit dem Habitus des Kenners und Genießers von Gelehrsamkeit und Ausformungen von Schönheit in Kunst, Musik, Literatur, aber auch Architektur, Möbeln und Kulinaria. Bildung ist insofern eine Form der Weltaneignung, die Kenntnisse nicht allein als äußerlich, sondern als mit der Person verbunden betrachtet. In diesem Sinne verstand Wilhelm von Humboldt auch die Wissenschaft: „als etwas noch nicht ganz Gefundenes und nie ganz Aufzufindendes", das gleichwohl „unablässig" zu suchen sei.[10] In dieser Haltung betrieben, sei Wissenschaft dann auch nichts Äußerliches, sondern betreffe das Innere der Person. Von hier aus schlägt Humboldt den Bogen zu Staat und Gesellschaft. „Denn nur die Wissenschaft, die aus dem Innern stammt und in's Innere gepflanzt werden kann, bildet auch den Charakter um, und dem Staat ist es ebenso wenig als der Menschheit um Wissen und Reden, sondern um Charakter und Handeln zu thun."[11]

Humboldt bezeichnet damit ‚wahre' Wissenschaft als eine Haltung, die die ganze Person erfasse. Dieses dem neuhumanistischen Bildungsideal entsprechende Wissenschaftsverständnis sei wiederum nicht allein eine Privatangelegenheit. Mit dieser

9 Der Begriff wird hier verwendet in Anlehnung an Klaus Tenfelde, der den Begriff für die Entwicklung des Bürgertums in der Bundesrepublik verwendet hat. Er sieht in der Bildungsrevolution der 1960er Jahre das Ende des exklusiven Bildungsbegriffs. Tenfelde 1994, S. 319.

10 Humboldt 1809-10/2010, S. 231.

11 Ebd., S. 232.

Wendung betont Humboldt in der Situation der existenzbedrohenden Krise Preußens nach der verheerenden Niederlage gegen Napoleon die Bedeutung solcherart wissenschaftlich Gebildeter für den Staat und platziert die von ihm angestrebte Universitätsgründung in Berlin im Zentrum der Preußischen Reformen.[12] Der Staat brauche, hieß das, selbständig denkende, zu Problemlösungen fähige und kreative Staatsbeamte, um mit wirtschaftlicher Dynamik die Finanz- und Staatskrise zu überwinden.

Bildung in einem breiteren, nicht wie bei Humboldt auf Wissenschaft konzentrierten Sinn, wurde zudem in den deutschen Ländern zum Kristallisationspunkt und identifikationsstiftenden Moment einer Nation, die nicht durch einen gemeinsamen Nationalstaat verbunden war. Das „Land der Dichter und Denker" war im frühen 19. Jahrhundert eben nicht durch den gemeinsamen Staat, sondern nur durch die gemeinsame Sprache und Kultur verbunden. Die *Universität im deutschen Sinn*, charakterisiert durch die Verbindung von Forschung und Lehre, die um 1800 noch als Auslaufmodell gegolten hatte und als unterlegen gegenüber der in Frankreich üblichen Kombination von Akademien als Ort der Forschung und *Grandes Ecoles* zur Ausbildung der höheren Staatsbeamten, wurde allmählich zum Vorbild für (zumindest partielle) Universitätsreformen etwa in den USA, Frankreich und Großbritannien.[13]

Den Professoren fiel so seit dem Vormärz und der Revolution von 1848 eine auch politische Rolle zu, die auch im von Professoren dominierten Paulskirchenparlament sichtbar wurde. Diese über die eigentliche Fachlichkeit hinausgehende nationale Bedeutung und die zwangsläufige Verringerung dieser Bedeutung nach der Reichsgründung 1871 reflektierte Theodor Mommsen – selbst ein sogenannter 48er – 1874 in seiner Rede zum Antritt des Rektorats der Berliner Universität.[14]

Während des Kaiserreichs nahmen Nationalismus, nationaler Chauvinismus und Antisemitismus in den Reihen der Professoren zu, was nach dem Ersten Weltkrieg zu einer ersten Welle von Bildungskritik führte. Julien Bendas 1927 erschienener Essay *La trahison des clercs* brachte den Vorwurf des Verrats am Bildungsglauben auf eine einprägsame Formel. Statt Verteidiger „ewiger und interessefreier Werte wie der Vernunft und der Geistigkeit zu sein", hätten Intellektuelle, Künstler und Wissenschaftler sich in den Dienst des Staates und nationalistischer Propaganda gestellt.[15]

In eben diese Richtung zielte auch der Großteil der Universitätskritik nach dem Zweiten Weltkrieg. Große Aufmerksamkeit erregte der Schweizer Theologe Karl

---

12 Zur Berliner Universitätsgründung siehe vom Bruch 2001, S. 53–73; Tress 2010, S. 261–281; Muhlack 2006, S. 223–253.

13 Schalenberg 2002; Schwinges 2001.

14 Mommsen 1905, S. 3–16.

15 Benda 1927/1978, S. 111.

Barth, der in einem auch in Deutschland vielbeachteten Vortrag an den Universitäten Bern und Zürich die deutschen Professoren als das größte Hindernis für die Neuorientierung der deutschen Studierenden bezeichnete. [16] Barth, der 1934 von seiner Bonner Professur suspendiert worden war, als er den geforderten Amtseid auf Adolf Hitler verweigerte, wies den Universitäten eine Mitschuld am Aufkommen des Nationalsozialismus zu, da eine große Mehrheit der Professoren sich für deutschnationale Illusionen begeistert und diese genährt habe, statt einen klaren politischen Blick zu beweisen. Vor allem sei dann 1933 „die ganze akademische Herrlichkeit dieser Professoren mitsamt ihrem Berufsethos vor dem hereinbrechenden klaren Unfug" zusammengebrochen. Sie hätten sich um- und auf die neue Linie eingestellt und „laut oder leise mitzutönen" begonnen. Pessimistisch zeigte sich Barth auch in Bezug auf die Zukunftsfähigkeit der Universität, wenn er sehe „wer alles noch da ist oder schon wieder da ist".[17]

Barth kritisierte die ehemaligen Kollegen und bekräftigte damit zugleich den normativen Anspruch, dass sie ein besseres politisches Urteilsvermögen hätten zeigen sollen. Ähnlich urteilten andere ausländische Wissenschaftler, die das Ende der Weimarer Republik miterlebt hatten, so der britische Germanist Samuel Dickinson Stirk, der zwischen 1930 und 1936 als Lektor an der Universität Breslau unterrichtet hatte. In seiner 1946 erschienenen Analyse *German Universities through English Eyes* weist er darauf hin, dass die Universitäten des Kaiserreichs neben der auf Humboldt bzw. das neuhumanistisch-idealistische Bildungsideal zurückgehenden Tradition von „Wissenschaft" (Stirk gebraucht das deutsche Wort) und Bildung, verstanden als die Suche nach Objektivität und ‚Wahrheit' im Rahmen von Lehr- und Lernfreiheit, eine bedenkliche Staatsnähe entwickelt hätten. Besonders in Berlin hätten die Professoren sich zumindest teilweise als „geistiges Leibregiment des Hauses Hohenzollern" gesehen.[18] An diese Staatsnähe habe das Regime 1933 anknüpfen können, während die Professoren das wissenschaftliche Ethos verraten hätten. Ihre Haltung sei „passive and cowardly" geblieben, „even when ‚Wissenschaft', the very roots of their being, was at stake".[19]

Diese Beispiele für den Vorwurf des Versagens an die Repräsentanten der Bildungsidee stehen dabei gleichzeitig für eine Bekräftigung des hohen Anspruchs an Bildung und die Bildungswirkung von Wissenschaft, denn ohne diesen besonderen Anspruch würde der Versagensvorwurf in sich zusammenfallen. Zwar gab es auch Stimmen, die aus diesem Versagen eine Delegitimierung des Konzepts von Bildung insgesamt ableiteten. In den linkskatholischen Frankfurter Heften bezeichnete Clemens Münster die „Bildungsweisen der Vergangenheit" als überlebt. „Keine

16 Barth 1947.

17 Briefwechsel zwischen Karl Barth und Erich von Holst, S. 4.

18 Stirk 1946, S. 17 f.

19 Ebd., S. 24.

von ihnen ist unserer besonderen Weise, in der Welt zu sein, angemessen. [...] Die von Ideen abgeleiteten Entwürfe der Wirklichkeit sind an dieser gescheitert."[20] Georg Picht sprach 1949 im *Merkur* vom „Ende des Bildungszeitalters, unter das der Nationalsozialismus einen Schlußstrich gezogen hat". Er warnte vor einem „Bildungsaberglauben, der sich, letzter Nachglanz des Bildungszeitalters, noch vom Betreten selbst der entferntesten Außenbezirke des Geistigen eine Heilwirkung verspricht".[21] Diese vor allem von Linksintellektuellen vorgebrachte Kritik an der Bildungsidee wurde allerdings nicht dominant. Stattdessen setzte sich die Diagnose einer defizitären Bildungs*praxis* durch.

So räumte der Biologe Erich von Holst in einer Leserbriefkontroverse mit Karl Barth „Abkehr und mangelndes Interesse, das sich dann langsam zu passiver Resistenz versteifte" als „meine und unsere Schuld" ein. Ein zweiter Aspekt der Schuld bestehe darin, „daß wir nur für die Wissenschaft um ihrer selbst willen Verantwortung übernehmen wollten, statt wie ein guter Handwerker auch über die Verwendung unserer Erzeugnisse zu wachen".[22]

Holst, der 1946 seinen ersten Ruf erhalten hatte und 1954 seine Karriere als Direktor des Max-Planck-Instituts für Verhaltensphysiologie in Seewiesen beendete, wo Konrad Lorenz sein Stellvertreter war, sprach mit seiner Diagnose den Punkt an, der zunehmend als zentrale Fehlentwicklung diagnostiziert wurde: Die immer stärkere Spezialisierung der Wissenschaften sowie die Fixierung insbesondere der naturwissenschaftlichen und technischen Fächer auf das eigene Gebiet, ohne Interesse oder gar Verantwortung zu übernehmen für deren Anwendung und (politische) Indienstnahme. Statt Spezialisten hervorzubringen, die sich nur in einem kleinen Gebiet auskennen und über diesen Tellerrand auch nicht hinausblicken, müsse die Universität mehr übergreifendes Orientierungswissen vermitteln, lautete daher die Konsequenz.

2. Erneuerung der Bildungsidee im Dienste der Demokratie

Die Enttäuschung über das politische Urteilsvermögen und Verhalten der Akademiker – insbesondere der Professoren – im Nationalsozialismus führte nicht dazu, dass das Vertrauen in die Bedeutung von Bildung grundsätzlich sank. Bildung wurde vielmehr als Schlüssel für den Demokratisierungsprozess angesehen. Insbesondere die Studierenden als künftige Führungskräfte in Staat, Wirtschaft und Gesellschaft sollten durch geeignete Bildungskonzepte für die Demokratie

20 Münster 1946, S. 706.

21 Picht 1949, S. 1069.

22 Briefwechsel zwischen Karl Barth und Erich von Holst, S. 5.

gewonnen werden. Die Frage war jedoch, welche Bildungsinhalte und welche Bildungspraxis erforderlich seien. Dass Reformen erfolgen müssten, darüber herrschte weitgehend Einigkeit. Nicht jedoch darüber, wie diese Reformen aussehen sollten. Gutachter und Universitätsoffiziere der Besatzungsmächte orientierten sich in ihren Vorschlägen vielfach am jeweils eigenen Universitätssystem und (Aus-)Bildungsziel.[23] Die unterschiedlichen Vorstellungen kamen in dem Punkt überein, dass das Fachstudium einer Ergänzung bedürfe.

Amerikanische Gutachter empfahlen die Einführung direkter staatsbürgerlicher Schulung, die die Studierenden mit „Gewohnheiten und Techniken der demokratischen Lebensführung" bekannt mache, wie es bereits 1946 im Bericht einer von George F. Zook geleiteten Kommission zur Begutachtung des deutschen Erziehungswesens hieß.[24] Das wissenschaftliche Studium sollte nicht abgeschafft, aber in allen Fächern ergänzt werden um benotete Kurse zur politischen Bildung. Mit dem Ziel der Etablierung einer Demokratiewissenschaft wurde die Errichtung politikwissenschaftlicher Lehrstühle angeregt, die dann in der amerikanischen Zone auch bald erfolgte.[25]

Allgemeinbildende bzw. fachübergreifende Studienangebote wurden auch in der französischen Besatzungszone angeboten. Die Franzosen setzten dabei vor allem auf französische Sprache und Kultur. Deren zivilisierende Wirkung sollte einem Nationalismus und Militarismus entgegengesetzt werden, für den die preußische Tradition verantwortlich gemacht wurde[26] – ungeachtet der Tatsache, dass die französische Zone im deutschen Südwesten lag und damit eher fern von preußischer Tradition.

Die Klassengebundenheit des deutschen Erziehungswesens und insbesondere der Universität betonte das 1947 erstellte Gutachten einer achtköpfigen Delegation der britischen *Association of University Teachers* (AUT).[27] Es stellte eine bis ins 19. Jahrhundert zurückreichende „tiefgehende Störung des deutschen akademischen Lebens" und des deutschen Erziehungssystems insgesamt fest. Dieses befördere die klassenmäßige Segregation und sei gekennzeichnet von Überlegenheitsdünkel und nationaler Abschließung.[28] Die britischen Gutachter empfahlen ebenfalls die Einrichtung „von Lehrstühlen für Sozial- und Staatswissenschaft". „Vorlesungen über Gegenwartsfragen" für alle Studierenden sollten weniger wissenschaftlich-spezialisiert sein, sondern Überblickscharakter aufweisen und

---

23 Zur Universitätspolitik der Besatzungsmächte siehe Defrance 2000.

24 Zook 1946, S. 39.

25 Zur amerikanischen Universitätspolitik siehe Paulus 2010, zur Geschichte der Politikwissenschaft insb. Mohr 1988; Bleek 2001.

26 Vgl. Defrance 2005, S. 481–502.

27 Vgl. Phillips 1983.

28 Bericht der Delegation der britischen Association of University Teachers (1947/1948), S. 27.

alle Gebiete – genannt werden Wirtschaft, Gesellschaft, Philosophie, Religion und Geisteswissenschaften – im Hinblick auf die Gegenwart behandeln.[29]

Andere britische Beobachter kritisierten die Forschungsorientierung des Studiums in Deutschland als Überbetonung spezialisierter Fachwissenschaft und als weltabgewandte Gelehrsamkeit.[30] Sie empfahlen konkreten Kompetenzerwerb durch das Einüben einer Diskussions- und Debattenkultur, das Analysieren von Reden und Texten, die Studierende befähigen sollten, sich schnell ein Urteil zu bilden und dieses argumentierend zu vertreten.

In der britischen Zone entstand das wirkmächtigste Reformpapier der Besatzungszeit: das nach der Farbe seines Einbandes als das „Blaue Gutachten" bezeichnete „Gutachten zur Hochschulreform". Angeregt vom AUT-Gutachten setzte die britische Militärregierung einen Studienausschuss für Hochschulreform ein, in dem deutsche Repräsentanten der verschiedenen Hochschultypen der britischen Zone gemeinsam mit ausländischen Beratern und Vertretern der Gesellschaft Reformvorschläge entwickeln sollten.[31]

Neben Forderungen nach einer sozialen Öffnung des Hochschulzugangs zielte die zentrale inhaltliche Reformforderung des Gutachtens auf die Einführung übergreifender, allgemeinbildender Lehrveranstaltungen für alle Studierenden durch ein *studium generale*. Das Gutachten griff explizit die Forderung nach einer stärkeren Betonung der Erziehung der Studierenden auf. Zugleich sollte das *studium generale* die Verbindung der einzelnen Fächer untereinander deutlich machen. Die Universität dürfe nicht nur den „spezialisierten Intellekt" ausbilden, sondern solle den ganzen Menschen erziehen, sonst entwickle sie sich zu einem „Konglomerat von Fachschulen".[32] Das Gutachten verknüpfte die Forderung nach einer Stärkung erziehender Elemente im Studium mit einem grundsätzlichen Bekenntnis zur deutschen Universitätstradition. Trotz der anerkannten Reformbedürftigkeit wird doch die „im Kern gesunde Tradition" der deutschen Universitäten hervorgehoben und „auf ihre eigentümliche, von Humboldt herrührende Tradition, welche die Einheit von Forschung und Lehre in einer für die Welt vorbildlichen Weise verkörpert" hingewiesen.[33]

Die Vermittlung politischen Orientierungswissens stand damit im Zentrum der Universitätsreformdiskussionen der Nachkriegszeit. In diesem Punkt trafen sich die Vorstellungen deutscher Universitätsvertreter und diejenigen der Besatzungsoffiziere. Die Kritik an den Universitäten und den Professoren in Verbindung mit der an die Universitäten gerichteten Erwartung, zur Demokratisierung und Zivilisierung

29 Ebd., S. 26 f.

30 Z. B. Samuel/Hinton 1948.

31 Studienausschuß für Hochschulreform 1948; dazu Phillips 1995.

32 Studienausschuß für Hochschulreform 1948, S. 3.

33 Ebd.

der Gesellschaft nach dem Nationalsozialismus beizutragen, berief sich auf ein Konzept von Bildung, mit dem die junge Generation für die Demokratie gewonnen werden sollte. Dies gilt gleichermaßen für Besatzungsoffiziere und Berater wie für den deutschen öffentlichen und den universitären Diskurs. Der Begriff *studium generale* wurde in den folgenden Jahren zur Chiffre für dieses Reformkonzept im Dienste einer demokratischen Transformation der gesellschaftlichen Eliten. Ebenso wie die zugrunde liegende Problemanalyse variierte auch die praktische Umsetzung.[34] Aufwendige Einzelprojekte wie das Tübinger Leibniz-Kolleg wurden zwar als Vorbilder bezeichnet[35], fanden jedoch in der Praxis – schon aus finanziellen Gründen – keine Nachahmer. An den meisten Universitäten bestand das *studium generale* aus parallel zum Fachstudium zu hörenden Vorlesungen anderer Fachgebiete.

„Blickerweiterung" der Studierenden und „Hebung ihrer Allgemeinbildung", wie es der Rektor der Technischen Hochschule Darmstadt formulierte,[36] sollten durch Vorlesungen in Wirtschaft, Recht und Politik sowie in Geschichte, Kunstgeschichte und Philosophie gefördert werden.

Der Glaube an die Bildungswirkung von Allgemeinwissen, von Kenntnissen über das eigene Fachgebiet hinaus, bezog sich nicht allein auf die Studierenden, sondern wurde zur Grundlage für Reformideen, die die Universität insgesamt erfassen sollten. Auch die Wissenschaften selbst müssten stärker zusammenarbeiten und eine verloren geglaubte Einheit der Wissenschaften wiederherstellen. Für diese Reformidee stehen zwei Zeitschriftengründungen: *Universitas* und *Studium Generale.* 1946 gründete der Carl-Schmitt Schüler Serge Maiwald (1916–1952) [37] in Tübingen die Zeitschrift *Universitas.* Sie stelle den Versuch dar, an die alte Universitätsidee anzuknüpfen und sie für die Gegenwart fruchtbar zu machen, schrieb Maiwald im Vorwort zum zweiten Jahrgang. Angestrebt werde die Herstellung einer neuen Einheit der Wissenschaften, die Überwindung vor allem der Spaltung zwischen Natur- und Geisteswissenschaften und die Herstellung eines neuen wissenschaftlichen Gespräches über die engen Fachgrenzen hinweg.[38] Die Artikel sollten daher die Grenzen engen Spezialistentums überschreiten, nicht jedoch die Grenze der Wissenschaftlichkeit, also keinesfalls populär sein. Neben wissenschaftlichen Aufsätzen

---

34 1952 erstellte Walther Killy im Auftrag der Westdeutschen Rektorenkonferenz eine erste Bestandsaufnahme (Killy 1952).

35 Zauner 1999, S. 209–231.

36 Erich Reuleaux bei der Wiedereröffnung der Technischen Hochschule Darmstadt am 17.1.1946, zit. nach Göttinger Universitätszeitung 1/8 (1946), S. 11.

37 Zur Verbindung Maiwalds und Carl Schmitts siehe den Nachruf Schmitts auf Maiwald (Schmitt 1952, S. 447 f.); Mehring 2009, insbes. S. 472 f.; van Laak 1993, S. 138.

38 Maiwald 1946, S. 2.

enthielt die Zeitschrift bereits in den ersten Heften Rubriken, die mit einer internationalen Bücherschau, einem internationalen Kulturspiegel und mit Berichten aus den Hochschulen sowohl Deutschlands als auch des Auslands dem verbreiteten Bedürfnis nach Information und internationaler Öffnung entsprachen. Es gelang Maiwald, die Zeitschrift erfolgreich zu etablieren, so dass sie die Währungsreform überstand und auch nach seinem frühen Tod 1952 weiter bestand (und bis heute weiter besteht).

Auch *Studium Generale* trat an mit dem Ziel einer Erneuerung der Bildungsidee. Die Initiative ging hier vom Heidelberger Verleger Springer aus,[39] der Karl Jaspers als Kristallisationspunkt des Projekts gewinnen wollte. Dieser stand dem Projekt positiv gegenüber, sah allerdings keine Kapazitäten, für das Projekt Arbeit etwa als Schriftleiter zu investieren, da er bereits Mitherausgeber der von Dolf Sternberger geleiteten Zeitschrift *Die Wandlung* war.

Im Geleitwort zur ersten Ausgabe hieß es, man wolle ein Forum schaffen, „das die Begegnung der Einzelwissenschaften und den Austausch untereinander ermöglicht".[40] Die Vereinzelung der vorangegangen Zeit wird als „Verhängnis" bezeichnet, das den „Einbruch der nihilistischen Politisierung des gesamten Daseins und damit auch der Wissenschaften" ermöglicht habe, wie der Nationalsozialismus euphemistisch umschrieben wird. Das Programm der Zeitschriftengründung steht damit für das Festhalten an dem Anspruch, dass von der Universität über spezifische Einzelkenntnis hinaus Deutungs- und Weltwissen zu erwarten sei. Das Deutungswissens sollte aus einem erneuerten Zusammenwirken der Wissenschaften entstehen, statt durch eine Leitdisziplin vorgegeben zu werden. Die Idee der Multiperspektivität und des Aushandelns, des Gesprächs im Geiste der Toleranz und gegenseitigen fachlichen Achtung wurde zudem als Kennzeichen von Wissenschaft bezeichnet und damit als Verhaltensweise, die die Studierenden an der Universität kennenlernen und einüben sollten.

Das Konzept basierte auf Jaspers' „Idee der Universität" als einer intellektuell exklusiven gesellschaftlichen Enklave, die in völliger geistiger Freiheit allein der Wahrheitssuche verpflichtet sei. Gerade durch diese Freiheit von aller Zweckbindung handele die Universität in Vertretung des Volkes, die im Dienste der Gesellschaft agiere, dabei gleichwohl eine „eigene Welt"[41] sei und folglich nach einer spezifischen Eigenlogik funktioniere. So hat es Jaspers in mehreren Vorträgen und Aufsätzen zur gesellschaftlichen Verortung und zur Reform der Universität dargelegt.[42]

---

39 Dingler/Tertel 2020, S. 347–374.

40 Zum Geleit, Studium Generale 1 (1947), Nr. 1, S. 1 f.

41 Mit diesen Worten beginnt der zuerst 1947 in der *Wandlung* publizierte Vortrag „Volk und Universität" (Jaspers 1986a, S. 275–288).

42 Ebd.

Diese Vorstellung einer gleichsam klösterlich-kontemplativen Universität, als „politisch windstiller Raum“[43] allein philosophischer Wahrheitssuche verpflichtet, entsprach bereits in der Nachkriegszeit nicht der Realität – weder derjenigen von Staat und Wirtschaft, noch derjenigen der Studierenden.

Die Reformkonzepte der frühen Nachkriegszeit bekennen sich damit zum Ziel, zu einer Abkehr von der Diktatur und von Denkhaltungen beizutragen, die charakteristisch für den Nationalsozialismus waren: von Intoleranz, nationaler Abschließung und Überheblichkeit und von einer fachlichen Enge, die die politischen und gesellschaftlichen Konsequenzen des eigenen Forschens und Handelns ausblendete. Dies geschah in einem Bekenntnis zur deutschen Universitätstradition, nicht in einer Abkehr. Spezialisierung und Fragmentierung der Disziplinen wurden als Irrweg angesehen, der durch allgemeine Kenntnisse der Studierenden und überfachliche Kommunikation der Wissenschaften verlassen werden könne.

Über die Wirkung dieser Neuerungen – zu denen auch Ferienkurse zählten und die Integration von Geisteswissenschaften in die Technischen Universitäten – kehrte nach anfänglich euphorischen Berichten[44] bald Ernüchterung ein. Eine erste Bilanz zog 1954 der Schweizer Soziologe und spätere Frankfurter Rektor Walter Rüegg.[45]

Die Haltung der Mehrheit der Professoren und von führenden Theoretikern der Reformen der Nachkriegszeit wie Karl Jaspers und dem Marburger Rektor Julius Ebbinghaus bezeichnete er als „idealistischen Konservatismus“.[46] Dessen Ideal einer von staatlichen und politischen Einflüssen unabhängigen und möglichst unberührten Universität und der Glaube an „autonome Bildungskraft der Wissenschaft“ sei aufgrund des starken Interesses von Parteien, Kirchen und Gewerkschaften nicht durchführbar. Darüber hinaus sei sie „auch in ihrer Theorie verfehlt“, befand Rüegg, denn sie habe auf „der Bildungsaristokratie des idealistischen Humanismus“ beruht, habe also weiterhin die klassische Antike als zentralen Bildungsinhalt privilegiert. Dabei habe das Konzept die sozialen Faktoren der Bildungswirkung des Studiums als persönlichkeits- und habitusformierende Erfahrung nicht berücksichtigt. Als diese sozialen Faktoren nennt er das „Professorenhaus“ und die Korporationen.[47] Anders als in den USA und England hätten deutsche Akademiker traditionell die lebenslange soziale Bindung weniger zu ihrer Universität als zu den Bundesbrüdern. Aufgrund ihrer nationalistischen und vielfach sozial exklusiven Ausrichtung waren die Korporationen in der Nachkriegszeit zunächst von den

43 Jaspers 1986b, S. 280.

44 Siehe z. B. die Berichte aus den Universitäten, von denen jeweils einer pro Heft in der Zeitschrift *Studium Generale* erschien.

45 Rüegg 1954.

46 Hier u. i. Folgenden Rüegg 1954, S. 29.

47 Ebd., S. 30 f.

Alliierten verboten worden. In der Bundesrepublik konnten sie allerdings recht schnell ihre Wiederzulassung und auch die Rückerstattung ihrer Vermögenswerte und Immobilien erreichen. Gründungen neuer Formen studentischer Gemeinschaften gelang nur selten die dauerhafte Etablierung. Gemeinschaftswohnprojekte blieben ebenfalls Ausnahmen, die schon aus finanziellen Gründen keine Breitenwirkung entfalteten.[48] Stattdessen blieben die meisten Wohnheimbauten auf die Bereitstellung günstiger Zimmer beschränkt.

3. Demokratisierung durch Bildungsexpansion

Die soziale Komponente der Demokratisierung von Bildung wurde von den Universitäten weitgehend ausgeblendet. Nicht abgelehnt zwar, doch sah man hier keine eigene Zuständigkeit, sondern beharrte auf der Notwendigkeit einer hinreichenden Vorbildung, die durch das Abitur zu gewährleisten sei. Den Zugang zu höheren Schulen und damit zum Abitur für Schüler aus sozial schwachen Bevölkerungsschichten zu ermöglichen, sei nicht die Aufgabe der Universitäten, sondern der Politik.[49]

Erleichtert durch politische Maßnahmen wie die Abschaffung der Gebühren für die höheren Schulen, die im Verlauf der 1950er Jahre in allen Bundesländern erfolgte, stieg die Zahl der Studierenden seit Kriegsende kontinuierlich an. Die 1931 erreichte höchste Zahl von knapp 104.000 immatrikulierten Studierenden im Deutschen Reich[50] wurde bereits vor Gründung der Bundesrepublik auf dem erheblich kleineren Territorium der westlichen Besatzungszonen überschritten. Im Wintersemester 1950/51 waren es bereits fast 130.000 Studierende. Die Zahl verdoppelte sich in den nächsten elf Jahren auf 260.000 Studierende allein an den Universitäten im Wintersemester 1960/61 und nochmals in den nächsten elf Jahren bis zum Wintersemester 1972/73 auf dann 534.000 Studierende.[51] Der seit Ende der 1950er Jahre drängender werdende und dann durch zusätzliche Professuren an den bestehenden Universitäten und durch die Neugründung von Hochschulen erfolgte Ausbau der Studienkapazitäten führte weniger zu einer Entlastung der Universitäten als zu einem weiteren Anstieg der Studierendenzahlen.

Die Transformation der Universitäten in Massenuniversitäten machte die traditionelle Meisterlehre als Lernen durch Imitation und Teilnahme am Denk- und

48 Freytag-Loringhoven 2012; Fuchs 1951.

49 Hierzu siehe Wolbring 2014, S. 59–76.

50 Statistisches Jahrbuch für das Deutsche Reich – 1931. Statistik des Deutschen Reichs, Kap. XVI.: Unterrichtswesen, S. 430 f..

51 Statistisches Bundesamt, Fachserie 11 Reihe 4.1 (zusammenfassende Übersichten) und Sonderauswertungen dl-de/by-2–0 (https://www.govdata.de/dl-de/by-2–0), (letzter Zugriff: 16.03.2023).

Forschungsprozess des akademischen Lehrers für die Mehrheit der Studierenden unzugänglich. Sie passte auch kaum zum wachsenden Bedarf an Universitätsabsolventen, die als Techniker, Ingenieure, Ärzte, Juristen, Wirtschaftsfachleute und Lehrer in der expandierenden Wirtschaft der langen Aufschwungsphase nach 1945 gebraucht wurden. Ungeachtet dessen blieb sie als Ideal und auch als Praxis der Karriereförderung erhalten. Emblematisch hierfür war Helmut Schelskys 1963 erschienenes Bekenntnis zur neuhumanistischen Bildungstradition.[52] Anders als in der Schule könne Bildung an der Universität nicht instruktiv erfolgen. Die Universität sei vielmehr „die Institution der Selbsterziehung und Selbstversittlichung schlechthin", heißt es unter Berufung auf Schelling und Fichte.[53] Schelsky hielt damit – wie viele – am Ideal einer „philosophischen" Universität fest, lehnte unter Berufung auf die neuhumanistische Universitätstradition instruktiv erzieherische Veranstaltungen ab, die mit dem Konzept des *studium generale* verknüpft waren. Dabei konzedierte er die Notwendigkeit der praktischen, auf eine spätere Berufstätigkeit ausgerichteten Universitätsausbildung. Er sah auch, dass das Ideal der Meisterlehre im kleinen Schülerkreis in den beständig wachsenden Universitäten mit Massenvorlesungen und der Notwendigkeit berufsqualifizierender Prüfungen nicht durchsetzbar war. Deshalb plädierte er für eine Differenzierung des Hochschulsystems, die neben den Massenuniversitäten eine „theoretische Universität" genannte Enklave ermöglichen sollte. Von den Zumutungen der Ausbildungsaufgaben, der Prüfungen und Studienordnungen befreit sollte im engen Lehrer-Schüler Verhältnis „unter Ausschaltung eines personellen Mittelbaus oder pädagogischer Veranstaltungen" in „Zusammenarbeit der verschiedenen Wissenschaften" die Forschung im Mittelpunkt stehen.[54]

Faktisch bestätigte Schelsky damit die Auffassung, dass die wissenschaftliche Universität nur eine exklusive Einrichtung für Wenige sein könne und letztlich nicht in die Breite ausrollbar sei. Seine Hoffnung auf eine wissenschaftsaristokratische Enklave in der Neugründung Bielefeld zerschellte bereits vor deren Eröffnung an der hochschulpolitischen Realität, obwohl dort einige Elemente seiner Vorschläge aufgegriffen wurden. Letztlich passte dieses exklusive Bildungsverständnis schlecht zu den Demokratisierungstendenzen der 1960er Jahre.[55] Dass ein Universitätsstudium für alle, jedenfalls unabhängig von sozialer und regionaler Herkunft, finanziellem Vermögen und dem Geschlecht möglich sein müsse, war als Forderung unwidersprochen. Ralf Dahrendorf verlieh ihr 1965 weiteren Schub durch seine Streitschrift *Bildung ist Bürgerrecht*, die zunächst als Artikelserie in der ZEIT

52 Schelsky 1963.

53 Ebd., S. 81.

54 Ebd., S. 313.

55 Vgl. Rudloff 2007, S. 77–101.

erschienen war.[56] Er forderte darin eine aktive Bildungspolitik und eine Expansion des Bildungswesens als Instrument einer Liberalisierung und Demokratisierung der Gesellschaft. Bildung als „Bürgerrecht“ wurde zum Schlagwort einer Expansion des Bildungswesens, die mehr soziale Gerechtigkeit und damit mehr Demokratie anstrebte. Die Inhalte des Studiums diskutierte Dahrendorf nicht, ebensowenig die didaktischen Vermittlungsformen. Ihm ging es um den Zugang zur Universität. Dass die Zunahme der Studierendenzahlen zu einer geringeren Priorisierung der Forschung führe, schien ihm dabei ebenso selbstverständlich wie hinzunehmen.

Die „Abkehr von Humboldt“ bzw. das „Ende der Humboldt-Universität“ wurde dann auch – je nachdem – zum Schreckgespenst oder zur Forderung der Universitätsdiskussionen, die statt des exklusiven Meisterkreises strukturierte Studienpläne und Prüfungsvorbereitungen forderten sowie eine stärkere Berufsorientierung des Studiums. Die Einführung von Zwischenprüfungen, Studienordnungen und Versuche einer Verkürzung der Studienzeit durch Examina, zunächst vor der Promotion mit dem Magister, später durch die Einführung gestufter Studiengänge, wurde folglich von den einen als Angriff auf die Grundlagen der Universität abgelehnt, während deren Verfechter hierin die Konsequenzen der Demokratisierung des Studiums sahen, die mit der Abkehr von der elitistischen Meisterlehre und dem Ideal von „Einsamkeit und Freiheit“ in Forschung und Studium verbunden sein müsse.[57]

Im Zuge der Bologna-Reform hat sich diese Diskussion noch einmal verschärft. In der „Bologna-Wirklichkeit“ sei das Studium zu schulischem Lernen geworden, ausgerichtet „auf alle möglichen politischen und gesellschaftlichen Ziele von Mobilität über Gleichheit bis Berufsnähe,“[58] lautet der häufig gehörte Vorwurf insbesondere aus den Geisteswissenschaften. Die politisch gewollte massive Steigerung der Studierendenzahlen habe eine Absenkung des wissenschaftlichen Niveaus der Studierenden und der Absolventen bewirkt.[59]

Blickt man hingegen weniger auf die Klagen über den Zustand der Universität, sondern auf das Selbstbekenntnis von Universitäten und von Universitätslehrenden, ergibt sich ein weit weniger pessimistisches Bild. Sowohl in universitären Leitbildern als auch in Lehrphilosophien von Dozierenden wird durchweg ein Bekenntnis zur Wissenschaftlichkeit des Studiums, zur Verbindung von Forschung und Lehre und zu forschendem Lernen deutlich. Aus dieser Wissenschaftsorientierung wird die persönlichkeitsbildende Wirkung des Studiums abgeleitet, das kritisches Denken und eigenständiges Problemlösen fördere.[60] Mit oder ohne expliziten Bezug

---

56 Dahrendorf 1965.

57 Vgl. Pasternack/Wissel 2010.

58 Mittelstraß 2016, S. N4.

59 So bspw. Müller-Schöll, S. 176.

60 Wolbring 2020, S. 168–173.

auf Wilhelm von Humboldt wird Bildung durch Wissenschaft regelmäßig als das Ziel universitärer Lehre bezeichnet, die die Studierenden zur mündigen Teilhabe an der Gesellschaft und zur Übernahme gesellschaftlicher und politischer Verantwortung befähige.[61] Die Bildungswirkung von Wissenschaft wird damit auch für die Hochschulen reklamiert, an denen inzwischen mehr als 50 Prozent eines Altersjahrgangs studieren. Während das *studium generale* nicht zu einer durchgreifenden Transformation des Studiums führte, hat sich der Glaube an die Bildungswirkung von Wissenschaft als beständig erwiesen. Aufgegeben worden ist langsam und allmählich die elitistische Vorstellung des universitären Lernens in Einsamkeit und Freiheit. Nicht zuletzt hochschuldidaktische Konzepte, die seit den ersten Tagungen der Bundesassistentenkonferenz entwickelt worden sind, haben das Ziel der Forschungsorientierung des Studiums und des Forschenden Lernens[62] für die gegenwärtige Hochschulsituation adaptiert.[63]

Literaturverzeichnis

Association of University Teachers (1947/1948): Die Universitäten in der Britischen Zone Deutschlands. Bericht der britischen Delegation übersetzt aus The Universities Review 19/3 (1947), in: Die Sammlung 3 (1948), S. 1–31.

Assmann, Aleida (1993): Arbeit am nationalen Gedächtnis. Eine kurze Geschichte der deutschen Bildungsidee, Frankfurt am Main.

Barth, Karl (1947): Der deutsche Student, in: Die Neue Zeitung v. 8.12.1947, gekürzt in: Göttinger Universitäts-Zeitung 12.

Benda, Julien (1927/1978): Der Verrat der Intellektuellen, München/Wien.

Bleek, Wilhelm (2001): Geschichte der Politikwissenschaft in Deutschland, München.

Barth, Karl /Holst, Erich von (1947): Briefwechsel, in: Göttinger Universitäts-Zeitung 2/15, S. 3–6.

Bundesassistentenkonferenz (Hg.) (1970): Forschendes Lernen - wissenschaftliches Prüfen. Ergebnisse der Arbeit des Ausschusses für Hochschuldidaktik, Bonn.

Bruch, Rüdiger vom (2001): Die Gründung der Berliner Universität, in: Schwinges, Rainer Christoph (Hg.): Humboldt international. Der Export des deutschen Universitätsmodells im 19. und 20. Jahrhundert, Basel, S. 53–73.

---

61 Vgl. bspw. das Leitbild universitärer Lehre der Universität Hamburg, beschlossen vom Akademischen Senat am 20.07.2014, in: Homepage der Universität Hamburg: https://www.uni-hamburg.de/uhh/profil/leitbild/lehre.html, (letzter Zugriff: 10.08.2021).

62 Hierzu insbesondere Huber 1970, S. 227–246; Ders: 2014, S. 32–39.

63 Aus der Fülle der Literatur: Bundesassistentenkonferenz 1970; Leibfried 1967; Portele/Huber 1993, S. 92–113.

Dahrendorf, Ralf (1965): Bildung ist Bürgerrecht. Plädoyer für eine aktive Bildungspolitik, Hamburg.

Defrance, Corine (2000): Les Alliés occidentaux et les universités allemandes 1945–1949, Paris.

Defrance, Corine (2005): Raymond Schmittlein (1904–1974), ein Kulturmittler zwischen Deutschland und Frankreich?, in: Beilecke, François (Hg.): Der Intellektuelle und der Mandarin. Für Hans Manfred Bock, Kassel, S. 481–502.

Dingler, Catrin/Tertel, Elena (2020): „Eine solche Zeitschrift brauchen wir". Karl Jaspers' Universitätsidee und die Gründung der Zeitschrift Studium Generale, in: Göllnitz, Martin/Krämer, Kim (Hg.): Hochschulen im öffentlichen Raum. Historiographische und systematische Perspektiven auf ein Beziehungsgeflecht, Göttingen, S. 347–374.

Freytag-Loringhoven, Konstantin von (2012): Erziehung im Kollegienhaus. Reformbestrebungen an den deutschen Universitäten der amerikanischen Besatzungszone 1945–1960, Stuttgart.

Fuchs, Walther Peter (1951): Studentische Wohnheime und Gemeinschaftshäuser in Westdeutschland. Ein Bericht, Frankfurt am Main.

Gall, Lothar (1995): Vom Stand zur Klasse? Zu Entstehung und Struktur der modernen Gesellschaft, in: Historische Zeitschrift 261, S. 1–21.

Huber, Ludwig (1970): Forschendes Lernen. Bericht und Diskussion über ein hochschuldidaktisches Prinzip, in: Die Sammlung 10, S. 227–246.

Huber, Ludwig (2014): Forschungsbasiertes, forschungsorientiertes, forschendes Lernen: Alles dasselbe? Ein Plädoyer für eine Verständigung über Begriffe und Unterscheidungen im Feld forschungsnahen Lehrens und Lernens, in: Das Hochschulwesen 62, S. 32–39.

Humboldt, Wilhelm von (2010): Über die innere und äußere Organisation der höheren wissenschaftlichen Anstalten in Berlin (1809/10), in: Gründungstexte. Festgabe zum 200-jährigen Jubiläum der Humboldt-Universität zu Berlin. Mit einer editorischen Notiz von Rüdiger vom Bruch, hg. von Rüdiger vom Bruch, Berlin, S. 229–241.

Jaspers, Karl/Ernst Fritz (1946): Vom lebendigen Geist der Universität und vom Studieren. Zwei Vorträge, Heidelberg (Schriften der Wandlung, Bd. 1).

Jaspers, Karl (1986a): Vom lebendigen Geist der Universität, in: Ders.: Erneuerung der Universität. Reden und Schriften 1945/46, hg. v. Renato de Rosa, Heidelberg, S. 215–241.

Jaspers, Karl (1986b): Volk und Universität, in: Ders.: Erneuerung der Universität. Reden und Schriften 1945/46, hg. v. Renato de Rosa, Heidelberg, S. 275–288.

Killy, Walther (1952): Studium Generale und studentisches Gemeinschaftsleben, Berlin.

Koselleck, Reinhart (1990): Zur anthropologischen und semantischen Struktur der Bildung, in: Ders. (Hg.): Bildungsbürgertum im 19. Jahrhundert. Teil 2. Bildungsgüter und Bildungswissen, Stuttgart, S. 11–46.

Kroll, Frank-Lothar (2003): Kultur, Bildung und Wissenschaft im 20. Jahrhundert, München.

Laak, Dirk van (1993): Gespräche in der Sicherheit des Schweigens. Carl Schmitt in der politischen Geistesgeschichte der frühen Bundesrepublik, Berlin.

Leibfried, Stephan (1967): Wider die Untertanenfabrik. Handbuch zur Demokratisierung der Hochschule, Köln.

Leitbild universitärer Lehre der Universität Hamburg, beschlossen vom Akademischen Senat am 20.07.2014, in: Homepage der Universität Hamburg: https://www.uni-hamburg.de/uhh/profil/leitbild/lehre.html, (letzter Zugriff: 10.08.2021).

Maiwald, Serge (1946): Zum zweiten Jahrgang, in: Universitas. Zeitschrift für Wissenschaft, Kunst und Literatur, Stuttgart 1 (1946), S. 2.

Mehring, Reinhard (2009): Carl Schmitt. Aufstieg und Fall, München.

Mittelstraß, Jürgen (2016): Die Universität zwischen Weisheit und Management, in: Frankfurter Allgemeine Zeitung, 31.08.2016.

Mohr, Arno (1988): Politikwissenschaft als Alternative. Stationen einer wissenschaftlichen Disziplin auf dem Wege zu ihrer Selbständigkeit in der Bundesrepublik Deutschland 1945–1965, Bochum.

Mommsen, Theodor (1905): Rede bei Antritt des Rektorates. 15. Oktober 1874, in: Ders: Reden und Aufsätze, hg. von Otto Hirschfeld, Berlin, S. 3–16.

Muhlack, Ulrich (2006): Die Universitäten im Zeichen von Neuhumanismus und Idealismus: Berlin, in: Ders.: Staatensystem und Geschichtsschreibung. Ausgewählte Aufsätze zu Humanismus und Historismus, Absolutismus und Aufklärung, hg. v. Notker Hammerstein, Berlin, S. 223–253.

Müller-Schöll, Nikolaus (2010): Die Zukunft der Universität, in: Horst, Johanna-Charlotte/Kagerer, Johannes/Karls, Regina et al. (Hg.): Unbedingte Universitäten. Was passiert? Stellungnahmen zur Lage der Universität, Zürich, S. 157–178.

Münster, Clemens (1946): Zum Aufbau der geistigen Bildung, in: Frankfurter Hefte 1.8, S. 703–714.

Pasternack, Peer/Wissel, Carsten von (2010): Programmatische Konzepte der Hochschulentwicklung in Deutschland seit 1945. Demokratische und Soziale Hochschule, Düsseldorf.

Paulus, Stefan (2010): Vorbild USA? Amerikanisierung von Universität und Wissenschaft in Westdeutschland 1945–1976, München.

Phillips, David (1983): Zur Universitätsreform in der britischen Besatzungszone 1945–1948, Köln.

Phillips, David (1995): Pragmatismus und Idealismus. Das „Blaue Gutachten" und die britische Hochschulpolitik in Deutschland 1948, Köln.

Picht, Werner (1949): Zur Neubegründung der deutschen Volksbildung, in: Merkur 3, S. 1062–1077.

Portele, Gerhard/Huber, Ludwig (1993): Hochschule und Persönlichkeitsentwicklung, in: Lenzen, Dieter (Hg.): Enzyklopädie Erziehungswissenschaft. Handbuch und Lexikon der Erziehung in 11 Bänden und einem Registerband. Bd.10. Ausbildung und Sozialisation in der Hochschule, Stuttgart, S. 92–113.

Ringer, Fritz K. (1983): Die Gelehrten. Der Niedergang der deutschen Mandarine 1890–1933, Stuttgart/München.

Rudloff, Wilfried (2007): Die Gründerjahre des bundesdeutschen Hochschulwesens: Leitbilder neuer Hochschulen zwischen Wissenschaftspolitik, Studienreform und Gesellschaftspolitik, in: Franzmann, Andreas/Wolbring, Barbara (Hg.): Zwischen Idee und Zweckorientierung. Vorbilder und Motive von Hochschulreformen seit 1945, Berlin, S. 77–101.

Rüegg, Walter (1954): Humanismus, Studium Generale und Studia Humanitatis in Deutschland, Genf.

Samuel, Richard H./Hinton Thomas, R. (1948): Education and Society in modern Germany, London.

Schalenberg, Marc (2002): Humboldt auf Reisen? Die Rezeption des „deutschen Universitätsmodells“ in den französischen und britischen Reformdiskursen (1810–1870), Basel.

Schelsky, Helmut (1963): Einsamkeit und Freiheit. Idee und Gestalt der deutschen Universität, Hamburg.

Schmitt Carl (1952): Zum Gedächtnis von Serge Maiwald, in: Zeitschrift für Geopolitik. Monatshefte für deutsches Auslandswissen 23.7, S. 447 f.

Schwinges, Rainer Christoph (2001) (Hg.): Humboldt international. Der Export des deutschen Universitätsmodells im 19. und 20. Jahrhundert, Basel.

Schulz, Andreas (2005): Lebenswelt und Kultur des Bürgertums im 19. und 20. Jahrhundert, München.

Statistisches Bundesamt, Fachserie 11 Reihe 4.1 (zusammenfassende Übersichten) und Sonderauswertungen dl-de/by-2–0 (https://www.govdata.de/dl-de/by-2–0)

Statistisches Jahrbuch für das Deutsche Reich – 1931.

Stirk, Samuel Dickinson (1946): German universities through english eyes, London.

Studienausschuß für Hochschulreform (1948): Gutachten zur Hochschulreform, Hamburg.

Tenfelde, Klaus (1994): Stadt und Bürgertum im 20. Jahrhundert, in: Ders./Wehler, Hans-Ulrich (Hg.): Wege zur Geschichte des Bürgertums. Vierzehn Beiträge, Göttingen (Bürgertum. Beiträge zur europäischen Gesellschaftsgeschichte, Bd. 8), S. 317–353.

Tenorth, Heinz-Elmar (2010): Was heißt Bildung in der Universität? Oder: Transzendierung der Fachlichkeit als Aufgabe universitärer Studien, in: Die Hochschule 19, S. 119–134.

Tress, Werner (2010): Wissenschaft zwischen neuhumanistischem Bildungsideal und Staatsnutzen. Zur Gründung der Berliner Universität 1810, in: Zeitschrift für Religions- und Geistesgeschichte 62, S. 261–281.

Wolbring, Barbara (2014): „Die Aristokratie des Geistes soll jedem offenstehen nach dem Maße seiner Begabung und freien Selbsterziehung“. Die soziale Öffnung der Universitäten als politisches Reformziel nach 1945, in: Brandt, Sebastian (Hg.): Universität, Wissenschaft und Öffentlichkeit in Westdeutschland. (1945 bis ca. 1970), Stuttgart, S. 59–76.

Wolbring, Barbara (2020): Im Zentrum steht die Wissenschaft. Lehrphilosophien über das Lernen an Hochschulen, in: Toepfer Stiftung gGmbH (Hg.): Lernen im Hochschulzusammenhang, Hamburg, S. 168–173.

Zauner, Stefan (1999): Universität Tübingen und Leibniz-Kolleg in der französischen Besatzungszeit 1945–1949. Aspekte des akademischen Neubeginns im Nachkriegsdeutschland, in: Historisches Jahrbuch 119, S. 209–231.

Zook, George F. (1946): Der gegenwärtige Stand der Erziehung in Deutschland. Bericht der amerikanischen Erziehungskommission, München.

Zeitschriftenverzeichnis

Göttinger Universitäts-Zeitung 1 (1945/46).

Studium Generale. Zeitschrift für die Einheit der Wissenschaften in Zusammenhang mit Begriffsbildung und Forschungsmethoden, Heidelberg und Berlin, 1 (1947/1948).

Universitas. Zeitschrift für Wissenschaft, Kunst und Literatur, Stuttgart 1 (1946).

Martha Friedenthal-Haase

Universität und Erwachsenenbildung in der Demokratie

Ideen und Leistungen von Fritz Borinski

1. Einleitung

Nach wie vor steht im Mittelpunkt der universitären Erwachsenenbildung der freie Mensch und Bürger, der sein persönliches Leben meistert, seinen Mitmenschen hilft, seine Rechte und Pflichten als freier und sozialer Bürger mit Einsicht und Verantwortungsbewusstsein wahrnimmt und erfüllt.[1]

Diese Aussage aus dem Jahre 1960 findet sich im Bericht über eine Reise zu britischen Universitäten; der Reisende war der Erwachsenenbildner Fritz Borinski (1903–1988), seit 1956 Professor für Pädagogik sowie Beauftragter für Außenbeziehungen an der Freien Universität Berlin. Was Borinski als kennzeichnend für die britische universitäre Erwachsenenbildung ansah, die Idee der allgemeinen und freien Bildung in der Demokratie, hat auch ihn selbst seit seiner Studienzeit geleitet, seine Reformbemühungen im Nachkriegsdeutschland inspiriert und der Systembildung der universitären Erwachsenenbildung in West-Berlin seit 1956 die Richtung gegeben.

Das Verhältnis ‚Universität und Erwachsenenbildung' soll im Folgenden am Fall dieses Erwachsenenbildners beleuchtet werden, dessen Erfahrungen in dieser Beziehung als aufschlussreich, in mancher Hinsicht als exemplarisch gelten können. Gefragt wird nach den Bedingungen und Umständen, die zu seinem Interesse an der universitären Erwachsenenbildung führten. Dafür werden einzelne seiner beruflichen Stationen herausgegriffen, bei denen sich relevante Aspekte im Verhältnis von Universität und Erwachsenenbildung zeigen, u. a. Aspekte der Öffnung der Universität nach außen, gewissermaßen *extramural*, solche der Aufnahme von generellen Bildungsfunktionen und eines neuen Typs von Hörern und Hörerinnen in die Universität, gewissermaßen *intramural*, Aspekte der Zusammenarbeit zwischen Institutionen, wie Universität und Volkshochschule oder Universität und Betrieben, solche der Öffnung des Repertoires der Universität für eine neue Wissenschaft,

1 Borinski, Fritz: Bericht über eine Reise durch englische Universitäten zum Studium der Extra-Mural-Activities (März/April 1960) vom 20.8.1960 (maschinenschriftliches Skript, 14 Seiten, plus 2 Seiten Anhang) hier S. 10 (FU Berlin, UA, R, 500, S. 1–16, Bestand: Beauftragter des Rektors für Abendveranstaltungen). Für ihre Hilfe beim Auffinden dieses Dokuments bin ich Frau Josepha Schwerma, Archiv der Freien Universität Berlin, sehr zu Dank verpflichtet.

d. h. der Akademisierung des Gebiets der Erwachsenenbildung/Volksbildung, der Entwicklung neuer Veranstaltungsformen, wie z. B. die der *Summer Schools*, sowie Fragen nach beruflichem Status und Gestaltungsfreiheit verschiedener Gruppen von Akteuren in der akademischen wie in der außerakademischen Sphäre. Zwischen der Universität und der Erwachsenenbildung besteht, wie Borinski 1971 schrieb „ein enger, nicht mehr zu ignorierender Zusammenhang".[2] Einer näheren Bestimmung dieses Zusammenhangs soll die vorliegende Fallstudie gewidmet sein.

2. Zwischen praktischer Erwachsenenbildung und Wissenschaft: Stationen einer Entwicklung

2.1 Leipziger Erfahrungen als Voraussetzung

Einblicke in das Verhältnis von Universität und Erwachsenenbildung erhielt Borinski bereits als junger Student der Rechtswissenschaften in Leipzig 1921.[3] Als er von der studentischen Initiative der Arbeiterunterrichtskurse erfuhr,[4] begeisterte er sich für die Idee der Teilhabe aller Menschen an Bildung und setzte diesen Schwung in praktisches Tun um: Mit viel gutem Willen und Liebe zur Sache hielt der Hochbegabte einen Kurs über Goethe für Arbeiter. Dass seine Hörerschaft geduldig ausharrte, ist wohl bemerkenswert. Sie mag etwas von der Echtheit des Wollens ihres jugendlichen Lehrers gespürt haben. Der Student Borinski aber, der nicht nur über Enthusiasmus, sondern auch über die Fähigkeit zur Selbstkritik verfügte, war von der eigenen Unzulänglichkeit bedrückt. Er fühlte sich als Dilettant, der seinen Hörern nicht das Beste zu geben wusste, und ahnte, dass es für die Arbeiterbildung eines anderen Weges bedurfte. Doch war er noch ohne Klarheit darüber, wie dieser zu finden sei.

Die Wende brachte ein Aufruf von Hermann Heller (1891–1933), Privatdozent an der Juristischen Fakultät der Universität und zugleich Leiter des Volksbildungsamts der Stadt Leipzig. Er bot Kurse an für Studenten zur Vorbereitung auf die praktische Erwachsenenbildung und verkörperte in seiner Person geradezu die Beziehung zwischen der Idee der Wissenschaft und der Idee der Volksbildung, zwischen der Institution der Universität auf der einen und neuartig gestalteten Einrichtungen der Erwachsenenbildung auf der anderen Seite. In einer (von ihm

2 Borinski 1971b, S. 1.

3 Eine der biographischen Quellen dieser Untersuchung ist Fritz Borinskis Selbstdarstellung. Siehe Borinski 1976, S.1–81, ergänzt durch biographische Untersuchungen der Verfasserin, siehe dazu auch Friedenthal-Haase 2023.

4 Derartige Kurse gehörten schon seit der vorigen Jahrhundertwende zu den Reformbestrebungen aufgeschlossener Akademiker und Studenten. Siehe Kahn 1912; Schoßig 1985.

selbst geschaffenen) Personalunion der Ämter (Leiter des städtischen Volksbildungsamtes *und* Leiter des universitären Seminars für freies Volksbildungswesen und dabei außerordentlich produktiver Rechtswissenschaftler) repräsentierte er im Verhältnis von Universität und Erwachsenenbildung ein ungewöhnliches Potential: in beiden Sphären gleichzeitig Wegweisendes zu leisten.[5] Borinski, der wenig später die studentischen Arbeiterunterrichtskurse an der Universität Leipzig koordinierte, nahm an den Kursen teil, die Heller für Studenten am „Seminar für freies Volksbildungswesen" veranstaltete. Dieses „Seminar", man würde es heute vielleicht eine Abteilung nennen, war eine 1923 von Heller geformte, rechtlich etablierte und geleitete Einrichtung, nicht selbständig, sondern angegliedert an das Theodor Litt (1880–1962), dem Nachfolger von Eduard Spranger (1882–1963), unterstehende „Seminar für Pädagogik". Die in Fachkreisen noch heute bekannten Namen Heller, Litt und Spranger zeigen, dass es damals in ihren jeweiligen Fachgebieten hervorragende Wissenschaftler waren, die sich im Interesse der Bildung aller Bürger für eine Öffnung der Universität einsetzten. Fachgeschichtlich kommt der Einrichtung des Seminars für freies Volksbildungswesen besondere Bedeutung zu: Es war die erste Einrichtung ihrer Art an einer deutschen Universität und als solche ist sie in der Geschichte der Akademisierung der Erwachsenenbildung ein Meilenstein.[6]

Für Borinski war es also schon von seiner frühen Studienzeit her selbstverständlich, dass an einem erziehungswissenschaftlichen Seminar Pädagogen und Staatswissenschaftler zusammenwirken und ein geachteter Staatswissenschaftler im Rahmen des „Freien Volksbildungswesens" für seine Arbeit wissenschaftliche Freiheit in Anspruch nehmen kann. Auch nach Hellers Fortgang nach Berlin blieb dieses zukunftweisende Seminar für freies Volksbildungswesen erhalten, das weiterhin (im unbesoldeten Nebenamt) von engagierten Wissenschaftlern geleitet wurde. Die Bestrebungen dieser in sich differenzierten Gruppe sind in der Erwachsenenbildung unter der Bezeichnung „Leipziger Richtung" bekannt geworden.[7] Auf Einladung Theodor Litts kehrte Borinski, inzwischen promovierter Absolvent und Lehrer an der Heimvolkshochschule Sachsenburg, wieder an seine Alma mater zurück, um die 1931 unbesetzte Position des Leiters des Seminars für Freies Volksbildungswesen de facto wahrzunehmen (besoldet aus der Planstelle eines Assistenten) und an einer Habilitationsschrift zu arbeiten. Diese Pläne und Möglichkeiten wurden durch den Nationalsozialismus jäh zunichtegemacht, als das sächsische Kultusministerium noch im April 1933 Fritz Borinski aus sog. rassischen und politischen Gründen seine Entlassung aussprach. Die Institution des Seminars

5 Siehe Heller 1971; sowie Borinski 1984.

6 Friedenthal-Haase 1991.

7 Meyer 1969.

selbst mit seiner Planstelle blieb noch bis über das Ende des Zweiten Weltkriegs hinaus erhalten, allerdings nur als eine zweckentfremdete formelle Hülse.[8]

Die Leipziger Lehrtätigkeit von Borinski im Gebiet der Volksbildung war ein gewisser Beitrag zur frühen Akademisierung und Professionalisierung des Gebiets der Erwachsenenbildung und wirkte zugleich interdisziplinär verbindend. Ein Teil seiner Lehrveranstaltungen war speziell derjenigen Hörerschaft gewidmet, die in der freien Volksbildung ein Feld ihrer künftigen Berufstätigkeit sah, ein anderer Teil war ausdrücklich für *Hörer aller Fakultäten* geöffnet. Durch diese Öffnung, in der sich vielleicht ein Element von *studium generale* erkennen lässt, sollte bei Studenten das Bewusstsein sozialer Verantwortung geweckt und angesprochen werden, das sich künftig in ihren jeweiligen akademischen Berufen auswirken sollte. Die Lehre diente also verschiedenen Aufgaben: erstens für den Nachwuchs in der Praxis der Volksbildung/Erwachsenenbildung (oder auch berufsbegleitend für bereits praktizierende Erwachsenenbildner) Ausbildungsleistungen zu erbringen, zweitens ausdrücklich Studierende *aller Fächer* anzusprechen und drittens auf Anforderung auch Hilfe zu leisten für spezifisch erwachsenenpädagogische Aufgaben in relevanten anderen Fächern (z. B. in der Praktischen Theologie für Kandidaten des evangelischen Predigerseminars, die eine Einführung in die Didaktik und Methodik der Erwachsenenbildung benötigten).

In der Schlussphase der Weimarer Republik änderte sich die Ausrichtung des „Seminars für freies Volksbildungswesen": Es war nicht mehr, wie zuvor, *auch* forschungsorientiert, sondern nun vollständig auf Erfordernisse der Lehre ausgerichtet. Leitend war nach wie vor die Vorstellung, dass zum Bildungskanon eines jeden Akademikers bzw. einer jeden Akademikerin künftig auch ein Verständnis für die Probleme der Volksbildung, des kulturellen Zusammenhalts der Nation und des Lernens im Lebenslauf überhaupt gehören sollte. Borinski blieb, bedingt durch die politischen Verhältnisse, für die Verwirklichung seiner Ideen und Ziele nur noch wenig Zeit. Die Themen seiner Veranstaltungen zeigen sein Herangehen an die Erwachsenenbildung, wie es auch später für ihn charakteristisch sein sollte: sozialwissenschaftlich orientiert, anwendungs- und erfahrungsbezogen und konzeptionell ausgerichtet auf politisch aktuelle Notlagen und Herausforderungen.[9] Seine Seminare waren, wie er berichtet, zumeist von 15–20 Teilnehmern

---

8 Friedenthal-Haase 1991, S. 105.

9 Die Titel seiner Veranstaltungen lauteten im Wintersemester 1931/32: „Entwicklung und Stand des deutschen Volksbildungswesens" (für Hörer aller Fakultäten) und „Übungen zur sozialen Volkskunde", im Sommersemester 1932 „Probleme und Aufgaben der freien und der gebundenen Volksbildung" (für Hörer aller Fakultäten) und „Übungen zur Methodik der Arbeiterbildung"; und im Winter 1932/33: „Neue Aufgaben der Volksbildung: Arbeitsdienst, Erwerbslosen- und Mittelschichtenbildung". Vgl. die Übersicht über erwachsenenbildungsrelevante Lehrveranstaltungen an deutschen Universitäten der Zeit bei Friedenthal-Haase 1991, Anhang S. 25–49.

besucht, darunter auch zwei bis drei jüngere Arbeitslose aus den Leipziger Bildungsheimen.[10] Die Planung für das Sommersemester 1933, noch in der Weimarer Demokratie erfolgt, zeigt eine Berücksichtigung der problematischen Lage der Zeit. Die Seminare sollten und konnten nun weniger der Ausbildung für eine künftige Tätigkeit im Bereich der Erwachsenenbildung und freien Volksbildung dienen (beide Praxisbereiche waren zunehmend eingeschränkt und bedroht), sondern waren stärker im Sinne einer allgemeinen politischen und existentiellen Bildung angelegt. Für den Sommer 1933 waren zwei politisch brisante Themen angekündigt (unter dem Assistenten, d. h. Borinski) „Der junge Nationalismus in der Arbeiterbildung" und „Das soziale und geistige Problem des Mittelstandes und die gegenwärtige Aufgabe der Volksbildung". Es scheint, dass beide Seminare nicht mehr zustande kamen; in Borinskis Selbstdarstellung werden sie nicht erwähnt.[11] Stattgefunden hat offenbar noch ein Seminar zum „Begriff des Sozialismus bei Ernst Jünger und Paul Tillich"[12] (welches die beiden ausgefallenen Seminare wohl ad hoc ersetzen sollte). So spiegeln die Titel der universitären Veranstaltungen für den Sommer 1933 die Verflochtenheit der Erwachsenenbildung mit der politischen Krise der Zeit wider.

Borinski, für den die Etablierung des Nationalsozialismus einen Abbruch seiner Lebens- und Arbeitsmöglichkeiten in Deutschland zur Folge hatte, konnte im Frühjahr 1934 nach Großbritannien emigrieren, wo er als Flüchtling Aufnahme fand. Er war nicht gekommen, um sich in Großbritannien ein neues Leben aufzubauen, sondern um zu überbrücken, bei erster Gelegenheit in eine künftig vom Nationalsozialismus befreite Heimat zurückzukehren und durch Bildungsarbeit am Aufbau einer Demokratie *nach* Hitler mitzuwirken.

2.2 Britische Anregungen und das Göttingen Projekt

Aus der britischen Emigration kehrte Borinski im Frühjahr 1947 nach Deutschland zurück. Britische Einrichtungen und Modelle der Erwachsenenbildung und des politischen Lebens spielen in seinen Rundfunkbeiträgen und Publikationen der

---

Den hier als neue Aufgabe der Volksbildung angesprochenen Freiwilligen Arbeitsdienst verstand er als ein mögliches „Experiment existentieller Bildungsarbeit" und war bestrebt, sich selbst die notwendigen aktuellen wirtschafts-, sozial- und verbandspolitischen Kenntnisse zu verschaffen, um alle auf den Arbeitsdienst von außen einwirkenden Kräfte analysieren zu können, insbesondere auch diejenigen, die aus ökonomischen oder ideologischen Interessen die erwachsenenbildnerischen Möglichkeiten dieses Experiments als überflüssig oder politisch unerwünscht an den Rand zu drängen bzw. zunichte zu machen suchten. Siehe Borinski 1976, S. 27 f.

10 Siehe Borinski 1976, S. 27.

11 Borinski war zwar schon im April gekündigt worden, konnte aufgrund des persönlichen Einsatzes von Theodor Litt aber noch im Sommersemester 1933 lehren. Siehe Borinski 1976, S. 29 unten.

12 Borinski 1976, S. 30.

folgenden Jahre eine Rolle. Wiederholt weist er auf einzelne Einrichtungen und didaktische „Erfindungen" hin, erwähnt die pädagogische Kultur, die Haltung, das Ethos, die traditionelle Orientierung, das selbstverständliche Taktempfinden, den lockeren und verbindlichen Umgangsstil, die Art der parlamentarischen Debatten und die kritische öffentliche Meinung als förderlich für die Bildung der Erwachsenen. Dabei war in den Kreisen der deutschen Erwachsenenbildung seine Wertschätzung von Elementen der britischen Erwachsenenbildung weder singulär noch neuartig.[13] Bereits in der Zeit des deutschen Kaiserreichs hatten lebhafte interkulturelle Kontakte zwischen den Akteuren der deutschen und der britischen Reformbewegungen bestanden, an die nach dem Ersten Weltkrieg teilweise wieder angeknüpft werden konnte.[14] In der deutschen Arbeiterbewegung, der Frauenbewegung, der Volksbildungsbewegung und im Bibliothekswesen war man über England gut informiert und betrachtete, wie Elisabeth Meilhammer im Einzelnen gezeigt hat, britische Entwicklungen und prominente Akteure für innovativ und in gewissem Grade vorbildlich.[15] In diesen Zusammenhang gehört auch das *University extension movement*, das international auf akademische Reformkreise stark gewirkt und mittelbar in Deutschland und Österreich eine eigene „Universitätsausdehnungsbewegung" hervorgebracht hat, mit dem bedeutsamen Unterschied allerdings, dass diese Bewegung keine Reform der deutschen Universität als Institution bewirkt hat.[16] Vielmehr ergriff sie aufgeschlossene Hochschullehrer und Teile der Studentenschaft, die als Personen, nicht von Amts wegen, von der Idee einer universitären Erwachsenenbildung berührt, begeistert und zu Taten bewegt wurden. Als Institution aber übte sich die Universität bis in die Weimarer Republik hinein im Allgemeinen in Zurückhaltung.[17] Als Borinski in den frühen 1920er Jahren begann, sich für Erwachsenenbildung zu interessieren, gehörte Kenntnis über britische Entwicklungen bereits zum fachlichen Standard.[18] Ausgeprägt war das auch in Leipzig der Fall. So hatte Gertrud Hermes, eine Leipziger Erwachsenenbildnerin von Rang, zunächst Mitarbeiterin von Hermann Heller, bereits früh eine Forschungsreise nach Großbritannien unternommen, deren Ergebnisse publiziert

---

13 Die Kreise der Volksbildung/Erwachsenenbildung in Deutschland pflegten gute Verbindungen zu entsprechenden Bestrebungen in Großbritannien. Einen gewissen Überblick über die Dichte der Kontakte im Verlauf von 100 Jahren bietet die Bibliographie von Friedenthal-Haase/Zellhuber-Vogel 1993.

14 Friedenthal-Haase 1989, S. 211–255. Wiederabdr. in: Friedenthal-Haase 2002, S. 451–496.

15 Meilhammer 2000.

16 Siehe Keilhacker 1929; Wörmann 1985; Schäfer 1988.

17 Friedenthal-Haase 2002.

18 Z. B. Picht 1913.

und höchstwahrscheinlich auch in ihre Leipziger Lehrveranstaltung einfließen lassen.[19]

Als Borinski, der 1933 in seinem Geburtsland durch den Nationalsozialismus entrechtet wurde, einen Ausweg aus Deutschland suchte, kam er, vermittelt über einen Leipziger Juristen mit intensiven Verbindungen nach Großbritannien, in Kontakt mit einem *Settlement*, einer von Quäkern begründeten internationalen Wohngemeinschaft in der Nähe von London, das ihm im Frühjahr 1934 auf Jahre hinaus Unterkunft und sogar begrenzte Möglichkeit zum Unterrichten bot. Settlements, Niederlassungen in sozialen Brennpunkten mit sozialem und kulturellem Ziel, hatten ihren historischen Ursprung bekanntlich in der sozialethischen Studentenbewegung der Universitäten Oxford und London des 19. Jahrhunderts. Bevor sich die *Settlements* als Institutionalform der Sozialarbeit verselbständigten, waren sie *extramurale* Hervorbringungen von Studenten und jungen Akademikern. Im Verhältnis von Universität und Erwachsenenbildung stellten sie mit ihrem Bezug zum alltäglichen Leben in sozial schwachen Nachbarschaften einen neuartigen Ansatz dar. Durch ihre Verbindung von Sozialarbeit und Erwachsenenbildung waren die britische und die amerikanische Settlementbewegung in deutschen Fachkreisen bekannt geworden, und so wird auch Borinski auf den britischen Inseln mit einem fachlichen Vorverständnis von diesen Einrichtungen eingetroffen sein.[20] Sein Vorwissen über die britische Erwachsenenbildung erleichterte es ihm, sich im neuen Land fachlich zu orientieren und Verbindungen aufzubauen.

Nach Kriegsausbruch wurde er im Land seiner Zuflucht zunächst als *enemy alien* in Internierungshaft genommen und in ein Lager nach Australien deportiert, von da aus aber nach knapp einem Jahr als nunmehr anerkannter politischer Asylant wieder nach London entlassen. Dort bot sich ihm 1942 Gelegenheit, in Zusammenarbeit mit britischen Pädagogen, Humanisten und Reformern die Organisation *German Educational Reconstruction* (*GER*) aufzubauen, eine britisch-deutsche NGO. Das Ziel von GER war auf lange Sicht die Förderung des Aufbaus eines demokratischen Erziehungs- und Bildungswesens in einem Deutschland *nach* Hitler; zunächst und vordringlich aber sollte der Zusammenschluss der deutschsprachigen Pädagogen und Sozialpädagogen in der Emigration ermöglicht und die Weiterentwicklung ihres professionellen Wissens und Könnens gefördert werden. Schließlich wollte GER die emigrierten Pädagogen auch bei einer späteren Rückkehr nach Deutschland unterstützen. Während seiner Tätigkeit in dieser britisch-deutschen Organisation

19 Hermes 1927.

20 Abgesehen davon, dass ihm Pichts Abhandlung bekannt gewesen sein wird, waren die Erwachsenenbildner der Leipziger Richtung ohnehin über solche Einrichtungen bestens informiert, in denen Wohnen und Bildung verbunden werden sollten, d. h. Einrichtungen der residentiellen Bildung, war Leipzig doch der Ort, an dem Gertrud Hermes die Bildungswohngemeinschaften in Heimform gegründet hatte.

fand Borinski Kontakt zu Akteuren des britischen Kultur- und Bildungslebens und gewann Einblick in den Aufbau und die Arbeitsweise der britischen universitären Erwachsenenbildung sowie der Einrichtungen der *Workers Educational Association* und anderer Bildungsvereine. Nach seiner Heimkehr im Frühjahr 1947 wurde er, dem immer daran gelegen war, seine Identität und Unabhängigkeit als deutscher Pädagoge auch gegenüber der britischen Besatzungsmacht zu wahren, zu einem kulturellen Mittler zwischen den beiden Ländern. Als Leiter der Heimvolkshochschule Göhrde bei Lüneburg (ab Mai 1947) blieb er weiter in ständigem Kontakt mit GER in London, veranstaltete deutsch-britische Konferenzen in der Göhrde, so 1949, bei der er einen Vortrag über „Universität und Erwachsenenbildung" hielt,[21] und nahm seinerseits an Konferenzen in England teil, so 1947 und 1951 in London und in Oxford. Gute Arbeitsbeziehung begründete er mit Göttinger Wissenschaftlern, insbesondere mit den Pädagogen Herman Nohl (1879–1960) und Erich Weniger (1894–1961) wie auch mit dem Soziologen und Philosophen Helmut Plessner (1892–1985).

Das 1948 veröffentlichte Gutachten des vom Militärgouverneur der britischen Zone eingesetzten Studienausschusses für Hochschulreform, später allgemein bekannt geworden unter der Bezeichnung das *Blaue Gutachten*, weist auf die grundsätzlichen und speziellen Aufgaben der Universität für die Erwachsenenbildung hin und behandelt dabei eigens die „politisch-soziale Bildung".[22] Borinski hat dieses Gutachten zum Anlass genommen, im Lichte der deutschen Entwicklung Stellung zu beziehen zum Verhältnis zwischen Universität und Volkshochschule und dabei das Wirken von Lord Lindsay of Birker, einem führenden britischen Wissenschaftler, der dem Studienausschuss angehörte, hervorzuheben. Es sei zu hoffen, dass sich, angeregt durch dieses Gutachten, auch in Deutschland ein „dauerhafter Dreibund"[23] zwischen Universität, Volkshochschule und Arbeiterbewegung entwickele, um eine geistige Grundlage für eine neue demokratische Führungsschicht zu bilden. Daß das Niveau der geistigen und gesellschaftlichen Werte neu gewonnen und gesichert werde, bezeichnet Borinski hier als eine „Lebensfrage".[24]

Vor dem Hintergrund der Empfehlungen dieses Gutachtens zur Hochschulreform und angeregt durch den von GER geförderten deutsch-britischen Fachaustausch – sei es bei Konferenzen in der Göhrde, sei es bei Tagungen in Großbritannien – entstand an der Universität Göttingen der Plan einer neuartigen Öffnung der Universität gegenüber der Erwachsenenbildung, zum einen *extra muros*, durch Kurse und Veranstaltungen für ein interessiertes Publikum *außerhalb* der Universität,

---

21 Ein Protokoll der Tagung „Universität und Volkshochschule" in der Heimvolkshochschule Göhrde vom 18.–19.06.1949 ist abgedruckt bei Gierke/Löber-Pautsch 2000, S. 735–750.

22 Studienausschuß für Hochschulreform 1948, Abschnitt 9, S. 105–112.

23 Borinski 1949, S. 163.

24 Borinski 1949, S. 163.

und zum Teil *intra muros*, durch Einbeziehung des Problemfelds der Erwachsenenbildung in Lehre und Forschung der Universität. Als der Plan zur Gründung eines Instituts für Volksbildung im Frühjahr 1950 an der Universität Form angenommen hatte, war er nicht voraussetzungslos und war nicht zufällig im Gebiet der früheren Britischen Besatzungszone entstanden. Das bemerkenswerte Projekt hatte sich in einem Netzwerk aus Kontakten zwischen dem Göttinger Hermann Nohl, dem damals noch Kieler Erich Weniger, Nohls designiertem Nachfolger im Amt, Fritz Borinski als Leiter der niedersächsischen Heimvolkshochschule Göhrde, Personen aus dem Kreis von German Educational Reconstruction (GER) in London, Vertretern des Niedersächsischen Volkshochschulverbands und Vertretern des Niedersächsischen Kultusministeriums entwickelt. Im Verhältnis von Universität und Erwachsenenbildung stellte das Projekt einen großen Wurf dar, zeugte von Erfahrung und Weitblick und versprach in seiner Entwicklung die nötige Reife. Es war einer der Versuche an deutschen Universitäten, Anregungen aus dem *Blauen Gutachten* in die Tat umzusetzen und könnte damit, zumindest indirekt, durch Gedanken und Ideen von Lord Lindsay of Birker beeinflusst sein.[25] Unter dem Rektorat des Ordinarius für Praktische Theologie und Systematik Wolfgang Trillhaas stellte die Universität Göttingen am 24.05.1950 einen Antrag an das Niedersächsische Kultusministerium auf „Errichtung eines Volksbildungsinstitutes der Universität".[26] Die Fachrichtung des Rektors ist hier der Erwähnung wert, weil erfahrungsgemäß vom Gebiet der Praktischen Theologie aus ein Interesse an der Erwachsenenbildung zu erwarten ist, und in der Tat zeugt der Göttinger Antrag in Substanz und Diktion von besonderem Verständnis für die Sache der Erwachsenenbildung. Der Rektor bezog sich auf ein Votum des Senats, das auf eine Initiative der Philosophischen Fakultät zurückging, und stellte seinem Antrag eine Art von Präambel voraus:

> Der Senat ist bei diesem Antrag durchdrungen von der Bedeutung der Volks- und Erwachsenenbildung und von der Verpflichtung der Universität, sich an den Aufgaben der Erwachsenenbildung in Niedersachsen produktiv zu beteiligen.[27]

---

25 Phillips 1983 erwähnt auf S. 55 das Faktum mehrerer Umsetzungsversuche. Was den „Geist" dieses Projekts betrifft, so könnte er sich wenigstens zum Teil dem Einfluss von Lord Birker of Lindsay verdanken. Zu dessen Ideen zur Erwachsenenbildung siehe Phillips 1995, S. 88–101, insbesondere S. 95.

26 Antrag im Universitätsarchiv Göttingen, Bestand: UniA GÖ Kur. 1253, Volksbildungsinstitut. Die Verf. ist Frau Sandra Funck, Universitätsarchiv Göttingen, für ihre Hilfe beim Auffinden dieses Dokuments sehr zu Dank verpflichtet.

27 Antrag vom 24.5.1950 im Universitätsarchiv Göttingen, Bestand: UniA GÖ Kur. 1253, Volksbildungsinstitut.

Diese Aufgabe übersteige jedoch die Möglichkeiten einer einzelnen Fakultät bei weitem und gehöre *zu den Verpflichtungen der Gesamtuniversität*, weshalb der Senat vorschlage *dieses Volksbildungsinstitut der Universität unmittelbar Rektor und Senat zu unterstellen.*[28]

Die Aufgaben des zu gründenden Instituts werden in drei Punkten konkret benannt:[29]

1. Zusammenarbeit mit allen Einrichtungen der Erwachsenenbildung im Lande und Vermittlung der Mitarbeit von *Professoren, Dozenten und Assistenten aller Fakultäten* sowie Beratung hinsichtlich ihrer zweckmäßigsten Mitarbeit.
2. Initiierung gemeinsamer Veranstaltungen von Volkshochschulen und Universität, vor allem *Sommerschulen und Ferienkurse, in denen junge Arbeiter und Bauern mit Studenten zusammenleben und sich über drängende Gegenwartsfragen besprechen*, wobei bereits für den Oktober 1950 eine sogenannte Sommerschule über „politische Grundfragen der Gegenwart“ in Aussicht genommen wird.
3. Zentrale Beratung und Betreuung von Hörern der Volkshochschulen, die als Gasthörer ein Studium auf Gebieten ihrer Interessenrichtung anstreben. Diese Gelegenheit soll *vor allen Dingen jungen Arbeitern, Bauern und Funktionären der Gewerkschaften und Berufsverbände* eröffnet werden, wobei das Institut dazu Vorschläge machen soll, die *den deutschen Verhältnissen angepasst sind.*

Abschließend wird auf Person und Stellung des künftigen Leiters eingegangen:

> Der Senat beantragt auf Vorschlag der Philosophischen Fakultät ferner zum Leiter dieses Volksbildungsinstitutes den bisherigen Leiter der Heimvolkshochschule Göhrde, Herrn Dr. Borinski, zu bestellen. Herr Dr. Borinski würde dann zweckmässigerweise Mitglied der Senatskommission sein, die die Verbindung zum Volkshochschulwesen aufrecht erhält.[30]

Der Kurator der Universität leitete diesen Antrag befürwortend weiter, versehen mit zwei aufschlussreichen Anmerkungen: erstens, dass der vorliegende Antrag von Senat und Rektor *„auf längere im Ministerium geführte Besprechungen zurückgeht,* und zweitens, dass mit diesem Antrag gleichzeitig ein weiterer Antrag auf *Ausbau des Pädagogischen Seminars durch Einrichtung einer Abteilung ‚Erwachsenenbildung‘*

28 Antrag vom 24.5.1950 im Universitätsarchiv Göttingen, Bestand: UniA GÖ Kur. 1253, Volksbildungsinstitut.

29 Antrag vom 24.5.1950 im Universitätsarchiv Göttingen, Bestand: UniA GÖ Kur. 1253, Volksbildungsinstitut.

30 Antrag v. 24.5.1950 im Universitätsarchiv Göttingen, Bestand: UniA GÖ Kur. 1253, Volksbildungsinstitut, S. 2.

gestellt wird.[31] Es sei davon auszugehen, dass das künftige Institut seine Aktivität in den Räumen dieser neuen Abteilung im Pädagogischen Seminar aufnähme.

Geplant war eine neue Beziehung zwischen Erwachsenenbildung und Universität, Ferienkurse sollten veranstaltet, die Gasthörerschaft erweitert und eine Kooperation der Universität mit den Volkshochschulen eingeleitet werden. Mit der Betonung der Behandlung von *drängenden Gegenwartsfragen*[32] lässt der Antrag den Einfluss des von offizieller britischer Seite initiierten, aber vor allem mit deutschen Experten besetzten Studienausschuß für Hochschulreform und sein (nach der Farbe seines Einbands genanntes) „Blaues Gutachten"[33] und wohl auch Ideen von Fritz Borinski erkennen. Bemerkenswert ist unter anderem auch die Aussage, dass die neue Zusammenarbeit im Einzelnen *den deutschen Verhältnissen angepasst*[34] werden solle. Mit dieser Formulierung spricht der Göttinger Antragsteller eine beim Hannoveraner Ministerium vorauszusetzende Kenntnis über ausländische (in diesem Fall britische) Modelle an, wie sie wohl spätestens seit der Veröffentlichung des besagten Gutachtens auch vorausgesetzt werden konnte. Der Göttinger Antrag, der nicht nur einem neuen Typus von Institution galt, sondern mit Fritz Borinski zugleich auch den avisierten Leiter für die geplante Einrichtung nannte, dürfte eine der ersten Initiativen einer deutschen Universität aus dem Gebiet der vormaligen Britischen Besatzungszone zur – modifizierten – Übernahme der britischen universitären Erwachsenenbildung sein. Im Einzelnen kann die durchaus diffizile Geschichte dieses Antrags hier nicht verfolgt werden. Die unterschiedlichen Interessen der beteiligten Personen und Einrichtungen – Kultusministerium, Verbände der Erwachsenenbildung, Senat der Universität, Philosophische Fakultät, die Pädagogen Weniger und Nohl einerseits und Borinski andererseits – wurden auf der Grundlage der Universitätsakten detailliert und erhellend von Ulrich Hunger herausgearbeitet.[35] Eine die verbandspolitische Seite beleuchtende Aufarbeitung aus den Akten findet sich bei Willi B. Gierke und Uta Loeber-Pautsch.[36] Auf die Forschungen einerseits von

---

31 Bemerkung des Kurators auf S. 2 des genannten Antrags des Rektors vom 24.5.1950. Der erwähnte weitere Antrag befindet sich offenbar nicht mehr im Göttinger Universitätsarchiv.

32 Antrag vom 24.5.1950 im Universitätsarchiv Göttingen, Bestand: UniA GÖ Kur. 1253, Volksbildungsinstitut, S. 1, Abschnitt 2.

33 Das Gutachten enthält einige kenntnisreiche Passagen zur politisch-sozialen Bildung und ihren besonderen methodisch-didaktischen Voraussetzungen im Rahmen der Erwachsenenbildung. Vgl. Studienausschuß für Hochschulreform 1948, S. 106–107 (Nachdruck auch im Anhang zu Phillips 1995).

34 Antrag vom 24.5.1950 im Universitätsarchiv Göttingen, Bestand: UniA GÖ Kur. 1253, Volksbildungsinstitut, S. 1, Abschnitt 3.

35 Hunger 1988. Die Verf. ist Herrn Dr. Ulrich Hunger, Göttingen, außerdem für weiterführende Hinweise, die er ihr bereits vor mehr als 10 Jahren brieflich mitgeteilt hat, sehr zu Dank verpflichtet.

36 Siehe dazu auch die auf der Auswertung des einschlägigen Quellenmaterials der Verbände und des Ministeriums beruhende Darstellung von Gierke/Loeber-Pautsch 2000, hier S. 596–622.

Hunger und andererseits von Gierke und Loeber-Pautsch wird hier weitgehend rekurriert. Ohne ins Detail zu gehen, sei lediglich mitgeteilt, dass Borinski Bedenken hatte, diese explizit für ihn vorgesehene Position anzunehmen. In einem Brief an den Kultusminister formulierte Borinski eine Reihe von z. T. sehr anspruchsvollen Bedingungen für seine Annahme, von denen die eine oder andere wohl, wie Gierke und Löber-Pautsch meinen, als „weltfremd" und überzogen erscheinen konnte (z. B. die Forderung, dass die Probleme mit der Volkshochschule Göttingen durch „Ernennung eines geeigneten Leiters" gelöst werden sollten).[37] Zum Befremden der Förderer der Idee in Göttingen und in Hannover lehnte Borinski schließlich das Angebot der Leiterstelle im Oktober des gleichen Jahres ab. Ohne auf Gründe und Motive tiefer einzugehen, lässt sich doch sagen, dass dieses Projekt aus Borinskis Sicht aus zwei Gründen scheiterte, zum einen, weil der akademischen Stellung des Institutsleiters durch die Universität nicht hinreichend entsprochen werden konnte, und zum anderen, weil die Selbständigkeit der Verbände der praktischen Erwachsenenbildung in ihrem Zusammenwirken mit der Universität in Göttingen und dem Niedersächsischen Kultusministeriums nicht befriedigend gesichert erschien. In seiner Denkschrift zur Erwachsenenbildung in Niedersachsen vom Frühjahr 1951 nimmt er öffentlich und kaum verhüllt Stellung zu den Problemen, die ihn bei seiner Ablehnung motiviert haben:

> Es ist seit einiger Zeit viel von einer engeren Verbindung zwischen Erwachsenenbildung und Universität die Rede. Da ich mit diesen Plänen verbunden bin, benutze ich diese Gelegenheit, um eine Warnung auszusprechen: so wünschenswert eine solche Verbindung und ihre institutionelle Verkörperung in einem Institut für Erwachsenenbildung ist, sie kann nur dann ihren wahren Zweck erfüllen, wenn der Leiter des Instituts eine volle akademische Qualifikation und Rangstellung hat und wenn hinter ihm eine lebendige, kräftige Volkshochschulbewegung steht, die die vollen Rechte demokratischer Selbstverwaltung besitzt.[38]

Bei der Prüfung des Göttinger Angebots und während der noch im Oktober 1950 tatsächlich realisierten ersten Sommerschule in Göttingen, die sich für Borinski auch in der Zusammenarbeit mit der örtlichen Volkshochschule als besonders schwierig erwiesen hatte, hatte sich gezeigt, dass die Probleme in einer Vielzahl von Details, in Besonderheiten der beteiligten Personen, und in destruktiven Spannungen zwischen verschiedenen Institutionen und deren Vertretern lagen und nicht in den auf den ersten Blick ansprechenden großen Zügen dieses Projekts zu suchen

---

37 Siehe Gierke/Loeber-Pautsch 2000, S. 617 f., insbes. Anm. 107 und 108.

38 Borinski 1990, S. 149.

waren. War Borinski hinsichtlich der Annahme der Institutsleitung zu „skrupulös" gewesen, wie Gierke und Löber-Pautsch als eine offene Frage in den Raum stellen oder überhaupt zu anspruchsvoll? Beide Autoren kommen in Würdigung der gesamten Aktenlage zu dem Schluss, dass der Versuch in Göttingen „zu früh unternommen und zu groß angelegt" war, die Mehrzahl der Akteure noch zu stark in traditionellen Bezügen verhaftet, die Universität noch nicht reformiert und die Erwachsenenbildung noch zu wenig gefestigt und anerkannt und teilweise selbst noch in „antiwissenschaftlichen Orientierungen" befangen war, eine Wertung, der man im Allgemeinen zustimmen wird.[39]

Zu ergänzen wäre lediglich ein weiterer Aspekt, der sich nicht aus der Aktenlage erschließt, der aber aus Borinskis Briefwechsel mit seinen Freunden und Kollegen aus dem Netzwerk von *German Educational Reconstruction* (GER)[40] sowie aus einem Interview mit Walter Ebbighausen hervorgeht. Gemeint sind die Lebenserfahrung und die Außenseiterposition eines Remigranten, die dazu führten, dass Borinski nach speziellen negativen Erlebnissen in Niedersachsen meinte, künftig einer besonderen Bestätigung und Absicherung seines Handlungsbereichs zu bedürfen. Er legte Wert auf Verlässlichkeit und auf schriftlich fixierte Übereinkünfte, wie sie in einem solchen Prozess, in dem es auch zu scharfen Machtkämpfen kommen kann, zumindest aber verschiedene Interessen politischer und persönlicher Art mit Geschick ausbalanciert werden müssen, nicht immer möglich und zum Teil sogar kontraproduktiv sind. In der Zeit der Emigration hatte Borinski sich mit voller Willenskraft dafür entschieden, sich bei seiner Rückkehr in keiner Weise von Ressentiments leiten zu lassen. Er hat diesen persönlichen Entschluss, der in dem politischen Kräftespiel im Land Niedersachsen auf verschiedenen Ebenen, von der lokalen bis zur ministeriellen, immer wieder auf die Probe gestellt wurde, auch bewundernswert in die Tat umgesetzt. Ohne diese persönliche Leistung Borinskis hätte es zu dem zitierten Antrag des Göttinger Rektors an das Ministerium gar nicht kommen können, jedenfalls nicht in Verbindung mit der darin enthaltenen Personalentscheidung. Und doch ist es möglich, dass bei Borinski, wenn er mit Machtanmaßung, Rücksichtslosigkeit und Intrigen im politischen Kräftespiel in Deutschland konfrontiert wurde, eine gewisse Empfindlichkeit geblieben ist und er nicht immer verstand, diese in sich zu neutralisieren.[41]

---

39 Gierke/Loeber-Pautsch 2000.

40 Dieser Briefwechsel, in dem hauptsächliche Korrespondenten Erich Hirsch und Katharina Petersen waren, befindet sich im Bestand GER im Archiv des erziehungswissenschaftlichen Instituts der Universität London.

41 Hätte Borinski das Göttinger Institut unter den damals gegebenen Umständen doch besser übernehmen sollen, statt sich zurückzuziehen? Ein ihm freundschaftlich verbundener Kollege, der frühere Geschäftsführer des Landesverbands der Volkshochschulen in Niedersachsen, Walter Ebbighausen, 1987 befragt zu den niedersächsischen Vorgängen und speziell zu dem Göttinger Projekt und seinen

Später, im Jahre 1955, wurde in der Universität Göttingen unter Federführung des Soziologen Helmuth Plessner das Projekt erneut aufgegriffen und für die Stelle des Leiters der Soziologe Willy Strzelewicz (1905–1986) gewonnen. Man wird es nicht für einen bloßen Zufall halten können, dass es auch bei diesem zweiten, nun geglückten Anlauf zu einer Modernisierung der deutschen Universität wieder remigrierte Wissenschaftler waren, die eine entscheidende Rolle spielten – mit Plessner, der aus der niederländischen Emigration und Strzelewicz, der aus der schwedischen Emigration nach Deutschland zurückgekehrt war.[42]

Das Thema des Göttinger Projekts soll nicht abgeschlossen werden, ohne dass Licht auf den einzigen Planungsteil dieses Projekts geworfen wird, der zu praktischen Ergebnissen geführt hat. Es handelt sich dabei um eine sehr eigene Form der universitären Erwachsenenbildung und zwar um „Ferienkurse für Arbeiter, Bauern und Studenten an der Universität Göttingen", die in dem Antrag des Göttinger Rektors bereits als in Vorbereitung befindlich genannt waren, und dann, um ihr Zustandekommen zu retten, aus dem Gesamtprojekt herausgelöst wurden. Borinski, der die Leitung des geplanten Instituts an der Universität Göttingen abgelehnt hatte, war durchaus bereit, selbst noch zwei dieser Ferienkurse, an deren Zustandekommen die Universität Göttingen sehr interessiert war, zu leiten und durchzuführen.[43]

Implikationen, gab dazu allerdings folgende Einschätzung: „Borinski war viel zu sensibel, viel zu dünnhäutig; das hätte er wahrscheinlich von seiner Konstitution nicht verkraftet." Siehe Walter Ebbighausen in dem mit Willi Gierke am 07.07.1987 geführten Interview, abgedruckt in Gierke/Loeber-Pautsch 2000, S. 892.

Für Borinski war Fairness im persönlichen und im gesellschaftlichen Umgang ein unbedingter Wert und wo er diese in wichtigen Fragen verletzt sah, fehlte ihm das Vertrauen in die Fortsetzung der Kooperation mit den an diesem Reformprozess beteiligten Akteuren im Niedersächsischen Kultusministerium, wobei es weniger um den Minister selbst als vielmehr um die eigentlich machtausübenden Personen der leitenden Ministerialbürokratie ging. Dazu auch das von Willi B. Gierke am 28.10.1987 geführte Interview mit Fritz Borinski, abgedruckt in Gierke/Loeber-Pautsch 2000, S. 968 f..

42 Dietze 2006, S. 404; sowie auch eingehend Gierke/Loeber-Pautsch 2000 S. 623–640. Für den Hinweis auf die Arbeit von Carola Dietze bin ich Frau Sandra Funck vom Universitätsarchiv Göttingen sehr zu Dank verpflichtet.

43 Die Kurse, die sich an drei unterschiedliche soziale Gruppen mit dem Ziel der Begegnung und des gemeinsamen Lernens wandten, stellten eine besondere didaktische Herausforderung dar, auf die wohl kaum einer durch seine Erfahrungen so intensiv vorbereitet war wie Fritz Borinski. Der erste Kurs (an dessen Programm außer Borinski auch der Theologe Prof. Trillhaas und der Pädagoge Prof. Weniger beteiligt waren) fand vom 09. bis 21. Oktober 1950, der zweite vom 03.bis 13. März 1952 statt. Über den ersten Ferienkurs ist bekannt, dass er 50 Teilnehmer hatte (21 Teilnehmer wurden vom Landesverband der Volkshochschulen geschickt, 16 von der Gewerkschaft und 13 waren Studenten der Universität Göttingen). Siehe „Rundschreiben Nr. 36 vom 14.11.1950", Abs. 2 und Anm. 2, in: Kebschull 1987, S. 141 und 143.

Währenddessen wurde der zweite Kurs von 34 Teilnehmern besucht (12 Arbeitern (ohne weibliche Teilnahme), 12 Bauern (darunter zwei Frauen) und 10 Studenten (darunter vier Frauen). Das

Die Qualität dieser Kurse hinsichtlich der Anlage, der erarbeiteten Themen und der Vielfalt der Arbeitsformen (wobei auch auswärtige Gäste mitwirkten, darunter zwei Abgeordnete des Deutschen Bundestages) ist beeindruckend und die Lektüre des Berichts kann der universitären Erwachsenenbildung nur als ein Muster für die Didaktik von anspruchsvollen Veranstaltungen der Begegnung empfohlen werden.

2.3 Die britische Universität erneut im Blickfeld: Erkundungsreise und Reisebericht

Der nächste Schauplatz von besonderem Interesse für unser Thema ist die Freie Universität Berlin, an die Borinski im Sommer 1956 auf den Lehrstuhl für Pädagogik berufen wurde. Mit dem Lehrstuhl verbunden war die Erwartung, nebenher das Amt eines Senatsbeauftragten für Außenbeziehungen wahrzunehmen. Schon durch ihre Gründungsidee aus dem Jahre 1948 war die Freie Universität eine politische Universität, die sich gegenüber gesellschaftlichen Problemen und Bedürfnissen öffnen wollte. Sie hatte schon 1954 ein Abendstudium für Angehörige praktischer Berufe eingeführt, das die Teilnehmer nach einigen Semestern in ein reguläres Vollzeitstudium überleiten sollte. Aus verschiedenen Gründen scheiterte dieses Projekt jedoch. Es vollends „abzuwickeln" war eine der ersten und undankbaren Aufgaben des Neuberufenen. Umso wichtiger musste es ihm sein, möglichst bald im Verhältnis von Universität und Erwachsenenbildung einen gut durchdachten, erfolgversprechenden Neubeginn einzuleiten. Begonnen wurde unter Borinskis Leitung mit zwei Typen von Veranstaltungen: zum einen mit systematisch angelegten abendlichen Vortragsreihen und zum anderen mit Universitätskursen, auf die noch zurückzukommen sein wird.

Um über das britische Beispiel das Neueste zu hören, lud Borinski den ihm aus der Emigrationszeit wohlbekannten Werner Burmeister, Leiter des Extra-Mural Departments der Universität Manchester, 1958 zu einem Vortrag nach Berlin ein, der sehr große Resonanz fand. Die Freie Universität wünschte nun die mit Schwung bereits getanen ersten Schritte der universitären Erwachsenenbildung in Berlin zu intensivieren und auszubauen. Um das Vorhaben auf eine breite wissenschaftliche Grundlage zu stellen, unternahm Borinski, auf Anregung des Rektors und des Prorektors, eine Explorationsreise zu britischen Universitäten, ermöglicht durch ein Forschungsstipendium der Ford-Foundation. Das Ziel dieser Reise war nicht

Programm war „Deutschland und Europa" gewidmet. Über Verlauf und Erfolg des 2. Kurses, bei dem der Kursleiter durch einen Assistenten, einen musischen Mitarbeiter und drei Studiengruppenleiter (für jede der drei Teilnehmergruppen ein eigener Studiengruppenleiter) unterstützt wurde, liegt ein ausführlicher Bericht von Borinski vor. Siehe „Bericht über den 2. Ferienkurs für Arbeiter, Bauern und Studenten an der Universität Göttingen, 3.–13. März 1952." Dokument 21 vom 27.03.1952, in: Kebschull 1987, S. 163–171.

die Anbahnung von Kontakten, wie sie sich auf der einen oder anderen Konferenz ergeben können, sondern eine systematisch vertiefende Facherkundung. Er bereiste Großbritannien fünf Wochen lang von Mitte März bis Mitte April 1960, besuchte sieben Universitäten und verschiedene Kooperationspartner der universitären Erwachsenenbildung, nahm an Lehrveranstaltungen teil und sprach mit Teilnehmern, Organisatoren und Dozenten. Seine Reise war sorgfältig vorbereitet und zeigt das Vorgehen eines sozialwissenschaftlichen Feldforschers. Wahrscheinlich war dies nach Dauer und Intensität die gründlichste Exploration der britischen universitären Erwachsenenbildung, die je von Deutschland ausging.

Das Tagebuch seiner Reise enthält die von ihm entwickelten Leitfäden zur Strukturierung seiner Expertengespräche, seiner Beobachtungen und Erkundungen.[44] Die Reiseroute wurde mit dem Sekretär des britischen *University Council for Adult Education* festgelegt (Mr. W. [evtl. H. E.] Salt, Director of Extramural Studies, University of Bristol). Ausgewählt wurden Universitäten, an denen *Extra Mural Work* besonders entwickelt war: London, Cambridge, Nottingham, Leeds, Manchester, Bristol und Oxford. Einbezogen in das Besuchsprogramm waren auch Gespräche mit Vertretern der Lokalen Bildungsverwaltung (LEA) und der Workers Educational Associations, sowie einzelner Colleges und Initiativen am Ort. Zu der breit angelegten Erkundung gehörten Beobachtungen des Unterrichts sowie Gespräche mit Lehrkräften und Teilnehmern und Teilnehmerinnen der Veranstaltungen. Den Schwerpunkt legte Borinski dabei auf die neueren Entwicklungen, denn ihm war, wie er in seinem Berichtsentwurf schreibt, „die Organisation und Arbeit der Extra Mural Departments von früher her bekannt, so dass sich mein Interesse auf die *Änderungen des Systems seit 1950* konzentrierte".[45] Sein Reisetagebuch zeigt, dass er vorbereitend die aktuelle Fachliteratur studiert und sich dazu Notizen gemacht hatte. Nicht wenige seiner Gesprächspartner waren zugleich Verfasser von aktuellen, auch im Ausland bekannten Untersuchungen zur britischen Erwachsenenbildung in ihren verschiedenen Erscheinungsformen. Er sprach mit den bekanntesten britischen Fachleuten, unter denen hier nur beispielsweise Robert Peers, Harold C. Wiltshire, Sidney Griffith Raybould, C. D. Legge und Werner Burmeister genannt seien.

44 Tagebucheintragungen für die Zeit vom 10. März bis 8. April 1960, Privatarchiv Martha Friedenthal-Haase. Das handschriftliche Tagebuch, ein liniiertes Diarium im Format DIN A5, geschrieben teils mit Füllfederhalter, teils mit Kugelschreiber, umfasst 81 Seiten, Protokollnotizen und 15 Seiten Entwurf des zusammenfassenden Reiseberichts. Für jeden Reisetag sind fortlaufend Eintragungen vermerkt, S. 1–5 enthalten das Schema der Fragen und Gesichtspunkte der Beobachtungen.

45 Fritz Borinski: Tagebuch, Privatarchiv M. F.-H., S. 83 f. Hervorhebung M. F.-H.

Den offiziellen Reisebericht im Umfang von 16 Seiten reichte Borinski seiner Universität erst im Sommer 1960 ein.[46] Nach einem einführenden Überblick über die traditionelle universitäre Erwachsenenbildung in Großbritannien wird der Schwerpunkt auf Beobachtungen über den Wandel der „großen Tradition"[47] gelegt. Dokumentiert wird der eindrucksvolle stetige Ausbau der britischen Extra-Mural-Departments, bei denen sich beispielsweise seit 1945 allein die Zahl der hauptamtlichen Tutoren von 30 auf ca. 300 ungefähr verzehnfacht hat. Zu den Neuerungen gehört, dass sich neben der traditionellen *liberal education* stellenweise auch berufsbezogene Angebote entwickelt haben und die Universitäten neben der seit langem bewährten Partnerschaft mit der „Workers Educational Association" nun z. T. auch eine Zusammenarbeit mit Betrieben und Berufsverbänden suchten. Auch auf den Wandel der Angebotsformen geht der Bericht ein: Die didaktischen Formate würden elastischer und könnten dadurch besser auf unterschiedliche Teilnehmerinteressen eingestellt werden; neben die traditionellen Dreijahreskurse träten kürzere Kurse, auch in Kompaktform wie Wochenendseminaren und Ferienkursen; man bemühe sich um Veranstaltungsformen, die in Verbindung mit der akademischen Arbeit ein freies geselliges Zusammensein ermöglichten. Während die traditionelle *liberal education* zwar einen hohen Anspruch an die selbständige Mitarbeit der Teilnehmer stellte, Prüfungen, Berechtigungsscheine und Zertifikate aber ablehnte, wiesen neuere Ansätze in Richtung einer Vergabe von Abschlusszeugnissen (wofür London und Leeds angeführt werden).

Der Bericht betrifft ferner die Organisation der *extramuralen* Abteilungen in ihrem Verhältnis zu den *intramuralen* Abläufen und Aufgaben, den räumlichen Ausbau der Abteilungen, die Finanzierung im Kooperationsgefüge zwischen Universitäten und Staat, die Aus- und Fortbildung sowie die Besoldung der Lehrkräfte. Hinsichtlich der Lehrgebiete wird von unterschiedlichen Tendenzen berichtet: von einer mehr philosophisch-geisteswissenschaftlichen, einer mehr bürgerschaftlich-gesellschaftswissenschaftlichen und einer auch berufskundlichen Richtung. Zu diesem Thema wird der Leiter des Extra-Mural-Department der Universität Nottingham, Harold C. Wiltshire, mit einer Aussage zitiert, die die beiden erstgenannten Richtungen ausgewogen zueinander in Beziehung setzt. Für Wiltshire ist es

46 Borinski, Fritz: Bericht über eine Reise durch englische Universitäten zum Studium der Extra-Mural-Activities (März/April1960) vom 20.8.1960 (maschinenschriftliches Skript, 14 S. und 2 Seiten Anhang), hier S. 11 (FU Berlin, UA, R, 500, S.1–16, Bestand: Beauftragter des Rektors für Abendveranstaltungen).

47 Borinski, Fritz: Bericht über eine Reise durch englische Universitäten zum Studium der Extra-Mural-Activities (März/April 1960 vom 20.8.1960 (maschinenschriftliches Skript, 14 S. und 2 Seiten Anhang) hier S. 11 (FU Berlin, UA, R, 500, S.1–16, Bestand: Beauftragter des Rektors für Abendveranstaltungen), S. 11.

> im ganzen gesehen von größerer Bedeutung für die Öffentlichkeit (...), daß die Erwachsenen Wissensgebiete, wie Politik, Volkswirtschaft, Soziologie und internationale Beziehungen, studieren, als daß sie sich mit Archäologie, Heimatkunde, Musik und Kunstgeschichte befassen. Wir dürfen auch die zweite Gruppe nicht vernachlässigen, aber wir sollten unsere Mitarbeiter so auswählen, daß wir nachdrückliche und dauernde Anstrengungen machen können, um das Studium der ersten Gruppe zu ermutigen und zu kultivieren (einschließlich Geschichte, Literatur und Philosophie).[48]

Als Vertreter einer Gegenposition wird Sidney G. Raybould, Direktor des Extra-Mural Departments der Universität Leeds, zitiert. Raybould beruft sich u. a. auf den Bericht von Sir Eric Ashby (1904–1992) aus dem Jahr 1954[49] und fordert, dass die universitäre Erwachsenenbildung *auch* Kurse auf einer berufskundlichen Grundlage entwickeln soll. Dabei ist bemerkenswert, dass diese berufskundliche Ausrichtung offenbar weniger um ihrer selbst willen verfolgt werden soll als vielmehr, „um das legitime Berufsinteresse als Ausgangsbasis für Studien der Natur- und Gesellschaftswissenschaften, der Ethik, Literatur und Kunst zu verwerten".[50]

Zwei Typen von Mitarbeitern würden in gleicher Weise „dringend" benötigt: „Tutoren, die in den Mauern der Universität durch Forschung und Lehre mit dem neuesten Stand der Wissenschaft vertraut sind, wie Mitarbeiter, die im nahen, ständigen Kontakt mit der sozialen Entwicklung, mit den Repräsentanten, den Personen, Gruppen und Verbänden des öffentlichen Lebens stehen."[51] Es habe sich die Erkenntnis durchgesetzt, dass die Planung der Veranstaltungen und die Auswahl und Ausbildung der Mitarbeiter zunehmend auf wissenschaftsbasierte Theorie und auf Ergebnisse der Grundlagenforschung im Gebiet der Erwachsenenbildung angewiesen seien. Im Zusammenhang mit dem Bedeutungszuwachs

---

48 H. C. Wiltshire nach dem Bericht von Borinski an den Rektor der FU Berlin über eine Reise durch englische Universitäten zum Studium der Extra-Mural-Activities (März/April 1960) vom 20.8.1960 (maschinenschriftliches Skript, 14 S. und 2 Seiten Anhang), hier S. 11 (FU Berlin, UA, R, 500, S.1–16, Bestand: Beauftragter des Rektors für Abendveranstaltungen).

49 The Organisation and Finance of Adult Education in England and Wales. Report of the Committee appointed by the Minister of Education in June 1953. Chairman: Eric Ashby. London, Great Britain, H.M.S.O., 1954. (Nachdruck an der University of Nottingham 1990).

50 Borinski über S. G. Raybould, in seinem Bericht vom 20.8.1960 über eine Reise durch englische Universitäten zum Studium der Extra-Mural-Activities (März/April 1960) (maschinenschriftliches Skript, 14 S. und 2 Seiten Anhang) hier S. 11 (FU Berlin, UA, R, 500, S. 1–16, Bestand: Beauftragter des Rektors für Abendveranstaltungen.

51 Borinski, Fritz: Bericht vom 20.8.1960 über eine Reise durch englische Universitäten zum Studium der Extra-Mural-Activities (März/April1960) (maschinenschriftliches Skript, 14 S. und 2 Seiten Anhang) (FU Berlin, UA, R, 500, S.1–16, Bestand: Beauftragter des Rektors für Abendveranstaltungen), S. 8.

der universitären Erwachsenenbildung sei die Etablierung eigener Lehrstühle für Erwachsenenbildung in Leeds, Leicester, Manchester und Nottingham erfolgt.

Mit ihren tiefgehenden Informationen und Eindrücken hat die Reise Stoff für Anregungen und Schlussfolgerungen hinsichtlich Berlins geboten. Im letzten Teil des Berichts an seine Universität formuliert Borinski Empfehlungen pädagogischer, organisatorischer und finanzieller Art.

Pädagogisch sieht Borinski den von ihm bereits entwickelten Berliner Ansatz durch das britische Beispiel in seiner gesellschaftspolitischen Betonung bestätigt. In diesem Sinne heißt es beispielweise über die bereits laufenden Kurse in Zusammenarbeit mit der Volkshochschule Berlin Neukölln:

> Diese Kurse sollen dem Erwachsenen zur Klärung seiner menschlichen und gesellschaftlichen Lage und Aufgabe verhelfen. Mit dieser Thematik erfüllen die Berliner Universitätskurse eine dringende *politische* Aufgabe, die die besondere Lage Berlins ihnen stellt.[52]

Im Unterschied zu den in Großbritannien üblichen langen Kursen soll in Berlin aber weiterhin an kürzeren Kursen festgehalten werden. Größere Freiheit und beweglichere Anpassung an den Hörer seien das Gebot für Berlin, ohne dass deshalb ein Niveauverlust hingenommen werden müsse, wobei betont wird, dass das Niveau der universitären Erwachsenenbildung in Berlin sich von dem an Volkshochschulen üblichen „deutlich abhebt". Bevor es aber in Berlin an einen weiteren Ausbau gehen könne, müsse die Theorie des Lehrplans und der Methodik durch sorgfältige Forschung und Beobachtung fundiert werden. Gefragt sei nun „die Entwicklung einer wissenschaftlichen Theorie der Erwachsenenbildung, die sich auf planmäßige Forschung stützt und die vom Institut für Erziehungswissenschaften unternommen werden kann".[53] Für eine solche Weiterentwicklung der Theorie förderlich wäre ein deutsch-britischer Fachaustausch (wozu auch Besuche der britischen Sommerschulen durch deutsche Wissenschaftler zählen) und darüber hinaus eine planmäßige Zusammenarbeit mit britischen Wissenschaftlern, woran die Leiter der Extra-Mural-Departments der Universitäten London und Oxford auch ihrerseits interessiert seien.

---

52 Borinski, Fritz: Bericht vom 20.8.1960 über eine Reise durch englische Universitäten zum Studium der Extra-Mural-Activities (März/April1960) (maschinenschriftliches Skript, 14 S. und 2 Seiten Anhang) (FU Berlin, UA, R, 500, S.116, Bestand: Beauftragter des Rektors für Abendveranstaltungen), S. 12, Hervorhebung im Original.

53 Borinski, Fritz: Bericht vom 20.8.1960 über eine Reise durch englische Universitäten zum Studium der Extra-Mural-Activities (März/April1960) (maschinenschriftliches Skript, 14 S. und 2 Seiten Anhang) (FU Berlin, UA, R, 500, S.1–16, Bestand: Beauftragter des Rektors für Abendveranstaltungen), S. 12.

Organisatorisch zeigt das britische Beispiel, dass die universitäre Erwachsenenbildung wesentlichen Halt durch angemessene Institutionalisierung gewinnt. Für Berlin hält Borinski die volle Institutionalisierung durch eine eigene, dem Senat unterstehende Abteilung noch für verfrüht; zunächst reiche der bisherige „Senatsausschuss für Abendveranstaltungen" in der gegebenen Form aus. Dringend geboten sei jedoch, dass dieser Ausschuss in Kürze einen hauptamtlichen Leiter der Universitätskurse ernennt:

> Wie England uns beweist, kann die Universität nur dann ihre eigene Aufgabe gegenüber der modernen Erwachsenenbildung erfüllen, (...) wenn ein Vertrauensmann der Universität, der durch die erforderliche wissenschaftliche, pädagogische und organisatorische Ausbildung, Begabung und Erfahrung qualifiziert ist, diese Arbeit als vollen hauptamtlichen Auftrag übernimmt und verantwortet ...[54].

Es sei absehbar, dass künftig weitere Aufwendungen für Dozenten, Lehrmittel und Räume erforderlich sein würden, jedoch brauche die Entwicklung Zeit und „sollte nicht vorzeitig institutional festgelegt werden"[55], eine Aussage, die für den Schreiber des Berichts charakteristisch ist; denn immer wieder hat Borinski sich bei verschiedenen Planungen und Reformen gegen ein überstürztes und für ein skeptisch kontrolliertes und durch Theorie geleitetes Vorgehen ausgesprochen.

In *finanzieller* Hinsicht wird der Freien Universität in dem Bericht die großzügige Förderung der Erwachsenenbildung durch Staat und Universität in Großbritannien als ein leuchtendes Beispiel vorgehalten. Eindringlich ist die Mahnung zum Schluss, dass nicht am falschen Platz gespart werden dürfe, denn

> von den Mitteln, die man zur Verfügung stellt, wird es abhängen, ob die Universitätskurse auf die Dauer über <u>die</u> Dozenten und Mitarbeiter verfügen, die ihrer Arbeit das gewünschte Niveau und Ansehen geben können.[56]

---

54 Borinski, Fritz: Bericht vom 20.8.1960 über eine Reise durch englische Universitäten zum Studium der Extra-Mural-Activities (März/April1960) (maschinenschriftliches Skript, 14 S. und 2 Seiten Anhang) (FU Berlin, UA, R, 500, S.1–16, Bestand: Beauftragter des Rektors für Abendveranstaltungen), S. 14.

55 Borinski, Fritz: Bericht vom 20.8.1960 über eine Reise durch englische Universitäten zum Studium der Extra-Mural-Activities (März/April1960) (maschinenschriftliches Skript, 14 S. und 2 Seiten Anhang) (FU Berlin, UA, R, 500, S.1–16, Bestand: Beauftragter des Rektors für Abendveranstaltungen), S. 12 .

56 Borinski, Fritz: Bericht vom 20.8.1960 über eine Reise durch englische Universitäten zum Studium der Extra-Mural-Activities (März/April1960) (maschinenschriftliches Skript, 14 S. und 2 Seiten Anhang) (FU Berlin, UA, R, 500, S. 1–16, Bestand: Beauftragter des Rektors für Abendveranstaltungen), S. 12., Hervorhebung im Original.

Die Bedeutung dieser Studienreise nach Großbritannien für seine weitere Arbeit hat Borinski verschiedentlich betont. Noch zehn Jahre später bezog er sich auf die Reise und bezeichnete sie als „besonders hilfreich“ für den Aufbau der universitären Erwachsenenbildung in Berlin:

> Ich habe auf ihr die beachtlichen Fortschritte kennengelernt, welche die universitäre Erwachsenenbildung seit dem Zweiten Weltkrieg gemacht hatte: den vorbehaltlosen Einbau der Extra-Mural Departments in das Gefüge der Universität; die großzügige personelle und materielle Ausstattung der Departments; die Erweiterung der Aufgabenstellung über Themen der allgemeinen Bildung hinaus zu Veranstaltungen der beruflichen Weiterbildung und besonders auch zu akademischen „Refresher Courses“; aber auch neue Formen der Arbeiterbildung (Day Release Courses).[57]

3. Entfaltung und Systembau: Die Freie Universität und die Erwachsenenbildung in Berlin

Als Fritz Borinski zum Wintersemester 1956/57 an die Freie Universität berufen wurde, gab es dort nur einen einzigen Lehrstuhl für Pädagogik und der Neuberufene hatte sämtliche Teilgebiete der Pädagogik abzudecken, soweit sie nicht in das angestammte Gebiet der Pädagogischen Hochschule fielen; als er 1970 emeritiert wurde, verließ er ein ausgebautes erziehungswissenschaftliches Institut mit einer Abteilung für Erwachsenenbildung und ein von ihm geleitetes, mit Personal ausgestattetes Sekretariat für Erwachsenenbildung (nicht mehr „Sekretariat für Abendveranstaltungen“), dem Senat zugeordnet und zuständig für Planung und Organisation der universitären Erwachsenenbildung, eine Konstellation, die sich einerseits einem allgemeinen Entwicklungstrend zur Expansion des Bildungswesens verdankte, die andererseits aber ohne seinen großen persönlichen Einsatz vor Ort nicht möglich gewesen wäre. Zurückblickend auf die Berliner Entfaltung betonte er die neuartige Wechselbeziehung mit den Worten: „zwischen dem gesellschaftlichen Wirken der Universität und der Erwachsenenbildung, zwischen dem didaktischen Verfahren der Erwachsenenbildung und der Hochschule besteht ein enger, nicht mehr zu ignorierender Zusammenhang.“[58] Dass sich im Zuge der allgemeinen Bildungsexpansion die akademische Teildisziplin der Erwachsenenbildung in der

57 Borinski, Fritz: Bericht vom 20.8.1960 über eine Reise durch englische Universitäten zum Studium der Extra-Mural-Activities (März/April1960) (maschinenschriftliches Skript, 14 S. und 2 Seiten Anhang) (FU Berlin, UA, R, 500, S.1–16, Bestand: Beauftragter des Rektors für Abendveranstaltungen), S. 8.

58 Borinski 1971b, S. 1.

Berliner Universität und die universitäre Erwachsenenbildung in der Stadt entfalteten und dass intramural und extramural Ansätze für ein System entstanden, wäre ohne Borinskis Hingabe an die Idee, seine praktische Begabung und seine zähe Zielstrebigkeit in der Sache nicht zustande gekommen.

In dieser Untersuchung zum Verhältnis von Universität und Erwachsenenbildung liegt der Schwerpunkt auf der extramuralen Seite, während die allgemeine Bildung der Studentenschaft insgesamt, intramural, nicht in den Blick genommen wird und einer anderen Darstellung vorbehalten bleiben muss. Es ist aber für die Beurteilung der gesamten universitären Situation und Leistung Borinskis unerlässlich wenigstens anzusprechen, dass er auch in dieser Hinsicht in Berlin besondere Verantwortung trug. Ihm kam innerhalb der Freien Universität eine zentrale Aufgabe der „liberal education", die der politischen Allgemeinbildung zu, als Anfang der 1960er Jahre die Stelle eines „Senatsbeauftragten für politische Bildung" geschaffen und ihm übertragen wurde. Wie es in seiner Selbstdarstellung heißt, sollte der Senatsbeauftragte, gestützt auf einen Beirat, der aus Professoren aller Fakultäten und zwei Studentenvertretern bestand, „die Studenten aller Fakultäten zu einem stärkeren Interesse an Politik und zu einem gründlicheren politischen Wissen und besser fundierten Urteil anhalten".[59] Er habe, wie er berichtet, das Vertrauen und die Zusammenarbeit mit der Studentenschaft gewonnen und seine Aufgabe vor allem in der Beratung studentischer Initiativen gesehen und nur gelegentlich zentrale Vortragsveranstaltungen organisiert. Wegen Überlastung durch seine verschiedenen Ämter und angesichts seines vorgerückten Lebensalters gab er 1964 diese zentrale Funktion der intramuralen politischen Bildung an den jungen Politikwissenschaftler Kurt Sontheimer (1928–2005) ab, der jedoch schon 1966 in diesem Amt in heftige Konflikte geriet und folglich demissionierte. Offenbar konnte Borinski mit den verschiedenen an der politischen Bildung Beteiligten, Senat, Professorenschaft und Studentenschaft, konstruktiver umgehen, so dass er 1966 dem Drängen, diese Aufgabe wieder zu übernehmen, nachgab und sie in hochschulpolitisch und politisch stürmischer Zeit weiter bis zu seiner Emeritierung wahrnahm.

Über das differenzierte System der universitären Erwachsenenbildung an der Freien Universität Berlin, wie es von Borinski aufgebaut und seinen Nachfolgern hinterlassen wurde, informiert ein schmaler, dabei inhaltsreicher Band, der im Selbstverlag des Sekretariats für Erwachsenenbildung der Freien Universität erschienen ist.[60] In Verbindung mit empirischem Material werden darin forschungsorientierte Ansätze zu einzelnen Projekten und informierte kritische Betrachtungen von Beteiligten geboten. Schon zuvor, 1968, hatte Gerd Doerry, ein Schüler Fritz

59 Borinski 1976, S. 74 f.

60 Borinski 1971a.

Borinskis und verantwortlich Mitwirkender am Aufbau der universitären Erwachsenenbildung in Berlin sowie später selbst Professor für Erwachsenenbildung an der Freien Universität Berlin, eine bemerkenswerte Darstellung von Borinskis Idee und Leistung hinsichtlich einer Reform des Verhältnisses von Universität und Erwachsenenbildung geboten, die in knapper Form alles Wesentliche enthält, was hier lediglich um einige Perspektiven erweitert und um einige Aspekte ergänzt werden kann.[61] Doerry stellt Borinskis Verdienste um den Aufbau einer neuen Form von universitärer Erwachsenenbildung im System eines Stadtstaates heraus. Mit Blick auf Leben und Werk Borinskis kann er zeigen, dass die universitäre Erwachsenenbildung für diesen kein Randthema war, sondern seit langem in das Zentrum seiner Konzeptionen und seines Wirkens gehört hatte.[62]

Mit dem Berliner Universitätsgesetz vom 16.07.1969 wurde die Erwachsenenbildung/Weiterbildung als Aufgabe der Universität anerkannt und institutionell gefestigt. Damit war offiziell bestätigt, was Borinski seit Jahren zielstrebig verfolgt hatte: nämlich die Erwachsenenbildung aus dem Status eines bloßen Anhängsels in das Zentrum der Universität zu holen und sie als Bestandteil der eigentlichen Aufgabe und Funktion der Universität zu etablieren. Dass diese institutionelle Sicherung, die er an der deutschen Universität im Vergleich zu den britischen Universitäten stets vermisst bzw. für unzureichend befunden hatte, nun gegeben war, war für ihn der Auftakt einer grundlegend neuen Phase der universitären Erwachsenenbildung und ihrer künftigen Möglichkeiten. So steht die von ihm am Ende seiner beruflichen Laufbahn herausgegebene Schrift von 1971 an einem Wendepunkt.[63] Sie richtet den Blick zurück auf eine Entwicklung von ca. 12 Jahren und bietet (in einer Zeit programmatischer Verpflichtung zu kritischem Denken) die Ergebnisse didaktischen Erfahrungslernens aller Beteiligten in bemerkenswert kritischem Grundton. Hinzu kommt, ansatzweise, ein Ausblick in die Zukunft angesichts des sich bereits abzeichnenden Wandels der universitären Erwachsenenbildung.

Das von Borinski aufgebaute System war von einem generellen Bildungsziel bestimmt. Im Mittelpunkt stand der zur Freiheit fähige Mensch, der sich selbst und seine Situation in der Zeit verstehen und beurteilen und als Bürger und Mitbürger verantwortlich handeln kann, im Sinne des Lebens in einer freiheitlichen Demokratie in Deutschland. Dazu gehörte, die politische und soziale Situation der Gegenwart und somit speziell die Gegebenheiten West-Berlins zu berücksichtigen: eines Stadtstaates in Insellage, abgeschnitten von seinem Hinterland, in seiner Entwicklung zur freiheitlichen Demokratie bedroht, ab 1961 eingemauert, eines

61 Doerry 1968 sowie auch Doerry 2000.

62 1968 führt er u. a. Borinskis Artikel über „Universität und Volkshochschule" von 1949 an.

63 Borinski 1971a.

Ortes, an dem der Zweite Weltkrieg und seine Auswirkungen im Alltag noch unmittelbar sichtbar und spürbar waren, noch unter dem Besatzungsstatut der vier Siegermächte stehend, ein Spannungspunkt der Ost-Westbeziehungen und damit der Weltpolitik, in besonderer Weise durch Isolierung gefährdet und daher auf verlässliche Verbindungen zur Außenwelt dringend angewiesen, zu Westdeutschland, zum Ausland generell, zu den USA insbesondere, aber auch zu den europäischen Nachbarländern und zu Ländern der sog. Dritten Welt. Diese Situation bestimmte Borinskis Denken über die Grundlagen der Bildungsarbeit:

> Alle universitäre Erwachsenenbildung ist gesellschaftspolitisch orientiert. Ihr Ziel ist gesellschaftliche Bildung, d. h. Bildung zur gesellschaftspolitischen Aktivität in Auseinandersetzung mit Ergebnissen und Denkweisen der Wissenschaft.[64]

Er war von der allgemeinen Gültigkeit dieser These überzeugt und hielt sie für maßgeblich nicht etwa nur für die politische und allgemeine Bildung, sondern auch für die berufliche Weiterbildung und das akademische Kontaktstudium: „Die Planung der Kurse, die Auswahl ihrer Themen und ihres Lehrstoffs, muß unter Beachtung gesellschaftspolitischer Gesichtspunkte geschehen."[65] Die berufliche Weiterbildung hatte er in diese Bildungskonzeption integriert, nicht, wie manchmal angenommen, ausgeklammert oder gar abgelehnt.[66] Er setzte die berufliche Bildung und die allgemeine Erwachsenenbildung zueinander in Beziehung und war davon überzeugt, dass die durch den technischen und sozialen Wandel verstärkt erforderliche berufliche Weiterbildung die „freie allgemeine Erwachsenenbildung" nicht überflüssig machen, sondern sie ergänzen und sogar erweitern werde. Durch eine verstärkte Wendung zur abschlussbezogenen beruflichen Weiterbildung werde der Bedarf an allgemeiner Bildung und humaner Qualifikation gesteigert werden, so dass künftig der „universitären Erwachsenenbildung in ihrem Bemühen um eine intensive wissenschaftliche, humane und gesellschaftspolitische Bildungsarbeit erhöhte Bedeutung" zukommen werde.[67] Unter den Bedingungen dauernder tiefgreifender Veränderungen führt das Erfordernis der Weiterbildung über eine enge Begrenzung auf Spezialtechniken eines einzelnen Berufs hinaus. Die extensive Bildung verlangt nach Ergänzung durch intensive. Unverändert „lebensnotwendig" für eine demokratische Gesellschaft sei, dass neben einem extensiven Bildungswerk, das großen Zahlen von Menschen dient, eine intensive Bildungsarbeit gepflegt wird,

---

64 Borinski 1971b, S. 9.

65 Borinski 1971b, S. 9.

66 Dies eine geläufige Annahme bei den Vertretern der sog. realistischen Wende in der Erwachsenenbildung.

67 Borinski 1971b, S. 9.

die auf den einzelnen Menschen und auf kleine Gruppen wirkt und in allen sozialen Kreisen „aktive Minderheiten“ fördert.[68] Das Kriterium für „Effektivität“ der intensiven Bildung sah er nicht in Rekordziffern von „erfassten“ Teilnehmern und zertifizierten oder diplomierten Massen, sondern im Kontakt von Mensch zu Mensch, im persönlichen und gesellschaftlichen Weiterwirken der Einzelnen und in der Förderung dessen, was er „demokratische Integration“ nennt, einer mitbürgerlichen Verbundenheit als Voraussetzung für eine lebendige, eine wirkungsvolle Demokratie.

Die Berliner universitäre Erwachsenenbildung war in drei Aktionskreise gegliedert: Erstens die Universitätskurse, zweitens die Abendvorträge, beide im Winter, und drittens, seit 1963, eine Sommerschule, die „Internationalen Ferienkurse für Erwachsenenbildung“. Organisiert wurden diese Aktivitäten durch das dem Senatsausschuss unterstehende Sekretariat für Erwachsenenbildung (früher: „Sekretariat für Abendveranstaltungen“),[69] für das inzwischen eine administrative und personelle Grundausstattung gewonnen worden war. Andere Vorhaben zur Reform der Universität, wie sie in den Empfehlungen des Wissenschaftsrates und der Bildungskommission des Deutschen Bildungsrates von 1970 enthalten sind, das Kontaktstudium und das Fernstudium im Medienverbund, standen in ihrer Entwicklung noch am Anfang und Fragen ihrer Organisation und institutionellen Verankerung innerhalb der Universität waren noch offen. Der 1971 erschienene historisch dokumentierende Bericht, mit dem in der Berliner universitären Erwachsenenbildung durch die Emeritierung des Gründers die „Ära Borinski“ am Ort abgeschlossen wird, zeigt bereits Spuren dieser aktuellen Diskussion, vor allem in den Aussagen zur Zukunftsplanung, die von einigen der Beiträger angesprochen wird, macht aber das vom Bildungsrat empfohlene Kontaktstudium selbst und seine künftige Gestaltung nicht mehr zu einem eigenen Thema.[70]

Die abendlichen Vortragsreihen, die unter Borinskis Leitung lediglich fortgesetzt wurden, gab es schon seit 1953 an der Freien Universität. Dabei handelte es sich um eine Folge von fünf bis zehn Vorträgen zu Rahmenthemen von allgemeinem Interesse, wie z. B. „Der Betrieb im Wirtschafts- und Sozialleben der Gegenwart“ (1953), „Das Bild vom Menschen in unserer Zeit“ (1957/58), „Wissenschaft an

68 Der Ansatz der Förderung „aktiver Minderheiten“ ist für Borinskis Konzeption der Erwachsenenbildung überhaupt kennzeichnend und wird in einer Reihe seiner Schriften erörtert. Wie für die Volkshochschule und andere Institutionen der freien Erwachsenenbildung wollte er dieses Prinzip auch für die universitäre Erwachsenenbildung verwirklicht sehen. Vgl. dazu beispielsweise Borinski 1969.

69 Über die Entwicklung dieser Einrichtung informiert der Politikwissenschaftler Wilhelm Bleek, damals wissenschaftlicher Mitarbeiter, später Ordinarius für Politikwissenschaft an der Ruhr-Universität Bochum. Siehe Wilhelm Bleek 1971.

70 Büchner 1971.

der Schwelle des Atomzeitalters“ (1963/64) oder „Militär, Staat und Gesellschaft“ (1964/65).[71] Eine veränderte Veranstaltungsform, die den Vortragenden Gelegenheit bot, ein interdisziplinäres Fachgespräch zu führen, fand mit zeitweise mehr als 1000 Hörern große Resonanz sowohl innerhalb der Universität als auch in der Bevölkerung. Einzelne Vorträge wurden in Rundfunk und Tagespresse rezensiert, waren, wie Doerry berichtet, in gebildeten Kreisen Stadtgespräch. Zunächst hatten die Vorträge in einzelnen Berliner Bezirken stattgefunden und wurden dann in das Auditorium Maximum der Universität verlegt, wo sie wegen wachsender Besucherzahlen z. T. noch mit Lautsprechern in Nebenräume übertragen werden mussten. Die Vortragsreihen wurden durch ihren glanzvollen akademischen Charakter zu einem Forum wirkungsvoller Selbstdarstellung der Universität. Sie wirkten mehr auf die Mitglieder der Universität und das akademisch gebildete Publikum als auf die breite Berliner Bevölkerung und konnten insoweit, trotz ihres großen Erfolgs, Borinskis Idee von universitärer Erwachsenenbildung nicht vollgültig entsprechen.

Die zweite Form, die der Universitätskurse, wurde von Borinski, nach entsprechender Vorbereitung und Vorgesprächen mit Helene Jung, der Leiterin der Volkshochschule Berlin Neukölln, zuerst im Winter 1959/60 in die Praxis umgesetzt, also noch *vor* Borinskis großer Englandreise. Die Universitätskurse waren angelehnt an britische Vorbilder und in Deutschland etwas Neues. Finanziert und beworben mit Mitteln der Universität, fanden sie in Zusammenarbeit mit Volkshochschulen, später auch mit Betrieben und anderen Einrichtungen statt. In der Arbeitsweise ähnelten sie Universitätsseminaren mit Vorträgen, z. T. Teilnehmerreferaten, Fragen, Diskussion, z. T. mit Protokollen (letztere wurden bald wieder fallengelassen). Die Besonderheit bestand darin, dass der Zugang der Teilnehmer nicht an bestimmte Voraussetzungen gebunden war und die Lehrenden im Team arbeiteten. Bewusst wurde für den Anfang mit Berlin-Neukölln eine Volkshochschule in einem Arbeiterbezirk gewählt. Die Themen waren politisch-soziologisch und politisch-historisch. Der erste Kurs war mit dem Titel „Staat und Gesellschaft im technischen Zeitalter“, der zweite mit dem Titel „Unbewältigte Vergangenheit – 40 Jahre Zeitgeschichte 1918–1958“ ausgeschrieben. Das Team des ersten Kurses bestand aus Fritz Borinski und dem Soziologen Professor Dietrich Goldschmidt, ergänzt durch den Diplom-Soziologen Johannes Schwerdtfeger, das zweite Team aus dem Historiker und Politologen Privatdozent Dr. Georg Kotowski, dem Literaturwissenschaftler Professor Walther Killy und einem Dr. Johannes Müller. Der zweite Kurs war sofort gefüllt und ein großer Erfolg, der erste hatte mit Schwierigkeiten und Teilnehmerschwund zu kämpfen, kam aber schließlich mit halbierter Teilnehmerzahl doch noch zu einem guten ertragreichen Abschluss. Diese beiden Kurse eröffneten eine

71 Eine kritische Darstellung mit vollständiger Auflistung aller Themen der Abendvorträge bis 1969/70 bietet Doerry 1971.

erfolgreiche Veranstaltungsform, die bald auf alle Berliner Bezirke erweitert werden konnte.[72] Damit hatte die Freie Universität, laut Borinski als erste in Deutschland überhaupt (noch vor Göttingen), die universitäre Erwachsenenbildung 1959/60 institutionalisiert und anerkannt.[73]

Aus dem perspektivenreichen Praxisbericht herausgegriffen seien hier lediglich noch die internationalen Ferienkurse. Der Internationalität kam ein besonderer Rang in Borinskis Konzept der universitären Erwachsenenbildung zu. Die Chance zur Einrichtung dieser Kurse verdankte sich einer unerwarteten „Gunst der Stunde"[74]. Es ergab sich, dass die an der Universität zuvor für Studenten veranstalteten „Internationalen Hochschulwochen" sich überlebt hatten. Die Kritik lautete, dass sie „konzeptionslos in subventionierten Berlintourismus" abzugleiten schienen. In dieser Situation konnte Borinski die Universität für eine neue Idee von Internationalität gewinnen und erreichte eine Umwidmung des Etats der Hochschulwochen für eine Einrichtung der universitären Erwachsenenbildung. Er entwickelte eine Konzeption für die neuen Ferienkurse, in der drei Ziele zusammengefasst waren, die der Erwachsenenbildung, die der Repräsentation der Universität nach außen und die der Berlinwerbung:

> Dieser Versuch soll dem Ausbau der Erwachsenenbildung, dem Ansehen unserer Universität und der Sache Berlins dienen. Er soll aktiv interessierte und an ihrem gesellschaftlichen Ort tätige Menschen aus allen Berufen näher mit der Arbeit der Freien Universität zusammenführen, dadurch die Verbindung der Universität zu wichtigen gesellschaftlichen Kräften des In- und Auslandes vertiefen und die Bedeutung Berlins unserer Umwelt deutlich machen. Er soll bezeugen, daß Berlin und seine Freie Universität offen sind für die Forderungen der Zeit, für neue Arbeitsformen und Ideen.[75]

In seiner Universität fand Borinski mit diesen Ideen Unterstützung. Die praktische Umsetzung dieser vielseitig attraktiven, dabei in sich nicht spannungsfreien Konzeption war für die Didaktik, man würde heute vielleicht sagen, für Theorie und Praxis interkultureller Bildung, eine Herausforderung. Über die internationalen Ferienkurse berichtet Ortfried Schäffter, damals Mitglied im Kreis der von

72 Zur Geschichte (und Vorgeschichte) der Berliner Universitätskurse siehe Jung 1971.

73 Borinski 1971b, S. 6. Bei dem Hinweis auf Göttingen geht es nicht um das Kriterium der Veranstaltung von Seminarkursen, sondern um das der Institutionalisierung. Carola Dietze berichtet, dass Plessner in Göttingen lange Jahre vergeblich um die Institutionalisierung der Seminarkurse gekämpft habe und diese erst 1968, als Plessner bereits emeritiert war, erfolgt sei. Siehe dazu Dietze 2006, S. 405 f., Anm. 64.

74 Schäffter 1971, S. 52.

75 Fritz Borinski, zitiert nach Schäffter, Ortfried 1971, S. 52.

Borinski geförderten Nachwuchswissenschaftler, später Professor für Erwachsenenbildung an der Humboldt Universität zu Berlin. Auch unabhängig von den Ferienkursen hat das Thema der internationalen und interkulturellen Begegnung den Berichterstatter noch weiter beschäftigt und u. a. zwanzig Jahre später in dem von ihm herausgegebenen Band „Das Fremde: Erfahrungsmöglichkeiten zwischen Faszination und Bedrohung" Ausdruck gefunden.[76] In seinem Bericht über die Berliner Ferienkurse informiert er über deren feststehende Gegebenheiten: die jährliche Veranstaltungsweise, die Zahl von jeweils 55 bis 60 Teilnehmern, eine Tagungszeit im Spätsommer, eine Dauer von zwei Wochen, der Internatscharakter der Unterbringung, die Tagungssprachen Deutsch und Englisch (wodurch Teilnehmer aus einer Reihe von Ländern sich nicht angesprochen fühlen konnten) und die feststehende Einrichtung einer abschließenden Tagungskritik durch die Teilnehmer, aus der die thematische Planung für den nächsten Kurs hervorging. Der dicht geschriebene Bericht über die Ferienkurse ist ein Beispiel kritischer Analyse eines anspruchsvollen Unternehmens der universitären Erwachsenenbildung und liest sich geradezu spannend. Er ist es wert, als Dokument einer praxisnahen Didaktik studiert zu werden, das Möglichkeiten und Schwierigkeiten eines solchen internationalen Unternehmens zeigt. Ohne im Einzelnen auf diese hier näher eingehen zu können, seien doch die politischen Rahmenthemen der Ferienkurse für die Jahre von 1964 bis 1971 mitgeteilt: 1964 Berlin – Frontstadt der Freiheit; 1965 Diktatur und Demokratie in Deutschland; 1966 Industriegesellschaft in Ost und West; 1967 Demokratie in einer sich wandelnden Welt; 1968 Demokratisierung der Gesellschaft; 1969 Planung und Freiheit; 1970 Aktuelle Probleme europäischer Kooperation und 1971 Möglichkeiten zum Frieden in gesellschaftlichen Konflikten.

Diese Auflistung zeigt eine Entwicklung der Interessen im Lauf der Zeit. Aufeinanderfolgend zeichnen sich drei thematische Gruppen ab. Die erste spricht den Ost-West-Konflikt (noch) direkt an (1964, 1965), die zweite handelt von politisch grundlegenden Problemen der Epoche allgemein (1966 bis 1969) und die dritte stellt das in den Mittelpunkt, was die Menschen aus verschiedenen Ländern und Systemen miteinander verbinden kann. So signalisieren die Themen der beiden letzten Jahre (1970 und 1971) ein Interesse an Verständigung, Entspannung und Zusammenarbeit – in Europa und in der Welt.

Will man zusammenfassend die Qualitäten der von Borinski inspirierten und geleiteten universitären Erwachsenenbildung an der Freien Universität Berlin charakterisieren, so sind ihr hoher Anspruch, ihre Wertbezogenheit und ihre Vielfalt hervorzuheben. Die Arbeit, für die Borinski eine Reihe von offenbar besonders

76 Schäffter 1991. Auch die universitäre Erwachsenenbildung, in der er erste Erfahrungen durch Borinskis Projekt gewonnen hatte, blieb eines seiner Arbeitsgebiete. Vgl. dazu Schäffter 1992.

geeigneten Wissenschaftlern zu gewinnen verstand, hatte ein klar formuliertes konzeptionelles Zentrum: Es ging um die Bildung des Menschen in Freiheit und für ein verantwortliches Leben in der freiheitlichen Demokratie. Diese Aufgabe erforderte, das Verhältnis von Wissenschaft und Gesellschaft neu zu durchdenken und nach Möglichkeit neu zu gestalten. In einer von Wissenschaft bestimmten Welt bedarf auf der einen Seite die Gesellschaft der Wissenschaft und der wissenschaftlichen Bildung; auf der anderen Seite die Wissenschaft einer Verbindung zu den Menschen und ihren Bedürfnissen, zur Gesellschaft und ihren über die nationalen Grenzen hinausreichenden Veränderungen. Ein Medium der Begegnung dieser beiden Welten und ihrer Vermittlung ist die universitäre Erwachsenenbildung und in dieser ist die persönliche Begegnung, der persönliche Kontakt zwischen Wissenschaftlern und Teilnehmern unverzichtbar. Entscheidend für den Bildungsprozess sind in diesem Konzept der einzelne Mensch und die kleine Gruppe. Entsprechend kommt sowohl der Ansprache und Auswahl der Teilnehmer als auch der Gewinnung geeigneter Lehrkräfte besondere Bedeutung zu. Die Bildungsarbeit soll offen für neue Ideen und Formen sein (so z. B. das in Berlin praktizierte Lehren im Team oder die Kurse in Betrieben oder die eigenen zusammenfassenden Auswertungsveranstaltungen nach Abschluss einer Vortragsreihe); das Risiko von Fehlern muss getragen werden, der experimentelle Charakter der Veranstaltungen bedarf der Akzeptanz. Daher sind diese neuen Formen angewiesen auf kritische Begleitung und Fundierung durch die Erziehungswissenschaft, insbesondere durch eine wissenschaftliche Disziplin der Erwachsenenbildung oder Erwachsenenpädagogik.

Bedenkt man, dass bei dem Aufbau dieser Arbeit nur von einem begrenzten Zeitraum von etwa elf Jahren die Rede ist, so ist die erreichte Leistung beeindruckend. Die von der Konzeption und Energie eines einzelnen Wissenschaftlers angeregte und zusammengehaltene Arbeit lässt sich als Versuch zum Bau eines Systems beschreiben, in dem es in beabsichtigter Weise zu verschiedenartigen Wechselwirkungen kommt: einerseits zwischen der Außenwelt und dem Innenbereich der Universität und andererseits innerhalb der Universität zu Wechselwirkungen zwischen verschiedenen Funktionsebenen, zwischen Wissenschaftlern verschiedener Disziplinen und akademischer Organisationseinheiten, darunter besonders exponiert die erziehungswissenschaftliche Abteilung der Erwachsenenbildung.[77] Diese Wechselwirkungen sind Teil dessen, was Borinski als die *integrale* Aufgabe bezeichnet, die den beiden Wirkungsgrößen, der Hochschule und der Erwachsenenbildung, in der wissenschaftsbestimmten Zivilisation gemeinsam ist und durch die sie den Prozess der Demokratie insgesamt beleben und erneuern können.

---

77 1971 bereits besetzt mit Borinskis Schüler Josef Olbrich, der in dem besagten Band Stellung nimmt zum Verhältnis von Universitätswissenschaft und universitärer Erwachsenenbildung, vgl. Olbrich1971.

4. Ein Blick auf das, was bleibt

Es gehört zum historischen Allgemeinwissen, dass Reformer Gutes wollen, aber doch auch Ungeeignetes tun und Schlechtes bewirken können. Vieles hängt von den Gegebenheiten des Ortes ab. Der Ort der universitären Erwachsenenbildung lässt sich aus politikwissenschaftlicher Sicht, um mit Wilhelm Bleek einen damals beteiligten Beobachter zu zitieren, als ein prekärer bestimmen: „Die universitäre Erwachsenenbildung ist an dem *neuralgischen Punkt* des Verhältnisses von Wissenschaft und Universität auf der einen und Gesellschaft und Politik auf der anderen Seite angesiedelt."[78] Zu fragen ist, wie Fritz Borinskis Reformbemühungen hinsichtlich des Verhältnisses von Universität und Erwachsenenbildung angesichts der Schwierigkeiten einer solchen Vermittlungsaufgabe zu beurteilen sind. Disruptive Veränderungen können den Blick schärfen für das Wesentliche, und so war es wohl auch in Berlin im Umfeld der bewegten 1968er Jahre. Die Forderungen der Studenten veranlassten Borinski, der in jener Zeit als akademischer Senatsbeauftragter für politische Bildung keinen leichten Stand hatte, sich öffentlich zu den Kriterien der universitären Erwachsenenbildung zu äußern. Er hat in Auseinandersetzung mit dem Programm der am 01.11.1967 konstituierten „Kritischen Universität", für das er einer der vom Rektor bestellten Gutachter war, deutlich gemacht, dass universitäre Erwachsenenbildung auf Freiheit beruht und frei von weltanschaulichen, konfessionellen, wirtschaftlichen und parteipolitischen Festlegungen und Zwängen zu sein hat. Es war dieses unabdingbare Wertkriterium, das er im Programm der Kritischen Universität, der er im Übrigen keinesfalls in jedem Punkt seine Berechtigung absprechen wollte, nicht gewährleistet sah, weshalb er den von der Studentenbewegung verfolgten Ansatz der politischen Arbeiterbildung nicht als Bestandteil der universitären Erwachsenenbildung anerkennen konnte. Wenn Bildung und Wissenschaft zum Vorwand für politische Schulung werden, könne die Universität nicht der Ort solcher Veranstaltung sein, lautete sein Argument.[79] Wie Detlef Oppermann nuancenreich und überzeugend darlegt, entschied sich Borinski in diesem Konflikt „für seine eigenen ethischen Prinzipien".[80]

Es gehörte damals Mut dazu, Position für die Freiheit der universitären Erwachsenenbildung zu beziehen und sich persönlich scharfen Debatten zu stellen. Mag damit aus heutiger Sicht vielleicht (oder hoffentlich) ein bloß historisches Problem angesprochen sein, so kann die Fallstudie zu Fritz Borinski insgesamt doch Licht auf eine Reihe von heute noch unvermindert aktuellen Fragen werfen. Borinski hatte die Entwicklung einer wissenschaftlichen Theorie der Erwachsenenbildung

---

78 Bleek 1971, S. 73 [Hervorhebung M. F.-H.].

79 Borinski 1974, S. 205 ff.

80 Oppermann 2000, S. 143.

gefordert, die sich auf planmäßige Forschung stützt. Die Desiderate lassen sich unter dem großen Oberthema zusammenfassen „Erwachsenenbildung als *Aufgabe* der Universität" und „Erwachsenenbildung als *Gegenstand* der Universität". In beiden Hinsichten ist seit den 1960er Jahren viel geschehen und auch viel erreicht worden. Wenn man allerdings die Kriterien betrachtet, unter die Borinski seine eigene Arbeit und die künftige universitäre Erwachsenenbildung gestellt sehen wollte, so wird man sagen müssen, dass noch viel zu tun ist. Unter den noch immer unzureichend eingelösten Zielen seien hier nur zwei gewichtige genannt: einerseits das Ziel einer (zureichenden) theoriegeleiteten empirischen Erforschung der Bildungsbedürfnisse und Bildungsprozesse unterschiedlicher Kreise und Altersstufen der erwachsenen Bevölkerung mit nachfolgender didaktischer Auswertung, andererseits das der Entwicklung einer anwendungsorientierten integralen Theorie der Bildung, die das Verhältnis von praktischer zu theoretischer Bildung, von spezieller Fachbildung zu Allgemeinbildung, von Berufsbildung zu Lebensbildung umfasst. Was für Borinski ein Lebensthema war, die freie demokratische Bürgerbildung im Lebenslauf, jenseits von Propaganda und politischer Manipulation, steht in den westlichen Gesellschaften weiterhin als eine Aufgabe da, die noch immer mehr offene Fragen stellt, als dass sie wissenschaftlich gesicherte Antworten in wünschenswerter Breite und Tiefe gefunden hätte. Man wird jedoch zögern, deshalb Borinski in seinen Reformbemühungen und ihren vielleicht nur schlicht gefassten Begründungen als gescheitert anzusehen. Unabhängig von der Frage, ob er an der Freien Universität eine dauerhafte Tradition begründen konnte oder nicht, hat er im Persönlichen ein Beispiel hingebungsvoller Arbeit gegeben für Ziele, die uns als Bürger, Erwachsenenbildner und Wissenschaftler auch gegenwärtig beschäftigen. Vor dem Hintergrund seiner Lebenserfahrung wollte er in erster Linie durch Bildung den Weg des Menschen zu einem humanen, einem verantwortlichen Leben in Freiheit fördern. Daher konnten Wort, Begriff und Idee von Bildung für ihn nicht wertfrei sein. Die Qualität und das Ansehen von Erwachsenenbildung als Wissenschaft, als Beruf und als Praxis zu mehren, war ihm, auch in internationaler Zusammenarbeit, lebenslang ein Anliegen. In seinem Handeln konnte er Theorie und Praxis in hervorragender Weise verbinden, wie sie sich vielleicht bei den Vertretern einer vollgültig akademisierten Erwachsenenbildungswissenschaft, die nicht mehr über gründliche und umfangreiche Erfahrungen in der praktischen Erwachsenenbildung verschiedener Sparten verfügen und verfügen können, auch nicht mehr finden lässt. Schließlich ging es ihm darum, für das Fach der Erwachsenenbildung in der Demokratie eine *integrale Funktion* und damit einen Wertbezug und eine programmatische Weite des Horizonts zu begründen – und dies ist vielleicht das Wichtigste, was von seinen Bemühungen als Reformer überliefert werden kann.

Ungedruckte Quellen

Archiv des Instituts für Erziehungswissenschaft der Universität London, Bestand GER (German Educational Reconstruction), Correspondence Fritz Borinski.

Archiv der Freien Universität Berlin, Fritz Borinski: Bericht über eine Reise durch englische Universitäten zum Studium der Extra-Mural-Activities (März/April1960) vom 20.8.1960 (FU Berlin, UA, R, 500, S.1–16, Bestand: Beauftragter des Rektors für Abendveranstaltungen).

Borinski, Fritz: Tagebucheintragungen für die Zeit vom 10. März bis 8. April 1960 (Reise nach England zum Studium der universitären Erwachsenenbildung), handschriftliches Tagebuch, Diarium im Format DIN A5, 81 Seiten Protokollnotizen und 15 Seiten Entwurf des zusammenfassenden Reiseberichts. [Privatarchiv Martha Friedenthal-Haase].

Universitätsarchiv Göttingen, Bestand: UniA GÖ Kur. 1253 (Bestand: Volksbildungsinstitut).

Literaturverzeichnis

Bleek, Wilhelm (1971): Versuch eines kritischen Rückblicks, in: Borinski, Fritz (Hg.): Universitäre Erwachsenenbildung in Berlin, Berlin, S. 71–74.

Borinski, Fritz (1949): Universität und Hochschule, in: Kulturarbeit, Heft 7 (Oktober), S. 162–163.

Borinski, Fritz (1969): Die Bildung aktiver Minderheiten als Ziel demokratischer Erziehung, in: Borinski, Fritz: Gesellschaft, Politik Erwachsenenbildung. Ausgewählte Aufsätze zur politischen Bildung und Erziehung. Dokumente aus vier Jahrzehnten, hg. von Erhardt, Johannes, Helmut Keim und Dietrich Urbach, Villingen, S. 118–131.

Borinski, Fritz (1971a) (Hg.): Universitäre Erwachsenenbildung in Berlin, Sekretariat für Erwachsenenbildung, Freie Universität Berlin.

Borinski, Fritz (1971b): Geschichte und Problematik der universitären Erwachsenenbildung in Berlin, in: Borinski, Fritz (Hg.): Universitäre Erwachsenenbildung in Berlin, Sekretariat für Erwachsenenbildung, Freie Universität Berlin, S. 1–20.

Borinski, Fritz (1974): Erwachsenenbildung in der modernen Hochschule, in: Prokop, Ernst/ Rückriem, Georg M. (Hg.), Erwachsenenbildung. Grundlagen und Modelle. München, S. 197–208.

Borinski, Fritz (1976): Zwischen Pädagogik und Politik, in: Pongratz, Ludwig J. (Hg.): Pädagogik in Selbstdarstellungen. Bd. 2, Hamburg, S. 1–81.

Borinski, Fritz (1984): Hermann Heller: Lehrer der Jugend und Vorkämpfer der Freien Erwachsenenbildung, in: Müller, Christoph/Staff, Ilse (Hg.): Der soziale Rechtsstaat. Gedächtnisschrift für Hermann Heller 1891–1933, Baden-Baden, S. 89–100.

Borinski, Fritz (1990): Denkschrift vom 9. April 1951, in: Kebschull, Heino (Hg.), Sibylle Obenaus (Bearb.): Erwachsenenbildung in Niedersachsen 1951–1956, Materialien und Dokumente, Bd. 2, Landesverband der Volkshochschulen Niedersachsen, Hannover, S. 143–156.

Büchner, Günter (1971): Die Arbeit des Sekretariats für Erwachsenenbildung – Bilanz und zukünftige Aufgaben, in: Borinski, Fritz (Hg.): Universitäre Erwachsenenbildung in Berlin, Berlin, S. 21–36.

Dietze, Carola (2006): Nachgeholtes Leben. Helmuth Plessner 1892–1985, Göttingen.

Doerry, Gerd (1968): Eine Universität verläßt ihre Mauern, in: Doerry, Gerd in Verbindung mit Dikau, Joachim und Kiel, Gerhard (Hg.): Politische Bildung in der Demokratie. Fritz Borinski zum 65. Geburtstag. Berlin, S. 81–89.

Doerry, Gerd (1971): Die Abendvorträge der Freien Universität, in: Borinski, Fritz (Hg.): Universitäre Erwachsenenbildung in Berlin, Berlin: Sekretariat für Erwachsenenbildung, S. 37–51.

Doerry, Gerd (2000): Zwischen Erwachsenenbildung und Universität. Zu einem weiteren Spannungsverhältnis im Leben von Fritz Borinski, in: Jelich, Franz-Josef/Haußmann, Robert (Hg.): Fritz Borinski: zwischen Pädagogik und Politik – ein historisch-kritischer Rückblick, Essen, S. 35–54.

Friedenthal-Haase, Martha (1989): Zur Interkulturalität von Erwachsenenbildung: Beobachtungen am Beispiel der deutsch-britischen Beziehungen vor und nach dem Ersten Weltkrieg, in: Internationales Jahrbuch der Erwachsenenbildung, Bd. 17, Köln, S. 211–255. Wiederabdr. in: Friedenthal-Haase, Martha: Ideen, Personen, Institutionen. Kleine Schriften zur Erwachsenenbildung, München und Mering 2002, S. 451–496.

Friedenthal-Haase, Martha (1991): Erwachsenenbildung im Prozeß der Akademisierung. Der staats- und sozialwissenschaftliche Beitrag zur Entstehung eines Fachgebiets an den Universitäten der Weimarer Republik unter besonderer Berücksichtigung des Beispiels Köln, (Studien zur Bildungsreform. 18), Frankfurt am Main u. a.

Friedenthal-Haase, Martha/Zellhuber-Vogel, Petra (1993): Deutsch-britische Beziehungen in der Erwachsenenbildung und ihren Grenzgebieten. Bibliographie der in Deutschland erschienenen Publikationen in der Zeit von 1880–1980, Köln, Weimar, Wien.

Friedenthal-Haase, Martha (2002): Eine deutsche Universität und ihr Publikum. Tübinger Streiflichter zum extramuralen und intramuralen Bildungsverständnis vor und nach dem Ersten Weltkrieg, in: Erwachsenenbildung und Kultur. Essays zum 75. Geburtstag von Prof. Andor Maroti, Budapest, S. 26–39.

Friedenthal-Haase, Martha (2023): Fritz Borinski und die Bildung zur Demokratie. Geschichte eines Lebens zwischen Pädagogik und Politik, (Beiträge zur internationalen, interkulturellen, politischen und historischen Erwachsenenbildung), Bad Heilbrunn.

Gierke, Willi B. /Löber-Pautsch, Uta (2000): Die pluralen Strukturen der Erwachsenenbildung. Zur Geschichte der Erwachsenenbildung in Niedersachsen 1947–1960, Bd. 2, Oldenburg.

Heller, Hermann (1971): Gesammelte Schriften, Bd. 1–3, hg. von Draht, Martin/Niemeyer, Gerhart/Stammer, Otto/Borinski, Fritz, Leiden.

Hermes, Gertrud (1927): Die geistigen Grundlagen der englischen Erwachsenenbildung, Crimmitschau.

Hunger, Ulrich (1988): Die Universität Göttingen nach 1945 und der Wiederbeginn der Erwachsenenbildung, in: Düwel, Klaus/Günter Blümel (Hg.), Volkshochschule Göttingen 1948, Göttingen: Volkshochschule e.V., S. 79–104.

Jelich, Franz-Josef/Haußmann, Robert (2000) (Hg.): Fritz Borinski: zwischen Pädagogik und Politik – ein historisch-kritischer Rückblick (Geschichte und Erwachsenenbildung. 12), Essen.

Jung, Helene (1971): Universitätskurse an Volkshochschulen – ein großer Schritt in der Geschichte der Erwachsenenbildung, in: Borinski, Fritz (Hg.): Universitäre Erwachsenenbildung in Berlin, Berlin: Sekretariat für Erwachsenenbildung, S. 75–79.

Kahn, Richard (1912): Die akademischen Arbeiterunterrichtskurse Deutschlands, Gautzsch bei Leipzig.

Kebschull, Heino (1987) (Hg.), Obenaus, Sibylle (Bearb.): Erwachsenenbildung in Niedersachsen 1945–1950, Materialien und Dokumente, Bd. 1, Hannover.

Keilhacker, Martin (1929): Das Universitätsausdehnungsproblem in Deutschland und Deutsch-Österreich, dargestellt auf Grund der bisherigen Entwicklung (Schriften für Erwachsenenbildung, 3), Stuttgart.

Meilhammer, Elisabeth (2000): Britische Vor-Bilder. Interkulturalität in der Erwachsenenbildung des Deutschen Kaiserreichs 1871 bis 1918 (Kölner Studien zur Internationalen Erwachsenenbildung. 13), Köln, Weimar, Wien.

Meyer, Klaus (1969): Arbeiterbildung in der Volkshochschule. Die „Leipziger Richtung" – Ein Beitrag zur Geschichte der deutschen Volksbildung in den Jahren 1922–1933, Stuttgart.

Olbrich, Josef (1971): Formen und Möglichkeiten der Zusammenarbeit zwischen der Abteilung Erwachsenenbildung und dem Sekretariat Erwachsenenbildung, in: Fritz Borinski (Hg.), Universitäre Erwachsenenbildung in Berlin, Berlin: Sekretariat für Erwachsenenbildung, S. 110–118.

Oppermann, Detlef (2000): Zwei Varianten eines alten Themas: Jugend im politischen Protest. Fritz Borinskis Aktivitäten und Kritiken, in: Jelich, Franz-Josef/Haußmann, Robert (Hg.): Fritz Borinski: zwischen Pädagogik und Politik – ein historisch-kritischer Rückblick, Essen, S. 115–144.

The Organisation and Finance of Adult Education in England and Wales. Report of the Committee appointed by the Minister of Education in June 1953. Chairman: Eric Ashby, London, Great Britain, H.M.S.O., 1954. (Nachdruck der University of Nottingham 1990).

Phillips, David (1983): Zur Universitätsreform in der britischen Besatzungszone 1945–1948, Köln, Wien.

Phillips, David (1995): Zwischen Pragmatismus und Idealismus: das „Blaue Gutachten" und die britische Hochschulpolitik in Deutschland 1948, Köln.

Picht, Werner (1913): Toynbee Hall und die Englische Settlement-Bewegung. Ein Beitrag zur Geschichte der sozialen Bewegung in England, Tübingen.

Schäfer, Erich (1988): Historische Vorläufer der wissenschaftlichen Weiterbildung. Von der Universitätsausdehnungsbewegung bis zu den Anfängen der universitären Erwachsenenbildung, Opladen.

Schäffter, Ortfried (1971): Internationale Ferienkurse für Erwachsenenbildung, in: Borinski, Fritz (Hg.): Universitäre Erwachsenenbildung in Berlin, Sekretariat für Erwachsenenbildung, Freie Universität Berlin, S. 52–68.

Schäffter, Ortfried (1991) (Hg.): Das Fremde: Erfahrungsmöglichkeiten zwischen Faszination und Bedrohung, Opladen.

Schäffter, Ortfried (1992): Zwischen Volkshochschule und Universität – das Berliner Studienbegleitprogramm als Leitfaden für selbstorganisiertes Lernen von Gasthörer/innen, in: Reggentin, Heike/Dettbarn-Reggentin, Jürgen (Hg.): Neue Wege in der Bildung Älterer, Freiburg i. Br., S. 90–101.

Schoßig, Bernhard (1985): Die studentischen Arbeiterunterrichtskurse in Deutschland unter besonderer Berücksichtigung der Entwicklung in München: eine historisch-pädagogische Studie zur Frühgeschichte der Volkshochschule, München.

Studienausschuß für Hochschulreform (1948): Gutachten zur Hochschulreform, Hamburg (‚Blaues Gutachten').

Wörmann, Heinrich-Wilhelm (1985): Zwischen Arbeiterbildung und Wissenstransfer. Universitäre Erwachsenenbildung in England und Deutschland im Vergleich, Berlin.

Gabriele Molzberger

Die dritte Aufgabe?

Studium generale als wissenschaftliche Bildung Erwachsener

1. Einleitung: zum Verhältnis von *studium generale* und Erwachsenenbildung

Die Gegenwart des *studium generale* ist vielgestaltig, seine Geschichte tiefgründig in den Wissenschaften, den Hochschulen und ihrer Institutionalisierung verwurzelt. Seine Bedeutung veränderte sich im geschichtlichen und sozialen Wandel und mit den Bildungsreformen. Die Ideengeschichte der Wissenschaften und die Institutionengeschichte der Universität sind über das studium generale vermittelt. Die moderne Universität hat Forschung und Lehre zur Aufgabe, deren Einheit für ihr Selbstverständnis konstitutiv ist. Zugleich war diese Einheit stets umkämpft. Ab der zweiten Hälfte des 20. Jahrhunderts wird hochschulpolitisch die Weiterbildung zur weiteren Kernaufgabe der Hochschulen, womit eine Verschiebung und Überlagerung vormals getrennter Bildungsräume, d. h. der tertiären Bildung und der sog. quartären Säule des Bildungssystems, vollzogen ist.

In der Erziehungswissenschaft und bildungshistorischen Forschung aber werden Erziehung und Bildung zumeist bereichsspezifisch reflektiert, analysiert und rekonstruiert. Der bereichsspezifische Zugang ermöglicht das Fortschreiben der Bildungsgeschichte(n) – etwa als Universitätsgeschichte oder als Berufsbildungsgeschichte oder Erwachsenenbildungsgeschichte. Dies sichert Anschlussmöglichkeiten, limitiert jedoch zugleich die Perspektive auf den Gegenstand.[1]

Gehalte und Strukturen der Erwachsenenbildung, wie sie sich im Laufe des 20. Jahrhunderts als quartäre Säule des Bildungssystems institutionalisiert hat, stimmen nicht mit der Hochschulbildung überein. Sich dem studium generale aus der Sicht der Erwachsenenbildung oder Berufsbildung zu nähern, ist begründungswürdig, weil das Verhältnis zwischen Universität und Erwachsenen-/Berufsbildung

1 Pointiert formulierte Kritik bereichsspezifischer Betrachtung und damit einhergehender Verkürzungen äußert aus kulturhistorischer Perspektive Dräger 2017; zur teilsystemspezifischen Problembearbeitung siehe auch Gaus/Drieschner 2017. Dass die Erwachsenenbildung kulturhistorisch betrachtet gar eine Vorrangstellung innehabe, heben Dräger und Eirmbter-Stolbrink hervor: „Das Prinzip der relativen Permanenz aller Lern- und Bildungsprozesse, das lebenslange Lernen sowie das Prinzip des Wissenstransfers durch Transformation, die die bildungstheoretische Reformdiskussion des gesamten Bildungssystems prägen, sind im Entwicklungsprozeß der Erwachsenenbildung zuerst artikuliert worden." (1995, S. 199).

vielfach gebrochen ist; die Geschichte zeugt von Abgrenzungen und differenten Logiken, aber auch von Bezugnahmen und Annäherungen.

Der Beitrag sucht den Zusammenhang des studium generale als besondere Form universitärer Bildung einerseits und wissenschaftlicher Bildung Erwachsener andererseits zu beschreiben.[2] Dem bereits an anderer Stelle dargelegten Forschungsprojekt angelehnt,[3] bezieht die folgende Darstellung institutionelle Ausgestaltungen, wissenschaftliche Legitimationen und sozialgeschichtlich herausragende Marker ein, die sich seit dem 19. Jahrhundert in die Geschichte eingeschrieben haben.

Wurzeln der Institutionalformen der Bildung Erwachsener liegen in der Volksbildung und im aufklärerischen Denken sowie seinen Vorläufern in der Frühen Neuzeit, wobei wie in der Zeit der Aufklärung selbst, eine Vielzahl verschiedener Einflussfaktoren zusammenspielten, bis sich der Begriff Erwachsenenbildung zu etablieren begann.[4] Vorausgesetzt ist dem eine Vorstellung lebensphasenspezifischer Bildung.[5] Dies zu reflektieren, ist für das hier interessierende Verhältnis zwischen der Bildung Erwachsener und der Universität, repräsentiert im studium generale, bedeutsam. Volksbildung respektive Erwachsenenbildung ist semantisch und programmatisch mit dem Anspruch einer ‚Bildung für alle' verbunden. Ein zweites Momentum ist die Verankerung im mit der Aufklärung verbundenen Nützlichkeitsgedanken, welcher im Neuhumanismus zur Scheidung der allgemeinen von ‚nützlicher', d. h. von beruflicher Bildung für die Realien, führte.[6] Das Postulat, jene solle erst nach vollendeter Menschenbildung zur Geltung kommen, stützte die Herausbildung des Berechtigungswesens,[7] welches den Zugang zu höherer (wissenschaftlicher) Bildung an das Abitur knüpfte und damit faktisch einen großen Teil der Bevölkerung ausschloss. Am Exklusivitätscharakter des Berechtigungswesens als „ideologische Verhüllung für eine besondere Berufsausbildung ständisch

---

2 Die Ausführungen schreiben frühere Überlegungen zu diesem Zusammenhang fort, siehe Molzberger 2020.

3 DFG-Projekt „Studium generale in der BRD nach 1945" (PN 351258276).

4 Die in der Rückschau historiografisch verdichteten Epochen, wie beispielsweise die der Aufklärung, sind an für sich als Prozessbegriffe zu charakterisieren; so hält Koselleck zu Kants ausgerufenem Zeitalter der Aufklärung fest: „Nicht das Ziel oder das Ergebnis wird damit indiziert – sondern der Weg und der Auftrag" (2006, S. 359). Nichtsdestotrotz mögen als Meilensteine zur Etablierung der Erwachsenenbildung als Erwachsenenbildung die Aufnahme eines gesonderten Paragrafen in die Weimarer Reichsverfassung und der ausgelöste „Volkshochschulrummel" gelten.

5 Balser (1959) verortet die geistigen Wurzeln der Erwachsenenbildung in der Aufklärung und Proklamation der Menschenrechte, woraus erst der Anspruch einer vernunftgeleiteten Bildung für alle begründbar wurde. Paradoxerweise ist die Erwachsenenbildung als eigenständiger Bildungsbereich eng an die Universalisierung von Schule für Kinder und Jugendliche gekoppelt.

6 Kritisch die damit verbundene Entgegensetzung von (deutscher) Theorieliebe und (amerikanischem) Pragmatismus hinterfragend Levine 2017.

7 Harney 2004.

elitärer Privilegierung“[8] entzündete sich jahrzehntelang erwachsenen- und berufspädagogische Kritik. Versuche der Legitimation von nützlicher resp. beruflicher Bildung als allgemeine Bildung finden sich in der klassischen Berufsbildungstheorie Eduard Sprangers und Georg Kerschensteiners. Beide entwarfen als Denker ihrer Zeit Vorstellungen eines umfassenden Bildungssystems, welches auch Prinzipien und Formen wissenschaftlicher Bildung einschloss, die denen eines studium generale nicht unähnlich sind. Aber erst mit den Bildungsreformen der 1970er Jahre fanden Legitimationen der Berufsbildung im Bildungssystem auch institutionelle Ausgestaltungen, die das sogenannte deutsche Bildungsschisma zu überwinden suchten. Mit dem Ausbau der Sekundarstufe und der Institutionalisierung des Berufsausbildungssystems etablierte sich der berufliche Bildungszweig gegenüber dem Allgemeinbildenden. Paradoxerweise führte gerade dies zur Ablösung von der Volksbildung.[9]

Vor dem Hintergrund des skizzierten Rahmens werden im Folgenden Begründungen und Institutionalformen der Bildung Erwachsener diskutiert, soweit diese an der Reproduktion kultureller Wissensbestände einerseits und der Produktion neuen Wissens andererseits beteiligt waren bzw. sind. Dazu werden zunächst gesellschaftliche Entwicklungen rund um wissenschaftliche Bildung Erwachsener nachgezeichnet, die sich beginnend mit der Aufklärung bis in die erste Hälfte des 20. Jahrhunderts fortsetzten. Leitender Gedanke in der Rekonstruktion der verschiedenen Transformationsphasen ist die Frage, inwiefern ein studium generale dem Anspruch einer wissenschaftlichen Bildung für alle gefolgt ist.

2. Wissenschaftliche Bildung Erwachsener als Einheit von Wissenschaft und Gesellschaft

Eine gleichermaßen fundierte wie auch komprimierte Darlegung des Zusammenhangs von Universität und Erwachsenenbildung, die sich explizit mit dem studium generale befasst, findet sich in einem Aufsatz Barbara Fülgraffs aus dem Jahr 1982. Der Titel verbindet „Öffnung der Universitäten“ und „Studium generale für Erwachsene“ und versieht diesen Zusammenhang mit einem Fragezeichen. Fülgraffs historische Sicht auf das studium generale sowie allgemeine Bildung in der frühen, mittelalterlichen Universität zeigt, wie mit dem deutschen Idealismus die Philosophie zur Grundlegung universitärer Bildung wird und damit zur Form wissenschaftlicher Allgemeinbildung findet. Die Philosophie gehörte seitdem zum Studium jeder (Berufs-)Wissenschaft „als Einblick in das Ganze des Wissens, als

8 Strzelewicz et al. 1966, S. 31.

9 Harney 2020.

Erkenntnis des organischen Ganzen der Wissenschaften, als Gewinnung von Handlungsnormen."[10] Wissenschaft wurde mit der Humboldtschen Universität zum „Medium der Versittlichung des Menschen"[11] und die praktische Philosophie als studium generale zum Ziel akademischer Bildung. Jedoch habe die Humboldtsche Universität Wissenschaft und Gesellschaft nicht als Einheit durchsetzen können.[12]

Den Analysen Fülgraffs folgend ist die Frage nach der Idee eines studium generale und seiner Form um die Fragen nach Adressaten und Anbietern wissenschaftlicher Bildung zu erweitern. Im europäischen Vergleich ist es Teil des deutschen Sonderwegs der Geschichte, dass die Bildungsrevolution der industriellen Revolution vorausging.[13] Innerhalb der gesellschaftlichen Strukturen des Kaiserreichs übernahmen für die breite Bevölkerung Arbeiterbildungsvereine und weitere private Initiativen teils sehr erfolgreich die Aufgabe wissenschaftlicher Bildung.[14] Formen der Vermittlung wissenschaftlichen Wissens wurden an vielen Stellen gesucht, um damit auch politische Teilhabe zu realisieren. Das wachsende Bewusstsein über den herrschaftslegitimierenden Funktionszusammenhang von Bildung brachte Wilhelm Liebknechts aufwieglerischer Formel „Wissen ist Macht – Macht ist Wissen" 1872 vor dem Dresdner Arbeiterbildungsverein auf den Punkt: „Wer da will, daß das Wissen allen gleichmäßig zuteil werde, muß daher auf die Umgestaltung des Staats und der Gesellschaft hinwirken", forderte er.[15] Und er rief dazu auf, den dem Volk verschlossenen „Tempel der Wissenschaft" zu erobern und die „chinesische Mauer" abgesperrter Zugänge der Bildung niederzureißen. Liebknecht äußerte dies vor dem Hintergrund der zunehmenden Industrialisierung und der sozialen Lage der Lohnarbeitenden, welche lediglich noch „Anhängsel" der Maschinen seien.

> Im selben Maße, wie das Kapital sich die Wissenschaft dienstbar macht, macht es die Arbeiter weniger wissenschaftlich. In der Maschine konzentriert sich die Intelligenz, die dem Arbeiter genommen wird... Geistlose Arbeit für die geistvolle Maschine — das ist der Charakter der modernen Produktion.[16]

Er redete jedoch nicht der Maschinenstürmerei das Wort. In seiner Herrschaftskritik machte Liebknecht die Teilhabe der Arbeiterschaft an Bildung zu einer politischen Frage. War Bildung dem Bürgertum zum „Surrogat für vorenthaltenen

10 Fülgraff 1982, S. 180.
11 Nitsch/Gerhardt/Offe/Preuß 1965, S. 12.
12 Fülgraff 1982, S. 180 f.
13 Kenkmann 2000, S. 408.
14 Olbrich 2001.
15 Liebknecht 1872, S. 50.
16 Liebknecht 1872, S. 40.

politischen Einfluß" geworden, so diente es dem Arbeiter „als Ersatz für politische Macht und soziale Gleichstellung".[17]

Auch die im Jahr 1871 gegründete, bürgerlich-liberale „Gesellschaft für die Verbreitung von Volksbildung" wollte die Teilhabe an den gesellschaftlichen Kulturgütern befördern. Sie zielte weniger auf Prinzipien sozial und politisch gleichberechtigter Partizipation, als vielmehr auf die Befriedung der sozialen Frage. Ihr ging es um „eine Differenzierung der ‚Massen' durch Bildung".[18]

Fülgraffs historische Rekonstruktionen markieren für den Fortgang des 19. Jahrhunderts als entscheidendes Momentum nicht nur die Frage nach der Teilhabe an universitärer Bildung, sondern auch den Aufstieg der Naturwissenschaften und den Siegeszug der damit verbundenen technisch-ökonomischen Rationalität. Dem (geistes)wissenschaftlich gebildeten, in der Gesellschaft normativ handelnden Mensch sei der mit Verfügungs- und Herrschaftswissen ausgestattete Spezialist gefolgt. „Bildung wandelte sich zur Gebildetheit, die sich in der Aneignung von sogenannten Bildungsgütern erschöpfte und den sozialen Ausweis der Zugehörigkeit zu einer neuen Kaste, den ‚Akademikern', darstellte."[19]

Die Verbreitung naturwissenschaftlich gewonnener Erkenntnisse war zweifelsohne auch für die Erwachsenenbildung, welche in der breiten Masse zunächst eher (kompensatorische) Volksbildung war, folgenreich. Sie erlebte die Hochzeit der extra-muralen Bildung, die sich jenseits der Universität etablierte. Auch für diesen Disput soll beispielhaft eine ‚Figur' der Wissenschaftspopularisierung herangezogen werden. Für den experimentellen und theoretischen Physiker, Hermann von Helmholtz, war die Verbindung von exakter Naturwissenschaft und Technik von entscheidender Bedeutung für den Fortgang und Fortschritt der industrialisierten Gesellschaft. So erkannte er 1874 in seiner Vorrede zu der Übersetzung von Tyndalls „Fragments of Science" mit dem Titel „Über das Streben nach Popularisierung der Wissenschaft" das Studium der Sprache als „bisherige[n] Bildungsgang der civilisierten Nationen" an und richtete zugleich an die Volksbildung den Auftrag zur Popularisierung naturwissenschaftlicher Erkenntnis:

> Wenn nun auch die Sprache das Mittel ist, die einmal erkannte Wahrheit zu überliefern und zu bewahren, so dürfen wir doch nicht vergessen, dass ihr Studium Nichts davon lehrt, wie neue Wahrheit zu finden sei. (…) Es liegt sogar eine unverkennbare Gefahr darin, dass dem Einzelnen vorzugsweise solches Wissen überliefert wird, von dessen Ursprung er keine eigene Anschauung hat. (…) und daß eine volle Bildung des einzelnen Menschen,

17 Röhrig 1988, S. 357.

18 Tietgens 2018, S. 29.

19 Fülgraff 1982, S. 181 f.

> wie der Nationen, nicht mehr ohne eine Vereinigung der bisherigen literarisch-logischen und der neuen naturwissenschaftlichen Richtung möglich sein wird.[20]

Was bei Helmholtz noch im Kontext einer Überwindung metaphysischer Naturbetrachtung zugunsten einer auf technischer Rationalität beruhenden Weltgestaltung und verbreiteter Wissensbasis „der methodisch exakt gewonnenen Erkenntnisse"[21] zu verorten ist, ist zugleich das Ringen zwischen Geistes- und Naturwissenschaft um die gesellschaftliche Vormacht, welches im langen 20. Jahrhundert Auseinandersetzungen um Hochschulreform und Bildungsauftrag der Universität prägte. Das Verhältnis von Naturwissenschaft, Technik, Geistes- und Kulturwissenschaft in der universitären Bildung wurde auch Teil der andauernden vielen ‚Renaissancen' des studium generale.[22]

Die vielfältigen Aktivitäten, an denen sich zahlreiche Universitäten an der Wende vom 19. zum 20. Jahrhundert beteiligten – z. B. in der Form volkstümlicher Hochschulkurse[23] – fanden bezogen auf die Besucherzahlen gute Resonanz. Und doch konnten sie sich nicht dauerhaft institutionalisiert durchsetzen.[24] Viele Popularisierungsaktivitäten blieben den Modi von Vortrag und Belehrung verhaftet[25] und eine Annäherung von universitärer Bildung und Erwachsenenbildung blieb aus. Wie Max Scheler in seiner 1926 erschienenen Publikation über „Die Wissensformen und die Gesellschaft" im Beitrag über „Universität und Volkshochschule" festhielt, ließen sich in Deutschland elitäre Vorstellungen vonseiten der akademisch Gebildeten nicht überwinden. Scheler selbst trat für die Eigentümlichkeiten von Universität und Volkshochschule ein, als er seine Ausführungen schließend festhielt, dass „Universität und Volkshochschule prinzipiell unabhängig voneinander stehen und wirken" sollten. „Nicht unter einseitiger Leitung der Universität soll die Volkshochschule stehen, aber unter ihrer beratenden und tätigen Mitwirkung soll das große Werk dieser Schule aufgebaut werden, das für unser deutsches Vaterland mit eine Grundbedingung möglichen Aufstiegs ist."[26] Die hier anklingende nationalistische Formel von der „Volkbildung durch Volksbildung" war auch für

---

20 Helmholtz 1874, S. 87 f.

21 Dräger 1984, S. 83.

22 Zu diesen Renaissancen ist das fächerübergreifende Studium zu zählen – eine Gestalt, die das *studium generale* seit den 1990er Jahren angenommen hat (vgl. Huber 1992).

23 So wurde beispielsweise auf dem Ersten Deutschen Volkshochschultag zu volkstümlichen Hochschulvorträgen im deutschen Sprachraum über eine Umfrage über den Nutzen der Universitäts-Kurse berichtet.

24 Tietgens 2018, S. 31.

25 Walter Hoffmann etwa sah es als eine Aufgabe an, jedem das richtige Buch zur richtigen Zeit an die Hand zu geben.

26 Scheler 1926, S. 537.

die Erwachsenenbildung der Neuen Richtung leitend. Die Befriedung sozialer Konflikte durch Bildung in Verbindung mit hierarchisch-nationalistischen Gesellschaftsvorstellungen zeugen von den Schwächen der Weimarer Demokratie. Schelers Ausführungen sind aber nicht nur mit Blick auf das Verhältnis Universität und Erwachsenenbildung interessant. Seinen Entwurf einer zeitgemäßen Universität leitet er in Abgrenzung zur mittelalterlichen universitas ab und diskutiert indirekt die in seiner Zeit virulenten Merkmale eines studium generale (freilich ohne den Begriff zu verwenden), die auch nach dem Scheitern der Weimarer Republik und nach dem Nationalsozialismus die Bildungsreform und Debatten erneut prägen sollten.

Entgegen den differenten Logiken und dispersen Entwicklungspfaden, die berufliche und allgemeine Bildung einschlugen,[27] gibt es auch Beispiele für die Institutionalisierung des studium generale im Überschneidungsbereich der Bildungsbereiche. Ein solches Beispiel aus der Weimarer Zeit ist die Akademie der Arbeit in der Universität Frankfurt am Main (heute Europäische Akademie der Arbeit in der Universität Frankfurt am Main).[28] Sie war ihrem Selbstverständnis nach nicht nur Fortbildungsstätte für Arbeitnehmer in Wirtschaft und öffentlichem Leben, sondern hatte auch den Anspruch neue Bildungsangebote für Menschen im Beruf zu entwickeln. Den in dieser Institution entstehenden Konflikt zwischen gewollter Nähe zum persönlichen und beruflichen Erfahrungsbereich und systematischem Vorlesungsprogramm ohne weltanschauliche Bindung sollte, und dies ist geradezu prototypisch für das hier interessierende Thema, durch das Format eines studium generale gelöst werden.[29] Allerdings konnte es die Absichten und Erwartungen nur bedingt einlösen. So erstreckte es sich lediglich über zehn Monate. Die Akademie wurde im Mai 1921 eröffnet. Diether Döring, Leiter der späteren Europäischen Akademie der Arbeit, schreibt ihr zu, erfolgreich gearbeitet zu haben, da Erwachsenenbildung und universitäres Lernangebot „schrittweise zu sich ergänzenden Lehr- und Lernformen“[30] entwickelten. Im März 1933 wurde die Akademie der Arbeit von den Nationalsozialisten geschlossen, aber bereits 1947 wiedereröffnet. Diese wie auch andere Standorte, deren Programme es zu einiger Bekanntheit und Erfolg gebracht haben – etwa in Köln, Münster, Frankfurt, Berlin und Göttingen –, waren durch starke Persönlichkeiten getragen, die auch dem studium generale in besonderer Weise zugetan waren.[31]

---

27 Harney 2020; Molzberger 2021.

28 Brock 1996; Olbrich 2001, S. 188; Zeuner 2020.

29 Döring 2014.

30 Döring 2014, S. 150.

31 Im Falle der Akademie der Arbeit in der Universität Frankfurt sind im hier interessierenden Zusammenhang u. a. Hugo Sinzheimer, Gerd Tellenbach und Eugen Rosenstock-Huessy zu nennen.

Eine eigenständige theoretische Legitimation zur wissenschaftlichen Bildung Erwachsener entwarf Wilhelm Flitner. Seine agogische Konzeption wissenschaftlicher Laienbildung war durch Alltags- und Lebensnähe geprägt. Zusammen mit weiteren Vertretern der sogenannten Neuen Richtung der Erwachsenenbildung, die sich in der Weimarer Epoche zum Hohenrodter Bund zusammenschlossen, ging es um die Entwicklung einer Bildungskonzeption als Intensitätsverhältnis zur Kultur. Das Vortragswesen der alten Richtung sollte abgelöst werden durch die Arbeitsgemeinschaft. Flitners Konzeption fand zwar als „Leipziger Richtung" der Erwachsenenbildung Eingang in das disziplinäre Gedächtnis, als praktische Bildungskonzeption aber blieb sie singulär.

Die Pädagogik stand im Zuge der Entmachtung und Entwertung der Geisteswissenschaften und angesichts des Aufstiegs von Naturwissenschaften und Technik unter einem erhöhten Druck der Selbstlegitimation. Hierauf reagierte Eduard Spranger und suchte in Übereinstimmung mit dem Kultusminister der Weimarer Republik C.H. Becker die Hochschule durch einen ihr eigenen Bildungsauftrag zu begründen. In einer Studie Detlef Gaus' (2010) wird dieser Wandel in der Auslegung der Humboldtschen Universität in den ersten Jahrzehnten des 20. Jahrhunderts deutlich. Spranger zufolge war die Hochschule nicht mehr im Sinne der Einheit der Wissenschaft durch die disziplinäre Ordnung der Sachlogik bestimmt, sondern habe sich „der entwicklungspsychologischen Ordnung der Individuallogik zu unterwerfen" gehabt.[32] Nicht mehr ein studium generale für Hörer aller Fakultäten lautete die legitimatorische Antwort auf die Herausforderungen der Zeit, sondern es musste eine institutionelle Form gefunden werden, die in der Vermittlung von Sachlogik, Verwertungslogik und Sinnfrage den neuen Anforderungen gerecht werden sollte. In der Konsequenz musste das Studium an einer solchen Bildnerhochschule didaktisiert werden, enthält reformpädagogische Elemente und folgt dem Prinzip der Exemplarik.[33] In der durch Geisteswissenschaftler (und nicht durch nur naturwissenschaftlich orientierte Techniker) dominierten Hochschule sah Spranger zugleich und „gerade einen wesentlichen Baustein der Disziplinentwicklung".[34]

Ebenso wie Spranger, mit dem ihn eine tiefe Freundschaft verband, erdachte Georg Kerschensteiner seine Theorie der Bildungsorganisation für die deutschen Hochschulen als „streng wissenschaftliche Ausbildungsstätten für die verschiedenen geistigen Arbeitsgebiete".[35] Und er erdachte eine besondere Abschlussfakultät, „die in analoger Weise an das Ende aller Berufsstudien tritt, wie im Mittelalter […] die sogenannte philosophische Fakultät an den Anfang aller wissenschaftlichen

---

32 Gaus 2010, S. 326.

33 Zum Studium exemplare vgl. den Beitrag von Rita Casale in diesem Band.

34 Gaus 2010, S. 325.

35 Kerschensteiner 1933, S. 249.

Spezialstudien gesetzt war".[36] In seinen Einordnungen verwendet Kerschensteiner den Begriff „studium generale" nicht und er betont, dass die „Spezialisierung der Wissenschaften eine natürliche Entwicklung des Geistes"[37] sei. Anders als das mittelalterliche studium generale sah er die Notwendigkeit und auch die Möglichkeit der Einheit in der Form einer Abschlussfakultät gegeben:[38] Die philosophische Abschlussfakultät sollte für eine begrenzte Zahl an Studenten gewährleisten, dass sie „in geistige Fühlung und Arbeitsgemeinschaft treten können".[39] Kerschensteiner ist als Klassiker der Berufspädagogik, als Reform- und Arbeitsschulpädagoge bekannt. Seine *Theorie der Bildungsorganisation*, die er kurz vor seinem Tode verfasste, kann als eine Art Vermächtnis gelesen werden. Im abschließenden Kapitel offenbart er Gedanken, die der Idee seiner Zeit vom studium generale sehr nahekommt: „Denn der Sinn der philosophischen Abschlußfakultät ist die Anbahnung des Einheitsbewußtseins aller wirklichen geistigen Arbeiter, ihrer Verbindung untereinander und womöglich auch mit dem praktischen Leben."[40]

Zurückkommend auf Fülgraffs Argumentation sind zweierlei Implikationen ihrer historischen Rekonstruktionen, die hier ergänzt und erweitert wurden, festzuhalten: Zum einen schlussfolgert sie in aller Klarheit, „Mit Volksbildung, mit der Öffnung für breitere Bevölkerungsgruppen hatte diese Universität wenig im Sinn.".[41] Dabei ist mit „dieser Universität" jene unter preußischer Vorrangstellung gemeint. Es wäre (an anderer Stelle) zu diskutieren, inwiefern prinzipiell, in anderen politischen Zeiten und geografischen Räumen die Konzeption einer Volksuniversität oder einer Universität für alle denkbar war und ist.[42] Zum anderen stellt Fülgraff die berufsorientierende Funktion akademischer Bildung, wie sie die klassische Artistenfakultät innegehabt habe, heraus. Das Beibehalten eines studium generale sei vor allem der liebgewonnenen (nicht ablösbaren) Vorstellung der Einheit der Wissenschaften bzw. der Universität geschuldet.

Davon zeugen auch Reaktivierungsbestrebungen des preußischen Kultusministers C-H. Becker, der vergeblich versuchte, „eine synthetisierende Bildung oder

---

36 Kerschensteiner 1933, S. 249.

37 Kerschensteiner 1933, S. 249.

38 „Die Vorlesungen dieser Abschlußfakultät verbreiten sich einesteils auf Erkenntnistheorie, Ethik, Ästhetik, Arbeitsgebiete, denen der Anfänger noch in keiner Weise gewachsen ist, wenn er darin arbeiten und auswendig lernen soll, anderntcils auf die Philosophie der Naturwissenschaften, der Sprachwissenschaften, der Geisteswissenschaften (vor allem der Philosophie der Geschichte) und auf eine ganze Reihe anderer neuer Arbeitsgebiete, die sich in die herkömmlichen Wissenschaftsgruppen nur schwer einordnen lassen. Auch die Soziologie und die Anthropologie finden hier ihren sinngemäßen Platz." (Kerschensteiner 1933, S. 250).

39 Kerschensteiner 1933, S. 250.

40 Kerschensteiner 1933, S. 250.

41 Fülgraff 1982, S. 182.

42 Stifter 2015.

Artistenfakultät oder eine allgemeinbildende Abschlußfakultät einzurichten".[43] Die Idee ging, wie oben dargestellt, wohl auf Kerschensteiner zurück. Dieser trat zugleich für strikte Auslese der begabten Studenten durch die Professoren ein. Auf das Überfüllungsproblem verweisend sah er in Prüfungen „das vielleicht einzige Mittel sowohl den Geist des wissenschaftlichen Studiums hochzuhalten, als auch die Idee der deutschen Universität als der Verwirklichung der Platonischen Akademie zu retten".[44] Kerschensteiner wird gemeinhin als Reformpädagoge eingeordnet. Sein Denken zu einer Theorie der Bildungsorganisation und sein Blick auf die deutschen Hochschulen in einem bereits differenzierten Hochschulsystem waren ganz und gar konservativ auf die „Kultureinheit" gerichtet.[45]

3. Weder gleichwertig noch gleichartig?

Die Diskrepanz zwischen Bildungsidee und Bildungsrealität, zwischen allseitig gebildetem Menschen und schlichtem Funktionsträger wurde in der Bildungsgeschichte immer wieder zu überbrücken gesucht. Die Frage nach der Berufsbezogenheit oder der Berufsorientierung akademischer Bildung im Allgemeinen und des studium generale im Besonderen hat die Geschichte wissenschaftlicher Bildung Erwachsener seit der zweiten Hälfte des 20. Jahrhundert maßgeblich geprägt, wobei alle Versuche zur Begründung von Gleichwertigkeit oder Gleichartigkeit der Bildung in den verschiedenen Bildungsbereichen bis in die zweite Dekade des 21. Jahrhunderts letztlich den superioren sozialen Status der akademischen Bildung und den inferioren sozialen Status von Berufs- und Erwachsenenbildung verfestigten.

Für die Zeit nach dem Zweiten Weltkrieg ist das *Blaue Gutachten* von herausragender Bedeutung,[46] was auch und besonders für den Zusammenhang von Universität und Erwachsenenbildung gilt. Mit Nachdruck wird die Beteiligung der Erwachsenenbildung am Wiederaufbau der Universitäten gefordert.[47] Dies ist wesentlich ausländischen Einflüssen zu verdanken. Die Siegermächte des Zweiten

43 Fülgraff 1982, S. 183.

44 Kerschensteiner 1933, S. 249.

45 Die unterstellte Versöhnungsabsicht zwischen allgemeiner und beruflicher Bildung, die er in seiner Pfortenthese zum Ausdruck brachte, ist bei Kerschensteiner folglich in erster Linie durch sozialintegrative Bestrebungen motiviert. Die Berufsschulpflicht sollte für die männliche Jugend die Zeit zwischen Entlassung aus der Volksschule und Eintritt in den Heeresdienst überbrücken. Gesellschaftspolitisch war auch dieses Programm als Einweben der Jugendlichen in das Staatsgefüge gedacht.

46 Siehe auch den Beitrag von Phillips in diesem Band.

47 Studienausschuß für Hochschulreform 1948.

Weltkriegs sowie ehemalige Exilanten sahen hinter den Trümmern der Deutschen Universität ihren elitären Anspruch, der bereits im 19. Jahrhundert die Universitätsausdehnungsbewegung in Deutschland weit hinter der Englands, Österreichs oder der skandinavischen resp. nordischen Länder hinterherhinken ließ.[48]

Nach der Erfahrung des Nationalsozialismus nahmen einige eine „demokratische Elitebildung“ durch universitäre Erwachsenenbildung zum Maßstab der Bildungsreformen. Radikaler in der Diktion sah der Oberaudorfer Kreis in der Hochschule „das zentrale Volksbildungsinstitut“,[49] er griff Gedanken zum *studium generale* aus den 1920er Jahren wieder auf und sah in der Persönlichkeitsentwicklung der Studierenden das maßgebliche Ziel hochschulischer Bildung.

Auch Fritz Borinski argumentierte, dass die universitäre Erwachsenenbildung zum Bildungsauftrag der Zeit gehöre und zum Teil von Hochschulreform werden müsse, wolle sie zugleich allgemeine Menschenbildung sein.[50] Aber der Versuch einer Rückbesinnung auf deutsche Geistesaristokratie, wie sie Karl Jaspers dachte und wie sie von Theodor Geiger heftigst kritisiert wurde,[51] ließ sich nur schwerlich mit Beteiligungsansprüchen breiterer gesellschaftlicher Schichten verbinden.

Ab den 1960er Jahren gewinnen verschiedene neue Instanzen und Akteure der Bildungsreform Einfluss auf die Gestaltung von Universität. Im Kontext dieser bildungspolitischen Bestimmungsversuche ist auch der Gesamtplan für ein kooperatives System der Erwachsenenbildung, vorgelegt durch den Arbeitskreis Erwachsenenbildung des Kultusministeriums Baden-Württemberg im Jahr 1968, hervorzuheben.[52] Dieser suchte für die Erwachsenenbildung einen neuen Standort im Bildungssystem zu finden, der die Bereiche der Schule und Hochschule ergänze. Unmissverständlich ist dort festgehalten: „Schule, Hochschule und Erwachsenenbildung sind eine Einheit und nur Stufen im gesamten Bildungsprozeß.“[53] Der

48 Wörmann 1985; Schäfer 1988; Stifter 2015.

49 Brenner 1956, S. 5. Der Oberaudorfer Kreis sah sich als Brücke des „Lindsay-Ausschusses“ mit dem der Studienausschuß für Hochschulreform gemeint ist. Ob die hier zitierte Formulierung allerdings tatsächlich vom gesamten GEW-nahen Oberaudorfer Kreis getragen wurde, mag bezweifelt werden. Sie findet sich in dem Bericht Eduard Brenners, der auch den Vorsitz innehatte, jedoch nicht im Entschließungstext selbst.

50 Borinski 1963, S. 12; zur Bedeutung Fritz Borinskis für die Erwachsenenbildung siehe auch den Beitrag von Friedenthal-Haase in diesem Band.

51 Geiger 1950; dazu vgl. auch Molzberger 2020.

52 Gesamtplan 1968, S. IX.

53 „‚Allgemein‘ ist immer nur eine Bildung, die alle drei Bereiche durchgreift und den Menschen dazu befähigt, inmitten der Spannungen zwischen diesen Bereichen eine humane Existenz zu behaupten. Das bedeutet, daß in der industriellen Gesellschaft die Berufsbildung als ein integrierender Bestandteil der allgemeinen Bildung betrachtet werden muß, um daß umgekehrt ohne Allgemeinbildung keine Berufsbildung ihren Sinn erfüllen kann. Eine moderne Erwachsenenbildung wird deshalb immer berufsspezifische und ‚allgemeinbildende‘ Bildungsprozesse so miteinander verbinden müssen, daß gleichzeitig in allen drei Bereichen der Schritt vollzogen wird, auf den es jeweils ankommt.

Bericht betont die Expansion der wissenschaftlich-technischen Zivilisation und die Notwendigkeit, Erwachsenen kompensatorische Bildung anzubieten, um einem diagnostizierten gesellschaftlichen Bildungsnotstand entgegenzutreten. Hier dringen Georg Pichts Thesen zur Deutschen Bildungskatastrophe durch. Gleichwohl lässt auch dieser Bericht durchgehend die Logik des Berechtigungswesens unangetastet. Angedacht war eine Parallelarchitektur von Zertifikaten der Weiterbildung, die die Abschlüsse des ersten oder zweiten Bildungsweges unberührt lassen sollten. Folgerichtig findet ein *studium generale* als Erwachsenenbildung im Bericht keine Erwähnung oder gar Berücksichtigung. Es wird vielmehr wie auch in anderen bildungspolitischen Dokumenten der Zeit auf das Kontaktstudium verwiesen.[54]

Das Urteil Fülgraffs über das *studium generale* als eine Bewegung, die nach dem Zweiten Weltkrieg eine Wiederbelebung suchte, ist schonungslos: „Sie ist an ihrer eigenen Unklarheit gescheitert. Sie ist es sich schuldig geblieben, die Konzeption der ‚Einheit der Wissenschaft' und ‚Einheit der Bildung' vor dem Hintergrund gegenwärtiger sozialer Zusammenhänge und gesellschaftlicher Bedürfnisse neu aufzugreifen und zu durchdenken."[55] Auch die von Jürgen Habermas noch Anfang der 1980er Jahre diskutierte Vorstellung von der Philosophie als „Dolmetscherin" zwischen den Fachdisziplinen blieb ebenso wie jene von der Einheit der Wissenschaften, eine idealistische Vision.

Die Distanz zwischen Erwachsenenbildung und Universität als Bildungsbereiche war indes auch in der Differenz ihrer materiellen Gehalte und der Strukturmerkmale wissenschaftlichen Wissens begründet. Mit der Herausbildung neuer und moderner Professionen entstand für die Universitäten die neue Pflichtaufgabe einer wissenschaftlichen Weiterbildung von Professionsangehörigen im Anschluss, in Erweiterung oder Ergänzung ihrer wissenschaftlichen Erstausbildung.

4. Wissenschaftliche Weiterbildung und Wissenstransfer als neue Aufgabe

Zwei markante Daten kennzeichnen die Entwicklung, mit der in der zweiten Hälfte des 20. Jahrhunderts die universitäre Erwachsenenbildung zur wissenschaftlichen Weiterbildung wurde: Zum einen gründete sich die Deutsche Gesellschaft für Wissenschaftliche Weiterbildung und Fernstudien (DGWF) aus dem Arbeitskreis

Aus diesem Grunde ist es unumgänglich, den gesamten Bereich der Bildung des erwachsenen Menschen, einschließlich der beruflichen Fort- und Weiterbildung, als eine Einheit zu betrachten. Auf dieser Einheit beruht das einer Vielzahl von Trägern gleichsam anvertraute System der Erwachsenenbildung." (Gesamtplan 1968, S. 69).

54 Gesamtplan 1968, S. 19.

55 Fülgraff 1982, S. 184.

Universitäre Erwachsenenbildung (AUE) heraus. Zum anderen hielt 1976 das Hochschulrahmengesetz fest, dass die Hochschulen der Forschung, der Lehre und der Weiterbildung dienen. Der Idee des „Lebenslangen Lernens“ entsprechend sollte wissenschaftliche Weiterbildung ein lebensbegleitendes Lernen an Universitäten ermöglichen, indem passgenaue, spezifische Studienkonzepte auch organisatorisch auf die Bedarfe und Bedürfnisse von Menschen eingehen, die sich neben ihrer Haupttätigkeit wissenschaftlich weiterbilden. 1998 wurde dieser Auftrag dann als „Kernaufgabe“ von Hochschulen im HRG verankert.[56] Den gestiegenen Bevölkerungsanteilen mit wissenschaftlicher Erstausbildung und der fortgesetzten Verwissenschaftlichung beruflicher Tätigkeiten entsprechend wurde es zur Aufgabe der Universitäten, Weiterbildungsangebote an Professionsangehörige zu machen – allerdings ohne dafür die formal-rechtlichen, finanziellen und infrastrukturellen Rahmenbedingungen zu schaffen. Der Kritik an der sozialen Auslese durch Hochschule folgend richtete sich die Hochschulreform in Deutschland gleichzeitig am Topos der Öffnung und des sozialen Aufstiegs aus. Exemplarisch zeigt sich dies in dem zwischen 2011 und 2020 öffentlich geförderten Bund-Länder-Wettbewerb „Aufstieg durch Bildung. Offene Hochschulen“, in dem das sozialpolitische Versprechen gesellschaftlicher Statusdistribution durch Bildung reaktiviert wurde.

Eine Verbindung zum *studium generale* wurde nicht (mehr) gedacht und der Anspruch des *studium generale*, die Ganzheit der Wissenschaften zu repräsentieren, reduzierte sich auf ein fächerübergreifendes Studium. Unter dieser Perspektive greift Anfang der 1990er Jahre vor allem Ludwig Huber das *studium generale* an den Hochschulen auf und unterstreicht aus seiner Rezeptionsgeschichte drei Ausrichtungen: erstens, eine wissenschaftlich-philosophische Position mit der Orientierung auf das Ganze der Universität und der Wissenschaften, zweitens, eine politische Position mit der Orientierung an Aufklärung durch Wissenschaft nach außen in die Öffentlichkeit und nach innen zur politischen Bildung der Studenten und drittens, eine soziale oder kommunikative Position mit der Betonung auf Gemeinschaftsbildung über Fächergrenzen und -kulturen hinweg.[57]

Die entscheidende Veränderung im 21. Jahrhundert vollzieht sich in den Wissenschaften und Hochschulen als den Einrichtungen der Forschung, Lehre und des Transfers, als sich der Modus der Wissensproduktion selbst transformiert. Die zentrale Aufgabe der Universität – die methodengeleitete Generierung wissenschaftlichen Wissens durch Forschung und die Verbreitung des Wissens durch Publikationen sowie in der Lehre – erweitert sich um unmittelbar anwendungsorientierte Forschungsaktivitäten im direkten Austausch mit Unternehmen, Organisationen oder sozialen Einrichtungen in der Gesellschaft.

---

56 Vgl. Hochschulrahmengesetz (HRG) i. d. F. v. 1999; Molzberger 2015; Cendon et al. 2020.

57 Huber 1992; Huber et al. 1994.

5. Vorläufiger Schluss

Die Gegenwart des *studium generale* hat seine Geschichte inkorporiert. Betrachtet man es unter dem Fokus wissenschaftlicher Bildung Erwachsener, reichern sich seine Bedeutungskonnotationen nochmals an.[58] In der Tradition öffentlicher Wissenschaft wurden das soziale Engagement und politische Absichten der Wissenschaftspopularisierer im Anschluss an die Aufklärung deutlich.[59] Als frühe „Influencer" agierten und agitierten sie in der Absicht, Wissenschaft einer breiten Bevölkerung zugänglich zu machen. Die sich formierende Disziplin Erwachsenenbildung erkannte in der universitären Erwachsenenbildung einen Auftrag der Universität für die Praxis der Erwachsenenbildung. Nicht zufällig waren diese Protagonisten, die den Einbezug der Erwachsenenbildung forderten, in der Regel auch Praktiker der Erwachsenenbildung gewesen, die oftmals ausländische Einflüsse und Erfahrungen aus dem Exil in das konzeptuelle Denken einbrachten.

Anders als auf den ersten Blick angenommen werden könnte, sind Bildungsreformen seltener durch Theorien und Ideen und häufiger durch Machtstrukturen und soziale Verhältnisse geprägt.[60] Die Idee, das *studium generale* auch als Erwachsenenbildung zu verstehen, und Erwachsene auch am *studium generale* zu beteiligen, ist aufgrund machtvoller Strukturen nie umgesetzt worden. Gleichwohl zeigt ein Blick in die Geschichte, dass bereits die frühen ‚Influencer', ‚Vermittler' – um die negative Konnotation von ‚Popularisierer' zu meiden – wie auch ganz unterschiedliche Theoretiker einer universitären Erwachsenenbildung den Anspruch verfolgt haben, eine methodengeleitete Geltungsbegründung der Produktion und der Vermittlung von Wissen für breite Bevölkerungsgruppen zu ermöglichen. Gedacht war dies in einer personalen Konstellation. Heute lässt sich ein *studium generale* für alle, will es nicht nur Wissenschaftspropädeutik sein, kaum mit dem Anspruch verbinden, die ausdifferenzierten Einzelwissenschaften zu einem Ganzen zusammenzufügen. Wohl aber könnte es Anschlussmöglichkeiten – und sei es in der Form methodischer Transdisziplinarität – aufzeigen, die sich nicht in Diskrepanzen von Natur- vs. Geisteswissenschaft oder Zweckfreiheit vs. Nützlichkeit verfangen oder hinter die Erkenntnis der Dialektik der Aufklärung zurückfallen.

Festzuhalten bleibt über die verschiedenen Zeiten und Epochen hinweg, dass der Bildungsauftrag der Universität oder der bildende Wert des *studium generale* mit Vorstellungen von Personwerdung durch Wissenschaft verbunden wurde.[61] Vor dem Hintergrund dieser Vorstellung, und nicht allein aus der Suche nach der Einheit der Wissenschaft(en), begründet sich, dass es seinen Platz selbst in den

---

58 Siehe auch den Begriffsaufriss für die wissenschaftliche Weiterbildung bei Cendon et al. 2020.

59 Faulstich 2006, 2008.

60 So zeigten es schon die Studien von Friedeburgs; siehe auch Kluchert 2018.

61 Hermann 2011.

modernen Ausprägungen in orientierender oder propädeutischer Absicht mit der Studieneingangsphase verbunden wurde.[62] Jenseits dieses Typus' eines *studium generale* sind in der Bildungsgeschichte auch andere Formen bereits gedacht worden. So sind in der Vergangenheit getroffene Überlegungen und Bestrebungen zu einem *studium generale* als Abschlussfakultät vor dem Hintergrund heutiger Ausgangslagen als durchaus zukunftsweisend zu werten. Ob das Prinzip iterativer wissenschaftlicher Bildung über die Lebensspanne hinweg erneut die Form eines *studium generale*, transdisziplinärer Studien, wissenschaftlicher Weiterbildung oder eine andere moderne Form der Transformation und Aneignung wissenschaftlichen Wissens annimmt, darf als noch offen bezeichnet werden.

Literaturverzeichnis

Balser, Frolinde (1959): Die Anfänge der Erwachsenenbildung in Deutschland in der ersten Hälfte des 19. Jahrhunderts. Eine kultursoziologische Deutung. Stuttgart.

Borinski, Fritz (1963): Der Beitrag der Universität zur Erwachsenenbildung, in: Pädagogische Arbeitsstelle des Deutschen Volkshochschul-Verbandes (Hg.): Erwachsenenbildung und Universität. S. 10–12.

Brenner, Eduard (1956): Hochschulreform der GEW. Die Arbeit des Oberaudorfer Kreises von 1950–1955, in: Material- und NachrichtenDienst der Arbeitsgemeinschaft Deutscher Lehrerverbünde (Gewerkschaft Erziehung und Wissenschaft - Bayerischer Lehrer- und Lehrerinnenverein e.V.) 7, 71, S. 3–16.

Brock, Adolf (1996): Vom Fürstenschloß zur Arbeiterhochschule. Die Heimvolkshochschule Tinz bei Gera 1920–1933, in: Ciupke, Paul/Jelich, Franz-Josef (Hg.): Soziale Bewegung, Gemeinschaftsbildung und pädagogische Institutionalisierung. Essen, S. 143–154.

Cendon, Eva/Mschwitz, Annika/Nickel, Sigrun/Pellert, Ada/Willkesmann, Uwe (2020): Steuerung der hochschulischen Kernaufgabe Weiterbildung, in: Cendon, Eva/ Wilkesmann, Uwe/Maschwitz, Annika/Nickel, Sigrun/Speck, Karsten/Elsholz, Uwe (Hg.): Wandel an Hochschulen? Entwicklungen der wissenschaftlichen Weiterbildung im Bund-Länder-Wettbewerb „Aufstieg durch Bildung: offene Hochschulen". Münster, S. 17–38.

Döring, Diether (2014): Akademie der Arbeit in der Universität Frankfurt a. M. Ein vergessenes Stück Universitätsgeschichte, in: Forschung Frankfurt, 2, S. 148–152. [Wissenschaftsmagazin der Goethe Universität Frankfurt am Main]

Dräger, Horst (2017): Aufklärung über Andragogik. Kulturhistorische Betrachtungen zum Primat der Andragogik in der Anthropagogik, in: Zeitschrift für Weiterbildungsforschung, 40, 2, S. 127–152.

62 Vgl. Görges/Kadritzke 2010.

Dräger, Horst/Eirmbter-Stolbrink, Eva (1995): Eine Herausforderung an die Universität: Die Eigenständigkeit wissenschaftlicher Weiterbildung, in: Homfeldt, Hans Günther/Schulze, Jörgen/Schenk, Manfred/Dräger, Horst (Hg.): Lehre und Studium im Diplomstudiengang Erziehungswissenschaft. Weinheim, S. 199–207.

Dräger, Horst (1984). Historiographie und Geschichte der Erwachsenenbildung. In: Lenzen, Dieter (Hrsg.), Enzyklopädie Erziehungswissenschaft (Bd. 11) Stuttgart, S. 76–92.

Faulstich, Peter (2008): Vermittler wissenschaftlichen Wissens. Biographien von Pionieren öffentlicher Wissenschaft. Bielefeld.

Faulstich, Peter (2006) (Hg.): Öffentliche Wissenschaft: Neue Perspektiven der Vermittlung in der wissenschaftlichen Weiterbildung. Bielefeld.

Fülgraff, Barbara (1982): Öffnung der Universitäten und Studium generale für Erwachsene? In: Maydell, Jost von (Hg.): Bildungsforschung und Gesellschaftspolitik. Oldenburg, S. 177–192.

Gaus, Detlef/Drieschner, Elmar (2017): Renaissance der Bildung oder Aufstand der Bildungskonzepte? Eine kritische Problemexploration. In: Vierteljahrsschrift für wissenschaftliche Pädagogik, 93, 1, S. 142–172.

Gaus, Detlef (2010): Konzepte zum Bildungsauftrag der Hochschule. Zur historischen und systematischen Rekonstruktion eines Topos zwischen bildungstheoretischen Intentionen und hochschulorganisatorischen Funktionen. In: Gaus, Detlef/Drieschner, Elmar (Hg.): ‚Bildung' jenseits pädagogischer Theoriebildung? Fragen zu Sinn, Zweck und Funktion der Allgemeinen Pädagogik. Festschrift für Reinhard Uhle zum 65. Geburtstag. Wiesbaden: VS Verlag für Sozialwissenschaften, S. 323–359.

Geiger, Theodor (1950): Fachbezogenes Bildungswissen. Kritik am Gutachten des Studienausschusses für Hochschulreform, in: DuZ Deutsche Universitätszeitung, V, 4, S. 6–9.

Görges, Luise/Kadritzke, Ulf (2010): „Sag warum du hier bist": Über den Nutzen und Sinn eines Studium Generale, in: Meyer, Susanne/Pfeiffer, Bernd (Hg.): Die gute Hochschule. Berlin, S. 203–217.

Harney, Klaus (2004): Berufsbildung, in: Benner, Dietrich/Oelkers, Jürgen (Hg.): Historisches Wörterbuch der Pädagogik. Weinheim, S. 153–173.

Harney, Klaus (2020): Entstehung und Transformation der beruflichen Bildung als Institution – Systemischer Rück- und Ausblick, in: Bildung und Erziehung, 73, S. 346–357.

Helmholtz, Hermann Von (1874): Popularisierung der Wissenschaft, in: Dräger, Horst (Hg.): Volksbildung in Deutschland im 19. Jahrhundert. Bd. 2. Bad Heilbrunn, S. 83–93.

Hermann, Ulrich (2011): Bildung durch Wissenschaft? Mythos „Humboldt", in: Jamme, Christoph (Hg.): Einsamkeit und Freiheit. Paderborn, S. 171–192.

Hochschulrahmengesetz (HRG) in der Fassung der Bekanntmachung vom 19. Januar 1999 (B GBl. I S. 18), zuletzt geändert durch Artikel 1 des Gesetzes vom 27. Dezember 2004 (BGBl. I S. 3835).

Huber, Ludwig (1992): Towards a New Studium Generale: some conclusions, in: European Journal of Education, 27, 3, S. 285–301.

Huber, L./Olbertz, J.H./Wildt, J. (1994): Auf dem Weg zu neuen fachübergreifenden Studien. In: Huber, L./Olbertz, J.H./ Rüther, B./Wildt, J. (Hg.): Über das Fachstudium hinaus: Berichte zu Stand und Entwicklung fachübergreifender Studienangebote an Universitäten. Weinheim, S. 9–47.

Kerschensteiner, Georg (1933): Theorie der Bildungsorganisation. Leipzig.

Kenkmann, Alfons (2000): Von der bundesdeutschen „Bildungsmisere" zur Bildungsreform in den 60er Jahren, in: Schildt, Axel/Seigfried, Detlef/Lammers, Karl Christian (Hg.): Dynamische Zeiten. Die 60er Jahre in den beiden deutschen Gesellschaften. Hamburg: Hans Christians, S. 402–423.

Kluchert, Gerhard (2018): Bildungsreform und Bildungsgeschichte. Überlegungen zu einer schwierigen Beziehung, in: Göttlicher, Wilfried/Link, Jörg-W./Matthes, Eva (Hg.): Bildungsreform als Thema der Bildungsgeschichte. Bad Heilbrunn, S. 15–33.

Koselleck, Reinhart (2006): Über den Stellenwert der Aufklärung in der deutschen Geschichte, in: Joas, Hans/Wigandt, Klaus (Hg.): Die kulturellen Werte Europas. Frankfurt am Main, 4. Aufl., S. 17–46.

Levine, Emily J. (2015): Nützlichkeit, Kultur und die Universität aus transatlantischer Perspektive, in: Bruch, vom Rüdiger/Kintzinger, Martin (Hg.): Jahrbuch für Universitätsgeschichte. Stuttgart, S. 51–80.

Liebknecht, Wilhelm [1872] (1904): Wissen ist Macht – Macht ist Wissen: Festrede gehalten zum Stiftungsfest des Dresdner Bildungs-Vereins am 5. Februar 1872. Berlin: Verlag der Expedition des ‚Vorwärts' Berliner Volksblatt 1904; 72 Seiten [verfügbar über München, Bayerische Staatsbibliothek: http://mdz-nbn-resolving.de/urn:nbn:de:bvb:12-bsb11128194-8], (letzter Zugriff: 04.01.2023).

Molzberger, Gabriele (2021): Allgemeine und berufliche Weiterbildung: verschlungene Pfade, disparate Diskurse, neue Differenzierungen, in: berufsbildung. Zeitschrift für Theorie-Praxis-Dialog, 191, S. 9–11.

Molzberger, Gabriele (2020): Demokratie als Argument? Erwachsenenbildung und Studium Generale in der Bildungsreform der Nachkriegsjahre, in: Dörner, Olaf/Grotlüschen, Anke/ Käpplinger, Bernd/Molzberger, Gabriele/Dinkelaker, Jörg (Hg.): Vergangene Zukünfte – neue Vergangenheiten. Geschichte und Geschichtlichkeit der Erwachsenenbildung. Opladen: Verlag Barbara Budrich, S. 237–247.

Molzberger, Gabriele (2015): Soziale Inwertsetzung von Wissen in der wissenschaftlichen Weiterbildung, in: Dietzen, Agnes/Powell, Justin. W./Bahl, Anke/Lassnigg, Lorenz (Hg.): Soziale Inwertsetzung von Wissen, Erfahrung und Kompetenz in der Berufsbildung. Weinheim: Beltz Juventa Verlag, S. 177–195.

Nitsch, Wolfgang /Gerhardt, Uta /Offe, Claus /Preuß, Ulrich K. (1965): Hochschule in der Demokratie. Kritische Beiträge zur Erbschaft und Reform der deutschen Universität. Berlin.

Olbrich, Josef (2001): Geschichte der Erwachsenenbildung in Deutschland. Opladen.

Röhrig, Paul (1988): Geschichte des Bildungsgedankens in der Erwachsenenbildung und sein Verlust, in: Zeitschrift für Pädagogik, 34, 3, S. 347–368.

Schäfer, Erich (1988): Historische Vorläufer der wissenschaftlichen Weiterbildung. Opaden.

Scheler, Max (1926): Die Wissensformen und die Gesellschaft Enth.: Probleme einer Soziologie des Wissens; Erkenntnis und Arbeit; Universität und Volkshochschule. Leipzig.

Stifter, Christian H. (2015): Universität, Volksbildung und Moderne - die „Wiener Richtung" wissenschaftsorientierter Bildungsarbeit, in: Kniefacz, Katharina/Nemeth, Elisabeth/Posch, Herbert/Stadler, Friedrich (Hg.): Universität – Forschung – Lehre. Themen und Perspektiven im langen 20. Jahrhundert. Wien, S. 293–316.

Strzelewicz, Willy (1966): Bildung und gesellschaftliches Bewusstsein. Sozialhistorische Darstellung, in Strzelewicz, Willy/Raapke, Hans-Dietrich/Schulenberg, Wolfgang (Hg.): Bildung und gesellschaftliches Bewußtsein. Eine mehrstufige soziologische Untersuchung in Westdeutschland. Stuttgart (Taschenbuchausgabe 1973)

Studienausschuß für Hochschulreform (1948): Gutachten zur Hochschulreform, Hamburg (‚Blaues Gutachten').

Tietgens, Hans (2018): Geschichte der Erwachsenenbildung, in: Tippelt, Rudolf/Hippel, Aiga von (Hg.): Handbuch Erwachsenenbildung/Weiterbildung. Wiesbaden: VS Verlag für Sozialwissenschaften, S. 19–38.

Wörmann, Heinrich-Wilhelm (1985): Zwischen Arbeiterbildung und Wissenschaftstransfer: universitäre Erwachsenenbildung in England und Deutschland im Vergleich. Berlin.

Zeuner, Christine: (2020): Krisen? Nachdenken über Bildung als Gegenbewegung, in: Magazin Erwachsenenbildung.at, 39, 13 Seiten. URN: urn:nbn:de:0111-pedocs-189762 – DOI: 10.25656/01:18976, (letzter Zugriff: 01.07.2022).

Autor*innenverzeichnis

Paola Carlucci, Dr., Professorin für Storia Contemporanea, Università per Stranieri Siena.

Rita Casale, Dr., Professorin für Allgemeine Erziehungswissenschaft/Theorie der Bildung, Bergische Universität Wuppertal.

Martha Friedenthal-Haase, Dr., Professorin em. für Erwachsenenbildung, Friedrich-Schiller-Universität Jena.

Anselm Haverkamp, Dr., Professor em. für Literaturtheorie, New York University, Honorarprofessor für Philosophie an der Ludwig-Maximilian-Universität München.

Chen Hongjie, Dr., Professor of Chinese Higher Education, Graduate School of Education, Peking University Beijing.

Gabriele Molzberger, Dr., Professorin für Erziehungswissenschaft/Berufs- und Weiterbildung, Bergische Universität Wuppertal.

Mauro Moretti, Dr., Professor für Storia Contemporanea, Università per Stranieri Siena.

Stefan Paulus, Dr., Privatdozent für Neuere und Neueste Geschichte, Universität Augsburg.

David Phillips, Dr., Professor em. of Comparative Education, University of Oxford, Emeritus Fellow of St Edmund Hall.

Maximilian Schuh, Dr., Wissenschaftlicher Mitarbeiter im Fachgebiet Geschichte des hohen und späten Mittelalters, Friedrich-Meinecke-Institut, Freie Universität Berlin.

Michael Städtler, Dr., Professor und Leiter der Nachwuchsgruppe im Projekt Kohärenz in der Lehrerbildung, Bergische Universität Wuppertal.

SHEN WENQIN, Dr., Associate Professor of Higher Education at the Graduate School of Education, Peking University.

BARBARA WOLBRING, Dr., apl. Professorin und Leiterin des Zentrums Geisteswissenschaften, Goethe-Universität Frankfurt.